Analysis II
Funktionen mehrerer Variablen

von
Prof. Dr. Friedmar Schulz
Universität Ulm

Oldenbourg Verlag München

Prof. Dr. Friedmar Schulz war - nach Studium, Promotion und Habilitation in Ma-
thematik an der Universität Göttingen – von 1985-1994 zunächst als Professor an der
University of Iowa, Iowa City (USA), tätig. Seit 1994 ist er Professor und Direktor
des Instituts für Analysis an der Universität Ulm, wo er auch Dekan der Fakultät für
Mathematik und Wirtschaftswissenschaften und Studiendekan für die mathematischen
Studiengänge war. Außerdem hat Professor Schulz verschiedene längere Auslands-
aufenthalte u.a. an der University of Kentucky, Lexington (USA), Australian National
University, Canberra (Australien), Universidad Nacional de Cuyo, Mendoza (Argen-
tinien) und der Zhejiang University, Hangzhou (China), verbracht. Professor Schulz
ist Hauptherausgeber der im Oldenbourg Verlag erscheinenden Zeitschrift Analysis.
International mathematical journal of analysis and its applications.

Bibliografische Information der Deutschen Nationalbibliothek

Die Deutsche Nationalbibliothek verzeichnet diese Publikation in der Deutschen
Nationalbibliografie; detaillierte bibliografische Daten sind im Internet über
http://dnb.d-nb.de abrufbar.

© 2013 Oldenbourg Wissenschaftsverlag GmbH
Rosenheimer Straße 143, D-81671 München
Telefon: (089) 45051-0
www.oldenbourg-verlag.de

Lektorat: Johannes Breimeier
Herstellung: Tina Bonertz
Einbandgestaltung: hauser lacour
Gesamtherstellung: Grafik + Druck GmbH, München

Dieses Papier ist alterungsbeständig nach DIN/ISO 9706.

ISBN   978-3-486-58017-4
eISBN   978-3-486-71972-7

Vorwort

Nach dem Erscheinen der zweiten Auflage der „Analysis I" und der „Aufgabensammlung Analysis I", freue ich mich, nun auch das ergänzende Lehrbuch Analysis II vorlegen zu können.

Es ist hervorgegangen aus Vorlesungen über „Differential- und Integralrechnung II" beziehungsweise „Analysis II", welche ich an der Universität Ulm zuerst im Sommersemester 1995 und dann wiederholt für Studierende der Mathematik und Wirtschaftsmathematik und für Physikstudenten gehalten habe. Erkennbar ist hoffentlich immer noch der Stil meines akademischen Lehrers Professor Erhard Heinz, dem ich mich sehr verbunden fühle. Seine Anfängervorlesung „Differential- und Integralrechnung II" habe ich im Sommersemester 1972 an der Universität Göttingen als Student gehört und im Sommersemester 1981 als Assistent betreut.

Das Buch soll den Studierenden als Hilfestellung und ständigen Begleiter im Grundstudium dienen, auf welches sie auch im späteren Studium immer wieder zurückgreifen mögen. Deshalb wird der Lehrstoff der Analysis des zweiten Semesters ausführlicher dargestellt als dies in der Vorlesung selber möglich ist. Mathematische Ideen anschaulich zu motivieren und sie dann streng und systematisch zu fassen wird dabei – im Gegensatz zu bloßer Stoffvermittlung – als das eigentliche Ziel des Grundstudiums angesehen. Zum Bildungsanspruch der heutigen mathematischen Bachelor-Studiengänge sollte es gehören, Wissen im emphatischen Sinn zu lehren und lernen und nicht bloß Information zur raschen Verarbeitung und Ausbeutung bereitzustellen.

Zum Inhalt hat der vorliegende Text den Lehrstoff der Analysis von Funktionen und Abbildungen mehrerer reeller Variablen des zweiten Semesters, nämlich den n-dimensionalen Zahlenraum $\mathbb{R}^n$, die Theorie der stetigen Funktionen, die Differentialrechnung, die Abbildungssätze und das Riemannsche Integral.

Die Darstellung ist meist konkret, das heißt, es wird die reell-mehrdimensionale Theorie entwickelt, mit anderen Worten: Es werden reelle Funktionen und Abbildungen $f : \mathbb{R}^n \to \mathbb{R}$ beziehungsweise $\mathbb{R}^m$ betrachtet und nicht Abbildungen zwischen abstrakten Räumen. Allerdings werden die Begriffsbildungen meist so eingeführt, dass sie verallgemeinerungsfähig sind; es wird jedoch vermieden, diese auf Kosten der Anschaulichkeit schon gleich in abstrakten Räumen zu entwickeln. Auch werden allgemeine Verfahren bevorzugt. Gelegentlich wird jedoch darauf hingewiesen, wie sich die Analysis in abstrakten Räumen darstellt; diese Theorie sollte jedoch erst erst im Rahmen der Funktionalanalysis dargestellt werden.

Im ersten Kapitel wird der n-dimensionale reelle Zahlenraum $\mathbb{R}^n$ mit seinen Strukturen vorgestellt. Zuerst die aus der Linearen Algebra bekannte Vektorraumstruktur mit dem für die Analysis wichtigen Begriff der Norm. Dann die metrische Struktur mit dem Konvergenzbegriff von Punktfolgen im $\mathbb{R}^n$ und schließlich die topologische Struktur. Kompakte Mengen werden wegen ihrer Bedeutung in einem abschließenden Abschnitt separat behandelt, ausführlich wird auf die drei Kompaktheitsbegriffe und ihre Beziehungen eingegangen.

Das zweite Kapitel hat die Theorie der stetigen reellen Funktionen und Abbildungen zum Inhalt. Anhand von vielen Beispielen wird zunächst gezeigt, wie man sich Funktionen und Abbildungen veranschaulicht. Für die Bezeichnung von Polynomen und Multireihen führen wir die Multiindexschreibweise ein. Sie wird auch später zur Bezeichnung von höheren Ableitungen in der Taylorschen Formel verwendet. Dann wird der kontinuierliche Limes einer Funktion vorgestellt (im Gegensatz zum diskreten Grenzwert einer Punktfolge) sowie der Stetigkeitsbegriff. Der äußerst einfache Beweis des Kontraktionssatzes steht beispielhaft für ein verallgemeinerungsfähiges Verfahren. Zentral ist der Abschnitt über stetige Funktionen und Abbildungen auf kompakten Mengen mit dem Satz von Weierstraß vom Minimum und Maximum. Dieser wird mithilfe des Weierstraßschen Auswahlprinzips, also über die Folgen-Kompaktheit bewiesen, weil dies in der Variationsrechnung zu einem allgemeinen Prinzip führt. Erst dann wird der schwierige Begriff einer zusammenhängenden Menge ausführlich erklärt und der Zwischenwertsatz von Bolzano bewiesen.

Im dritten Kapitel wird die Differentialrechnung dargestellt mit den drei Begriffen der partiellen, der reellen (oder totalen) Ableitung sowie der Richtungsableitung. Auf die geometrische Bedeutung des Gradienten wird ausführlich eingegangen. Ein zentraler Gegenstand der Differentialrechnung ist die Taylorsche Formel und deren Anwendungen in der „Kurvendiskussion" mit den notwendigen und hinreichenden Kriterien für das Vorliegen eines lokalen Extremums. Abschließend findet sich eine ausführliche Darstellung der konvexen Funktionen.

Im vierten Kapitel werden die Abbildungssätze behandelt: Zuerst der Satz über inverse Abbildungen, da er begrifflich leichter zu verstehen ist und im Gegensatz zum Satz über implizite Funktionen eine Entsprechung in der Analysis I besitzt. Der Satz über inverse Abbildungen wird schrittweise bewiesen, zunächst die lokale Injektivität, dann die lokale Surjektivität mithilfe der Methode der kleinsten Quadrate, also einem Minimierungprinzip, dann die Stetigkeit und schließlich die Differenzierbarkeit der Inversen; er wird also mit Methoden der klassischen Analysis bewiesen und nicht funktionalanalytisch mithilfe des Kontraktionssatzes. Abschließend werden mithilfe der Lagrangeschen Multiplikatiorenregel Extrema unter Nebenbedingungen diskutiert.

Das fünfte Kapitel hat die Theorie des mehrdimensionalen Riemannschen Integrals zum Inhalt. Für die Darstellung sind die Bezeichnungen so gewählt, dass die Integrationstheorie für Funktionen von nur einer reellen Variablen zum Teil übernommen werden kann. Hier erweist sich die Verwendung der oben erwähnten Multiindexschreibweise als vorteilhaft. Mehrdimensionale Besonderheiten sind die Integration über Jordansche Bereiche, die Parameterintegrale und die sukzessive Integration.

In dem vorliegenden Lehrbuch wird ganz bewußt auf eine Darstellung der Theorie der gewöhnlichen Differentialgleichungen verzichtet, diese ist Gegenstand einer separaten Vorlesung und es gibt eine Vielzahl von ausgezeichneten Lehrbüchern. Verzichtet wurde auch auf die Aufnahme von ausgewählten Kapiteln aus der Analysis, wie zum Beispiel einer Darstellung des Weierstraßschen Approximationssatzes im Rahmen einer Approximations- beziehungsweise Regularisierungstheorie, der Transformationsformel für n-fache Integrale und des Gaußschen Integralsatzes; allesamt Themen, welche üblicherweise in der Analysis III im dritten Semester behandelt werden und welche im zweiten Semester höchstens kurz angerissen werden können. Diese Themen und die Lebesguesche Integrationstheorie sollen zum Gegenstand eines ergänzenden Lehrbuchs „Analysis III" werden.

Ganz besonders herzlich möchte ich mich bei Frau Anette Lesle und Herrn Dr. Jan-Willem Liebezeit bedanken für ihre Hilfe, unermüdliche Geduld und Mühe bei der Erstellung des Manuskripts. Jan hat uns immer kundig unterstützt. Für sein Engagement bei der Anfertigung der Abbildungen, welche zum Teil auf Dr. Jens Dittrich zurückgehen, und der endgültigen LATEX-Gestaltung danke ich ihm besonders. Auch danke ich meinen Mitarbeitern Dipl.-Math. Lukas Bartholomäus und Frédéric Stoffers für ihre freundliche Hilfsbereitschaft sowie den Hörern meiner Vorlesungen, dass sie mir Korrekturen zu meinen Vorlesungsskripten haben zukommen lassen. Ich bitte die Leser dieses Buches, mir durch die Zusendung von Vorschlägen und Korrekturen an „friedmar.schulz@uni-ulm.de" bei der Verbesserung des Textes behilflich zu sein.

Ulm, Februar 2013   Friedmar Schulz

„Die Mathematik ist eine gar herrliche Sache,
aber die Mathematiker taugen oft den Henker nicht."

Aphorismus von Georg Christoph Lichtenberg

Sapere aude!
Das heißt, habe den Mut, deinen Verstand zu benutzen.

Inhaltsverzeichnis

Vereinbarungen

Wir vereinbaren, dass folgende Ausdrücke in verkürzter Schreibweise wie folgt zu verstehen sind:

- In Definitionen werden die Wörter „wenn" beziehungsweise „falls" anstelle des Ausdruckes „per definitionem genau dann, wenn" verwendet, in Zeichen: „$:\Leftrightarrow$".

- Das Zeichen „$\Rightarrow$" bedeutet „wenn ..., dann ...".

- Das Zeichen „$\Leftrightarrow$" bedeutet „genau dann, wenn".

- Das Ende eines Beweises kennzeichnen wir mit „$\square$".

-
$$\delta_{ij} := \begin{cases} 1 & \text{für } i = j \\ 0 & \text{für } i \neq j. \end{cases}$$

  ist das Kroneckersche δ-Symbol.

- Vektoren $x = (x_1, \ldots, x_n)$ im $\mathbb{R}^n$ schreiben wir meist als Zeilenvektoren. Zum Beispiel ist der Gradient $\nabla f(x) = \left(\frac{\partial f}{\partial x_1}(x), \ldots, \frac{\partial f}{\partial x_n}(x) \right)$ einer differenzierbaren Funktion $f : \mathbb{R}^n \to \mathbb{R}$ ein Zeilenvektor.

- „$\top$" bezeichnet die Transposition von Matrizen. Ist $x = (x_1, \ldots, x_n)$ ein Zeilenvektor, so ist also
$$x^\top = \begin{pmatrix} x_1 \\ \vdots \\ x_n \end{pmatrix}$$

  der dazugehörige Spaltenvektor. Meist unterscheiden wir sehr genau zwischen Zeilen- und Spaltenvektoren.

- Gelegentlich kann es aber vorkommen, dass wir nicht zwischen Zeilen- und Spaltenvektoren unterscheiden; wir sagen dann, dass wir sie „identifizieren". Zum Beispiel schreiben wir manchmal statt $A \circ (x - a)^\top$ auch $A \circ (x - a)$, dabei ist „$\circ$" die Matrizenmultiplikation.

- „$o(\cdot)$" bezeichnet das Landausche „klein-o-Symbol". Ist zum Beispiel $f :$ $\mathbb{R}^n \to \mathbb{R}$ eine Funktion und a ein Punkt im $\mathbb{R}^n$, so bedeutet

$$f(x) = o(|x - a|) \text{ für } x \to a,$$

dass

$$\lim_{x \to a} \frac{f(x)}{|x - a|} = 0.$$

1 Der n-dimensionale Euklidische Raum

In der Analysis II behandeln wir Funktionen mehrerer unabhängiger Veränderlicher, insbesondere deren Differential- und Integralrechnung, weil in den Anwendungen eine abhängige Größe häufig von mehreren Parametern, den unabhängigen Variablen, bestimmt wird. Funktionen von mehreren Variablen eignen sich, solche Abhängigkeiten mathematisch zu modellieren. Misst man beispielsweise mit einem Sextanten den Kimmabstand des Sonnenunterrandes, so verändert sich dieser Höhenwinkel h mit der Zeit. Zwischen Sonnenauf- und Untergang ist er positiv und erreicht mittags sein Maximum bei der oberen Kulmination der Sonne. Der Höhenwinkel kann als Funktion allein der Zeit aufgefasst werden, wenn man von einer gegebenen Position des Beobachters ausgeht. Verändert man auch diese, so ist der Höhenwinkel h eine Funktion der drei Veränderlichen Zeit t, geographische Breite φ und Länge λ des Beobachters.

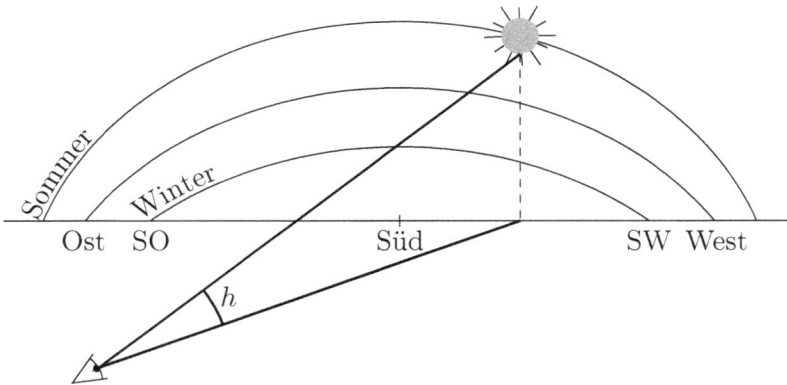

Abbildung 1.1: *Höhenwinkel und Sonnenstand*

Zunächst werden wir uns mit dem $\mathbb{R}^n$ beschäftigen, welcher unser mathematisches Modell für einen Raum von n reellen Veränderlichen darstellt. Wir stellen die aus der Linearen Algebra bekannte Euklidische Vektorraumstruktur des $\mathbb{R}^n$ vor und wir untersuchen dann weitere Eigenschaften, insbesondere metrische und topologische Strukturen.

1.1   Der Euklidische Vektorraum $\mathbb{R}^n$

1.1.1 Definition. Der **n-dimensionale Raum** $\mathbb{R}^n$, $n \in \mathbb{N}$, ist das n-fache Cartesische Produkt von $\mathbb{R}$ mit sich selbst,

$$\mathbb{R}^n = \underbrace{\mathbb{R} \times \cdots \times \mathbb{R}}_{n\text{-fach}},$$

das heißt, **Vektoren** oder **Punkte** im $\mathbb{R}^n$ sind geordnete **n-Tupel**

$$x = (x_1, \ldots, x_n)$$

mit den **Koordinaten** oder **Komponenten** $x_i \in \mathbb{R}$, $i = 1, \ldots, n$.

1.1.2 Lemma. *(i)   Seien $x = (x_1, \ldots, x_n)$ und $x' = (x'_1, \ldots, x'_n)$ zwei Punkte im $\mathbb{R}^n$. Dann ist $x = x'$ genau dann, wenn $x_i = x'_i$ für $i = 1, \ldots, n$.*

*(ii)   Der $\mathbb{R}^n$ ist ein **n-dimensionaler Vektorraum** oder **linearer Raum** mit dem **Nullvektor** oder **Nullpunkt***

$$0 := (0, \ldots, 0).$$

*Die **Vektoraddition** und die **Multiplikation mit Skalaren** sind für zwei Punkte $x, x' \in \mathbb{R}^n$ und $\alpha \in \mathbb{R}$ komponentenweise erklärt durch*

$$x + x' := (x_1 + x'_1, \ldots, x_n + x'_n),$$
$$\alpha x := (\alpha x_1, \ldots, \alpha x_n).$$

*(iii)   Die **kanonischen Einheitsvektoren***

$$e_k := (0, \ldots, 0, \underset{\underset{k\text{-te Stelle}}{\uparrow}}{1}, 0, \ldots, 0),$$

*$k = 1, \ldots, n$, zeigen in Richtung der Koordinatenachsen und bilden die **kanonische Basis** des $\mathbb{R}^n$.*

1.1.3 Definition und Satz. Das **Euklidische Skalarprodukt oder das innere Produkt** auf dem $\mathbb{R}^n$ ist die Verknüpfung $(\,,\,) : \mathbb{R}^n \times \mathbb{R}^n \to \mathbb{R}$, definiert durch

$$(x, x') \mapsto (x, x') = x \cdot x' := \sum_{i=1}^{n} x_i x'_i.$$

Dabei bezeichnet (x, x') einerseits das geordnete Paar der Punkte x und x', andererseits auch das Skalarprodukt beider Vektoren. Für alle $x, x', x'' \in \mathbb{R}^n$ und alle $\alpha, \beta \in \mathbb{R}$ genügt es den **Axiomen eines Skalarprodukts:**

(i) $(\alpha x + \beta x', x'') = \alpha(x, x'') + \beta(x', x'')$ (**Linearität**),

(ii) $(x, x') = (x', x)$ (**Symmetrie**),

(iii) $(x, x) \geq 0$, und $(x, x) = 0$ genau für $x = 0$ (**Definitheit**).

1.1.4 Definition. Ist $(x, x') = 0$, so heißen x und x' **orthogonal**, in Zeichen:

$$x \perp x'.$$

1.1.5 Beispiel. Wir betrachten die Ebene $\mathbb{R}^2$ und führen Polarkoordinaten ein. Sei

$$x = (x_1, x_2) = r\,(\cos\varphi, \sin\varphi),$$
$$x' = (x_1', x_2') = r'(\cos\varphi', \sin\varphi')$$

mit $r = \sqrt{x_1^2 + x_2^2}$, $r' = \sqrt{(x_1')^2 + (x_2')^2}$, $-\pi < \varphi, \varphi' \leq \pi$. Dann ist nach dem Additionstheorem für den Cosinus

$$
\begin{aligned}
(x, x') &= x_1 x_1' + x_2 x_2' \\
&= rr'(\cos\varphi \cos\varphi' + \sin\varphi \sin\varphi') \\
&= rr' \cos(\varphi - \varphi').
\end{aligned}
$$

Also gilt $(x, x') = 0$ genau dann, wenn einer der folgenden sechs Fälle eintritt:

$$x = 0 \ \text{oder} \ x' = 0 \ \text{oder} \ \varphi - \varphi' = \pm\frac{\pi}{2} \ \text{oder} \ \varphi - \varphi' = \pm\frac{3\pi}{2}.$$

1.1.6 Definition und Satz. Die **Euklidische Norm** oder der **Absolutbetrag** auf dem $\mathbb{R}^n$ ist die Abbildung $|\ | : \mathbb{R}^n \to \mathbb{R}$, definiert durch

$$x \mapsto |x| := \sqrt{(x, x)} = \sqrt{\sum_{i=1}^{n} x_i^2}.$$

Sie genügt für alle $x, x' \in \mathbb{R}^n$ und alle $\alpha \in \mathbb{R}$ den **Axiomen einer Norm**:

(i) $|x| \geq 0$, und $|x| = 0$ genau für $x = 0$ (**Definitheit**),

(ii) $|\alpha x| = |\alpha|\,|x|$ (**Homogenität**),

(iii) $|x + x'| \leq |x| + |x'|$ (**Dreiecksungleichung**).

Beweis. Definitheit und Homogenität folgen sofort aus den Definitionen 1.1.3 und 1.1.6 von Skalarprodukt und Norm. Die Dreiecksungleichung ergibt sich aus der Cauchy-Schwarzschen Ungleichung, die wir wie folgt formulieren:

1.1.7 Lemma. *Für alle* $x, x' \in \mathbb{R}^n$ *gilt die **Cauchy-Schwarzsche Ungleichung***

$$|(x, x')| \le |x|\,|x'|.$$

Beweis. Seien $x = (x_1, \ldots, x_n)$, $x' = (x_1', \ldots, x_n') \in \mathbb{R}^n$. Zu zeigen ist, dass

$$\left| \sum_{i=1}^{n} x_i x_i' \right| \le \sqrt{\sum_{i=1}^{n} x_i^2} \cdot \sqrt{\sum_{i=1}^{n} (x_i')^2}.$$

Falls $x = 0$ oder $x' = 0$, dann ist die Behauptung offensichtlich richtig. Seien also $x \ne 0$ und $x' \ne 0$. Aufgrund der Linearität des Skalarprodukts ist die Behauptung dann äquivalent zu

$$\left| \left(\frac{x}{|x|}, \frac{x'}{|x'|} \right) \right| \le 1,$$

das heißt, zu zeigen ist lediglich, dass

$$|(x, x')| = \left| \sum_{i=1}^{n} x_i x_i' \right| \le 1 \ \text{für} \ |x| = \sqrt{\sum_{i=1}^{n} x_i^2} = |x'| = \sqrt{\sum_{i=1}^{n} (x_i')^2} = 1.$$

Dazu bemerken wir, dass aus $(a - b)^2 \ge 0$ folgt, dass $2ab \le a^2 + b^2$, weshalb $x_i x_i' \le \frac{1}{2} \left(x_i^2 + (x_i')^2 \right)$ für $i = 1, \ldots, n$. Somit ist

$$(x, x') = \sum_{i=1}^{n} x_i x_i' \le \frac{1}{2} \left(\sum_{i=1}^{n} x_i^2 + \sum_{i=1}^{n} (x_i')^2 \right) = \frac{1}{2}(1 + 1) = 1$$

für $|x| = |x'| = 1$. Im Fall $(x, x') \ge 0$ ist die Behauptung damit bewiesen. Sonst betrachte man x und $-x'$. $\qquad\square$

Beweis der Dreiecksungleichung. Nach Definition von Skalarprodukt und Norm und wegen der Cauchy-Schwarzschen Ungleichung ist

$$|x + x'|^2 = (x + x', x + x') = \sum_{i=1}^{n} (x_i + x_i')(x_i + x_i')$$

$$= \sum_{i=1}^{n} \left(x_i^2 + 2 x_i x_i' + (x_i')^2 \right) = |x|^2 + 2(x, x') + |x'|^2$$

$$\le |x|^2 + 2\,|x|\,|x'| + |x'|^2 = (|x| + |x'|)^2.$$

Hieraus folgt die Dreiecksungleichung $|x + x'| \le |x| + |x'|$. $\qquad\square$

Aus der Dreiecksungleichung ergibt sich folgendes

1.1.8 Korollar. *Für alle $x, x' \in \mathbb{R}^n$ gilt*

$$\|x| - |x'\| \leq |x - x'|.$$

Beweis. Aus $|x| \leq |x - x'| + |x'|$ folgt

$$|x| - |x'| \leq |x - x'|.$$

Analog gilt $|x'| - |x| \leq |x - x'|$. Insgesamt haben wir also die behauptete Ungleichung

$$\|x| - |x'\| \leq |x - x'|. \qquad \square$$

1.1.9 Definition und Satz. Der $\mathbb{R}^n$ ist ein **Euklidischer Raum**, das heißt ein endlich-dimensionaler Vektorraum, in dem ein Skalarprodukt definiert ist.

1.1.10 Lemma. *Sei $x = (x_1, ..., x_n) \in \mathbb{R}^n$. Dann gilt*

(i) $|x_i| \leq |x|$ für $i = 1, \dots, n$.

(ii) Aus $|x_i| \leq c$ für $i = 1, \dots, n$ folgt, dass $|x| \leq \sqrt{n}c$.

Beweis. (I) Für $i = 1, \dots, n$ ist offensichtlich $|x_i| \leq \sqrt{\sum_{i=1}^{n} x_i^2} = |x|$.

(II) Aus $|x_i| \leq c$ für alle $i = 1, \dots, n$ folgt, dass

$$|x| = \sqrt{\sum_{i=1}^{n} x_i^2} \leq \sqrt{\sum_{i=1}^{n} c^2} = \sqrt{n}c. \qquad \square$$

1.1.11 Bemerkungen. (i)   Ist auf einem (abstrakten) reellen Vektorraum V ein Skalarprodukt $(\,,\,) : V \times V \to \mathbb{R}$ erklärt, welches für alle $x, x', x'' \in V$ und $\alpha, \beta \in \mathbb{R}$ den obigen Axiomen eines Skalarprodukts genügt, so heißt V beziehungsweise das geordnete Paar $(V, (\,,\,))$ ein **Skalarproduktraum**.

(ii)   Ein Vektorraum V heißt **normiert**, falls eine **Norm** $\|\,\| : V \to \mathbb{R}$ erklärt ist, welche für alle $x, x' \in V$ und alle $\alpha \in \mathbb{R}$ den folgenden **Axiomen einer Norm** genügt:

    (a) $\|x\| \geq 0$, und $\|x\| = 0$ genau für $x = 0$ (**Definitheit**)

    (b) $\|\alpha x\| = |\alpha|\,\|x\|$ (**Homogenität**),

    (c) $\|x + x'\| \leq \|x\| + \|x'\|$ (**Dreiecksungleichung**).

(iii) Ein Skalarproduktraum wird durch die Setzung

$$\|x\| := \sqrt{(x,x)} \ \text{ für alle } x \in V$$

zu einem normierten Vektorraum. $\| \ \|$ heißt auch die durch $(\, ,)$ induzierte Norm. Es gilt dann die Cauchy-Schwarzsche Ungleichung; der obige Beweis kann allerdings nur im Fall eines endlich-dimensionalen Raumes übernommen werden.

1.1.12 Beispiele. (i) Der $\mathbb{R}^n$ ist, zusammen mit dem Euklidischen Skalarprodukt, ein Skalarproduktraum und deshalb, zusammen mit der Euklidischen Norm, ein normierter Vektorraum.

(ii) Für jede reelle Zahl $p \in \mathbb{R}$, $1 \le p < +\infty$, ist durch

$$\|x\|_p := \left(\sum_{i=1}^{n} |x_i|^p \right)^{\frac{1}{p}}$$

für alle $x = (x_1, \ldots, x_n) \in \mathbb{R}^n$ eine Norm, die **p-Norm**, auf dem $\mathbb{R}^n$ erklärt. Die Dreiecksungleichung heißt auch **Minkowskische Ungleichung** und bedarf eines Beweises. Der Fall $p = 2$ entspricht der Euklidischen Norm:

$$\|x\|_2 = |x| \ \text{ für alle } x \in \mathbb{R}^n.$$

(iii) Durch

$$\|x\|_\infty := \max_{i=1,\ldots,n} |x_i|$$

ist auf dem $\mathbb{R}^n$ die **Maximumsnorm** erklärt.

1.1.13 Beispiel. Auf dem Vektorraum $\mathbb{R}^{m \times n}$ der reellen $m \times n$-Matrizen

$$A = \left(a_{jk} \right)_{\substack{j=1,\ldots,m \\ k=1,\ldots,n}} = \begin{pmatrix} a_{11} & \cdots & a_{1n} \\ \vdots & & \vdots \\ a_{m1} & \cdots & a_{mn} \end{pmatrix}$$

ist durch

$$\|A\| := \sup_{\substack{x \in \mathbb{R}^n \\ x \neq 0}} \frac{|A \circ x|}{|x|} = \sup_{\substack{x \in \mathbb{R}^n \\ x \neq 0}} \frac{\|A \circ x\|_2}{\|x\|_2}$$

die **Matrixnorm**, genauer die **Abbildungsnorm** einer Matrix, erklärt. Dabei ist $\circ$ die Matrizenmultiplikation und $x = \begin{pmatrix} x_1 \\ \vdots \\ x_n \end{pmatrix}$ wird als Spaltenvektor aufgefasst. Es gilt

$$\|A\| = \sup_{|x|=1} |A \circ x| = \sup_{|x| \le 1} |A \circ x| = \sup_{|x| < 1} |A \circ x|.$$

1.2 Metrische Eigenschaften und Folgen im $\mathbb{R}^n$

1.2.1 Definition und Lemma. Die **Metrik**, **Distanz-** oder **Abstandsfunktion** auf dem $\mathbb{R}^n$ ist die Abbildung $d : \mathbb{R}^n \times \mathbb{R}^n \to \mathbb{R}$, definiert durch

$$d(x, x') := |x - x'|.$$

Sie genügt für alle $x, x', x'' \in \mathbb{R}^n$ den **Axiomen einer Metrik**:

(i) $d(x, x') \geq 0$, und $d(x, x') = 0$ genau für $x = x'$ **(Definitheit)**,

(ii) $d(x, x') = d(x', x)$ **(Symmetrie)**,

(iii) $d(x, x') \leq d(x, x'') + d(x'', x')$ **(Dreiecksungleichung)**.

1.2.2 Definition. (i) $U_\varepsilon(a) := \{\, x \in \mathbb{R}^n \mid |x - a| < \varepsilon \,\}$ ist die **offene Kugelumgebung** von $a \in \mathbb{R}^n$ mit **Radius** $\varepsilon > 0$, kurz die offene ε-**Umgebung** von a. a heißt **Zentrum** von $U_\varepsilon(a)$.

$$K_\varepsilon(a) = \overline{U}_\varepsilon(a) := \{\, x \in \mathbb{R}^n \mid |x - a| \leq \varepsilon \,\}$$

ist die **abgeschlossene ε-Umgebung** von a.

(ii)   Für $a, b \in \mathbb{R}^n$, $a = (a_1, \ldots, a_n)$, $b = (b_1, \ldots, b_n)$, $a_i < b_i$ für $i = 1, \ldots, n$, heißt

$$(a, b) := \{\, x \in \mathbb{R}^n \mid a_i < x_i < b_i \,\} = (a_1, b_1) \times \cdots \times (a_n, b_n)$$

ein **offenes, n-dimensionales Intervall**, für $n = 2$ auch ein offenes **Rechteck** und für $n = 3$ ein offener **Quader**. Die Intervalle $(a_1, b_1), \ldots, (a_n, b_n)$ heißen auch die **Kanten** von (a, b). Bei gleichen Kantenlängen, das heißt für $b_1 - a_1 = \cdots = b_n - a_n$, ist (a, b) für $n = 2$ ein offenes **Quadrat** und für $n = 3$ ein offener **Würfel**. Analog ist

$$[a, b] := [a_1, b_1] \times \cdots \times [a_n, b_n]$$

ein **abgeschlossenes, n-dimensionales Intervall** und

$$\begin{aligned} [a, b) &:= [a_1, b_1) \times \cdots \times [a_n, b_n), \\ (a, b] &:= (a_1, b_1] \times (a_2, b_2] \times \cdots \times (a_n, b_n] \end{aligned}$$

sind Beispiele **halboffener, n-dimensionaler Intervalle**.

1.2.3 Bemerkungen. (i)   Ein Intervall bezeichnen wir oft durch $I = I_{a,b}$, insbesondere wenn nicht festgelegt wird, ob es offen, abgeschlossen oder halboffen sein soll.

(ii) Ein Intervall $I = I_{a,b}$ heißt **ausgeartet**, falls es ein $i \in \{1,\dots,n\}$ gibt mit $a_i = b_i$. Wir schreiben $a < b$ genau dann, wenn $a_i < b_i$ für alle $i = 1,\dots,n$ gilt. Diese Relation ist eine Ordnungsrelation, jedoch keine lineare Ordnung. Falls $a < b$ gilt, so ist $I = I_{a,b}$ **nicht-ausgeartet**.

1.2.4 Definition. (i) Eine Punktfolge $(x_k)_{k\in\mathbb{N}}$, $x_k \in \mathbb{R}^n$, heißt **beschränkt**, falls es ein $c \in \mathbb{R}$, $c > 0$, gibt mit

$$|x_k| \le c \text{ für alle } k \in \mathbb{N}.$$

(ii) Die Punktfolge $(x_k)_{k\in\mathbb{N}}$ heißt **konvergent**, wenn es einen Punkt $x \in \mathbb{R}^n$ gibt, so dass

$$\lim_{k\to\infty} |x_k - x| = 0$$

gilt, das heißt, zu jedem $\varepsilon > 0$ gibt es ein $N = N(\varepsilon) \in \mathbb{N}$ mit $|x_k - x| < \varepsilon$ beziehungsweise $x_k \in U_\varepsilon(x)$ für alle $k \in \mathbb{N}$, $k \ge N$, in Zeichen

$$x_k \to x \text{ für } k \to \infty.$$

(iii) $(x_k)_{k\in\mathbb{N}}$ heißt eine **Cauchy-Folge**, falls es zu jedem $\varepsilon > 0$ ein $N = N(\varepsilon) \in \mathbb{N}$ gibt mit
$$|x_k - x_\ell| < \varepsilon \text{ für alle } k, \ell \in \mathbb{N}, \ k,\ell \ge N.$$

Wir zeigen, dass die Konvergenz einer Punktfolge im $\mathbb{R}^n$ äquivalent zur komponentenweisen Konvergenz ist:

1.2.5 Satz. *(i) Eine Folge $(x_k)_{k\in\mathbb{N}}$, $x_k = (x_1^{(k)},\dots,x_n^{(k)}) \in \mathbb{R}^n$, konvergiert genau dann gegen einen Punkt $x = (x_1,\dots,x_n) \in \mathbb{R}^n$, das heißt, es gilt*

$$x_k \to x \text{ für } k \to \infty,$$

wenn für alle $i = 1,\dots,n$ die Folge der i-ten Komponenten $(x_i^{(k)})_{k\in\mathbb{N}}$ in $\mathbb{R}$ gegen $x_i \in \mathbb{R}$ konvergiert, das heißt

$$x_i^{(k)} \to x_i \text{ für } k \to \infty \text{ für alle } i = 1,\dots,n.$$

(ii) Die Folge $(x_k)_{k\in\mathbb{N}}$ ist genau dann eine Cauchy-Folge im $\mathbb{R}^n$, wenn die Folgen $(x_i^{(k)})_{k\in\mathbb{N}}$ der Komponenten für alle $i = 1,\dots,n$ Cauchy-Folgen in $\mathbb{R}$ sind.

Beweis. Wir zeigen lediglich die Behauptung (i) mit Hilfe von Lemma 1.1.10. Der Beweis der Aussage (ii) ist analog.

„$\Rightarrow$" Sei $x_k \to x$ für $k \to \infty$. Dann folgt

$$\left| x_i^{(k)} - x_i \right| \le |x_k - x| \to 0$$

für $i = 1, \ldots, n$, also $x_i^{(k)} \to x_i$ für $k \to \infty$.

„$\Leftarrow$" Umgekehrt folgt aus $x_i^{(k)} \to x_i$ für $i = 1, \ldots, n$, dass

$$|x_k - x| = \sqrt{\sum_{i=1}^{n} (x_i^{(k)} - x_i)^2} \le \sqrt{n} \max_{i=1,\ldots,n} \left| x_i^{(k)} - x_i \right| \to 0 \text{ für } k \to \infty. \qquad \square$$

Viele Eigenschaften konvergenter reeller Zahlenfolgen übertragen sich auf konvergente Punktfolgen im $\mathbb{R}^n$. Als Korollar zu Satz 1.2.5 haben wir beispielsweise:

1.2.6 Lemma und Definition. *(i) Der **Limes** oder **Grenzwert** $x =: \lim\limits_{k \to \infty} x_k$ einer konvergenten Folge $(x_k)_{k \in \mathbb{N}}$ im $\mathbb{R}^n$ ist eindeutig bestimmt.*

(ii) Jede konvergente Folge $(x_k)_{k \in \mathbb{N}}$ im $\mathbb{R}^n$ ist beschränkt.

1.2.7 Cauchysches Konvergenzprinzip im $\mathbb{R}^n$. *Eine Folge $(x_k)_{k \in \mathbb{N}}$ im $\mathbb{R}^n$ ist genau dann konvergent, wenn sie eine Cauchy-Folge ist.*

Beweis. Die Folge $(x_k)_{k \in \mathbb{N}}$ sei konvergent im $\mathbb{R}^n$. Aufgrund von Satz 1.2.5 (i) bedeutet dies, dass die Folgen $(x_i^{(k)})_{k \in \mathbb{N}}$ für $i = 1, \ldots, n$ konvergieren. Weil das Cauchysche Konvergenzprinzip in $\mathbb{R}$ richtig ist, ist dies äquivalent dazu, dass die Folgen $(x_i^{(k)})_{k \in \mathbb{N}}$ für $i = 1, \ldots, n$ Cauchy-Folgen in $\mathbb{R}$ sind. Wegen Satz 1.2.5 (ii) ist dies wiederum äquivalent dazu, dass $(x_k)_{k \in \mathbb{N}}$ eine Cauchy-Folge im $\mathbb{R}^n$ ist. $\qquad \square$

1.2.8 Weierstraßsches Auswahlprinzip. *Jede beschränkte Folge $(x_k)_{k \in \mathbb{N}}$ im $\mathbb{R}^n$ besitzt einen **Häufungswert** $x \in \mathbb{R}^n$, das heißt, sie enthält eine konvergente Teilfolge $(x_{k_\ell})_{\ell \in \mathbb{N}}$, $k_\ell < k_{\ell+1}$ für $\ell \in \mathbb{N}$, mit*

$$x_{k_\ell} \to x \in \mathbb{R}^n \quad \text{für } \ell \to \infty.$$

Beweis. Wegen $\left| x_i^{(k)} \right| \le |x_k| \le c < \infty$ für $i = 1, \ldots, n$, $k \in \mathbb{N}$, gibt es nach dem Weierstraßschen Auswahlprinzip in $\mathbb{R}$ eine Teilfolge $\left(x_{k_{\ell_1}} \right)_{\ell_1 \in \mathbb{N}}$ von $(x_k)_{k \in \mathbb{N}}$ mit

$$x_1^{(k_{\ell_1})} \to x_1 \in \mathbb{R} \text{ für } \ell_1 \to \infty.$$

Weiterhin gibt es eine Teilfolge $\left(x_{k_{\ell_1 \ell_2}} \right)_{\ell_2 \in \mathbb{N}}$ von $\left(x_{k_{\ell_1}} \right)_{\ell_1 \in \mathbb{N}}$ mit

$$x_2^{\left(k_{\ell_1 \ell_2} \right)} \to x_2 \in \mathbb{R} \text{ für } \ell_2 \to \infty,$$

und außerdem gilt natürlich

$$x_1^{\left(k_{\ell_1 \ell_2}\right)} \to x_1 \text{ für } \ell_2 \to \infty.$$

Durch n-faches Auswählen von Teilfolgen erhalten wir eine Teilfolge $\left(x_{k_{\ell_1 \cdots \ell_n}}\right)_{\ell_n \in \mathbb{N}}$ von $(x_k)_{k \in \mathbb{N}}$ mit

$$x_i^{\left(k_{\ell_1 \cdots \ell_n}\right)} \to x_i \in \mathbb{R} \text{ für } \ell_n \to \infty$$

für $i = 1, \ldots, n$, das heißt, es gilt

$$x_{k_{\ell_1 \cdots \ell_n}} \to (x_1, \ldots, x_n) =: x \in \mathbb{R}^n \text{ für } \ell_n \to \infty.$$

Setzen wir $\ell = \ell_n$ und

$$x_{k_\ell} := x_{k_{\ell_1 \cdots \ell_{n-1} \ell}},$$

so haben wir $x_{k_\ell} \to x$ für $\ell \to \infty$ wie behauptet. $\qquad\qquad\square$

1.2.9 Definition und Lemma. Sei A eine Punktmenge im $\mathbb{R}^n$.

(i)   Dann heißt A **beschränkt**, falls es ein $c \in \mathbb{R}$, $c > 0$, gibt mit

$$|x| \le c \text{ für alle } x \in A,$$

das heißt $A \subset K_c(0) = \{\, x \in \mathbb{R}^n \mid |x| \le c \,\}$.

(ii) $x \in \mathbb{R}^n$ heißt ein **Häufungspunkt** von A, wenn es zu jedem $\varepsilon > 0$ ein $x' = x'(\varepsilon) \in A$ gibt mit $x' \neq x$ und $x' \in U_\varepsilon(x)$, das heißt, es gibt eine Folge $(x_k)_{k \in \mathbb{N}}$ in A mit $x_k \neq x$ für alle $k \in \mathbb{N}$ und $x_k \to x$ für $k \to \infty$. Die Menge aller Häufungspunkte von A wird mit $H(A)$ bezeichnet.

(iii) $x \in \mathbb{R}^n$ heißt ein **isolierter Punkt** von A, wenn $x \in A$ und $x \notin H(A)$.

(iv) Eine Teilmenge $A \subset \mathbb{R}^n$ heißt **abgeschlossen** oder **folgen-abgeschlossen**, wenn für jede Folge $(x_k)_{k \in \mathbb{N}}$ in A mit $x_k \to x \in \mathbb{R}^n$ folgt, dass $x \in A$, das heißt, wenn $H(A) \subset A$ gilt. Abgeschlossene Mengen bezeichnen wir häufig mit dem Buchstaben F (französisch für abgeschlossen: fermé).

(v)   Die Menge $\bar{A} := A \cup H(A)$ heißt die **abgeschlossene Hülle** oder der **Abschluss** von A, das heißt, $x \in \mathbb{R}^n$ gehört genau dann zu $\bar{A}$, wenn es eine Folge $(x_k)_{k \in \mathbb{N}}$ in A gibt mit $x_k \to x$ für $k \to \infty$.

(vi) $x \in \mathbb{R}^n$ ist ein **Randpunkt** von A, wenn es zu jedem $\varepsilon > 0$ zwei Punkte $x', x'' \in U_\varepsilon(x)$ gibt mit $x' \in A$ und $x'' \notin A$, das heißt, es gibt Folgen $(x'_k)_{k \in \mathbb{N}}$ in A und $(x''_k)_{k \in \mathbb{N}}$ in $\mathcal{C}A$ mit $x'_k \to x$ und $x''_k \to x$, das heißt $x \in \bar{A} \cap \overline{\mathcal{C}A}$. Die Menge ∂A aller Randpunkte von A heißt der **Rand** von A.

(vii)   Eine Teilmenge $B \subset A$ liegt **dicht** in $A \subset \mathbb{R}^n$, wenn es zu jedem $x \in A$ eine Folge $(x_k)_{k \in \mathbb{N}}$ in B gibt mit $x_k \to x$ für $k \to \infty$, das heißt, es gilt $A \subset \bar{B}$.

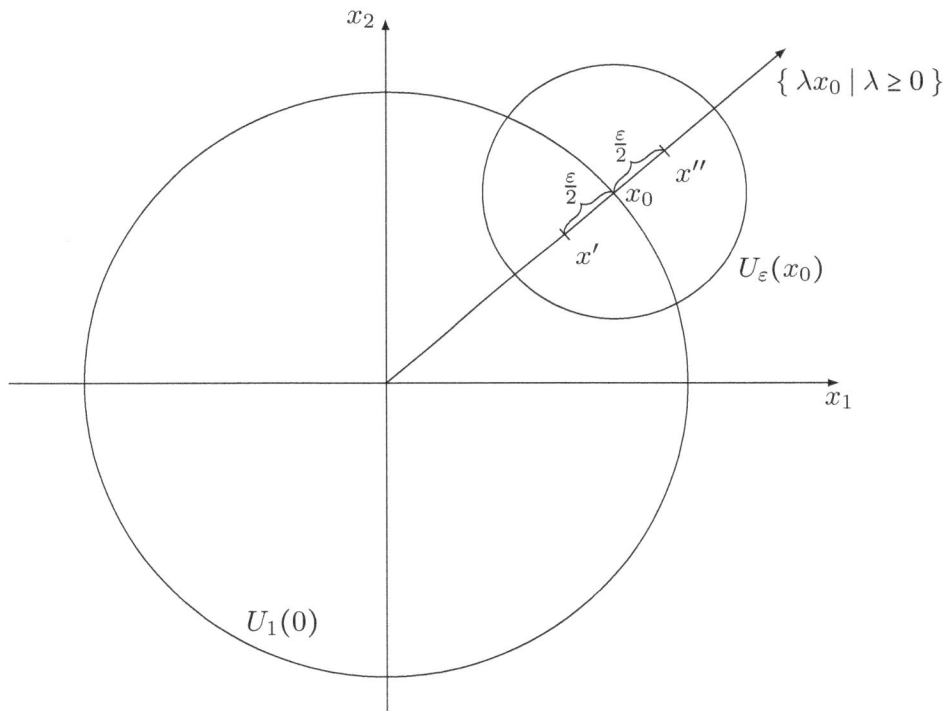

Abbildung 1.2: *Der Rand der Einheitskugel*

1.2.10 Beispiele. (i)   Sei $A = U_1(0) = \{\, x \in \mathbb{R}^n \mid |x| < 1 \,\}$ und sei $x_0 \in \mathbb{R}^n$ mit $|x_0| = 1$. Dann gilt $x_0 \in H(A)$, $x_0 \in H(\mathcal{C}A)$ und $x_0 \in \partial A$, denn für $0 < \varepsilon < 1$ sei $x' := \left(1 - \frac{\varepsilon}{2}\right) x_0$, $x'' := \left(1 + \frac{\varepsilon}{2}\right) x_0$ gesetzt (vergleiche Abbildung 1.2). Dann folgt $|x'| = 1 - \frac{\varepsilon}{2}$, $|x''| = 1 + \frac{\varepsilon}{2}$, also $x' \in A$, $x' \neq x_0$, $x'' \notin A$, $x'' \neq x_0$ und $|x' - x_0| = \frac{\varepsilon}{2}$, $|x'' - x_0| = \frac{\varepsilon}{2}$, also $x', x'' \in U_\varepsilon(x_0)$. Weiterhin gilt

$$\partial A = \partial U_1(0) = \{\, x \in \mathbb{R}^n \mid |x| = 1 \,\}.$$

(ii) Die Menge $A = K_R(a) = \{\, x \in \mathbb{R}^n \mid |x - a| \leq R \,\}$, $a \in \mathbb{R}^n$, $R > 0$, ist abgeschlossen: Denn sei $(x_k)_{k \in \mathbb{N}}$ eine Folge in A mit $x_k \to x \in \mathbb{R}^n$. Zu zeigen ist, dass $x \in A$. Dazu sei $\varepsilon > 0$. Dann gibt es ein $N \in \mathbb{N}$ mit $|x_k - x| < \varepsilon$ für alle $k \in \mathbb{N}$, $k \geq N$. Außerdem gilt $|x_k - a| \leq R$ für alle $k \in \mathbb{N}$. Daraus folgt

$$|x - a| \leq |x - x_k| + |x_k - a| < \varepsilon + R \text{ für alle } \varepsilon > 0,$$

also $|x - a| \leq R$, das heißt $x \in A$.

(iii) Der Abschluss von $U_1(0) = \{\, x \in \mathbb{R}^n \mid |x| < 1 \,\}$ ist

$$\overline{U_1(0)} = U_1(0) \cup \{\, x \in \mathbb{R}^n \mid |x| = 1 \,\} = \{\, x \in \mathbb{R}^n \mid |x| \leq 1 \,\} = K_1(0).$$

(iv) Sei $A = \left\{\, x \in \mathbb{R}^n \mid \frac{1}{2} < |x| < 1 \,\right\} \cup \{\, 0 \,\}$. Dann ist 0 ein isolierter Punkt von A. Außerdem ist

$$H(A) = \left\{\, x \in \mathbb{R}^n \;\middle|\; \frac{1}{2} \leq |x| \leq 1 \,\right\},$$

also

$$\bar{A} = A \cup H(A) = \left\{\, x \in \mathbb{R}^n \;\middle|\; \frac{1}{2} \leq |x| \leq 1 \,\right\} \cup \{\, 0 \,\}.$$

Weiterhin gilt

$$\begin{aligned}
\partial A &= \left\{\, x \in \mathbb{R}^n \;\middle|\; |x| = \frac{1}{2} \text{ oder } |x| = 1 \text{ oder } x = 0 \,\right\} \\
&= \partial U_1(0) \cup \partial U_{\frac{1}{2}}(0) \cup \{\, 0 \,\}.
\end{aligned}$$

(v) $\mathbb{Q}$ liegt dicht in $\mathbb{R}$. Genauso gilt: $\mathbb{Q}^n$ liegt dicht im $\mathbb{R}^n$.

1.2.11 Satz von Bolzano-Weierstraß für Punktmengen im $\mathbb{R}^n$. *Jede beschränkte unendliche Punktmenge $A \subset \mathbb{R}^n$ besitzt mindestens einen Häufungspunkt.*

1.2.12 Lemma. *Die Menge $H(A)$ der Häufungspunkte einer Menge $A \subset \mathbb{R}^n$ ist stets abgeschlossen.*

Beweis. Sei $(x_k)_{k \in \mathbb{N}}$ eine Folge in $H(A)$ mit $x_k \to x \in \mathbb{R}^n$. Zu zeigen ist, dass $x \in H(A)$. Dazu wähle zu jedem $k \in \mathbb{N}$ ein $x_k' \in A$, $x_k' \neq x$, mit $|x_k' - x_k| < \frac{1}{k}$. Dann folgt

$$|x_k' - x| \leq |x_k' - x_k| + |x_k - x| < \frac{1}{k} + |x_k - x| \to 0 \text{ für } k \to \infty,$$

also ist $x \in H(A)$. $\qquad\qquad\qquad\qquad\qquad\qquad\qquad\qquad\qquad\qquad\qquad\qquad\qquad\square$

1.2.13 Lemma. *Die abgeschlossene Hülle $\bar{A} = A \cup H(A)$ einer Menge $A \subset \mathbb{R}^n$ ist stets abgeschlossen.*

Beweis. Sei $(x_k)_{k \in \mathbb{N}}$ eine Folge in $\bar{A} = A \cup H(A)$ mit $x_k \to x \in \mathbb{R}^n$. Es ist zu zeigen, dass $x \in \bar{A}$: Zu jedem $k \in \mathbb{N}$ wähle ein $x'_k \in A$ mit $|x'_k - x_k| < \frac{1}{k}$. Dann folgt offenbar, dass $|x'_k - x| \to 0$ für $k \to \infty$. Falls $x'_k \neq x$ für alle $k \in \mathbb{N}$ gilt, dann ist $x \in H(A) \subset \bar{A}$. Ist $x'_k = x$ für ein k, so ist $x = x'_k \in A \subset \bar{A}$. $\qquad\square$

1.2.14 Lemma. *Eine Menge $A \subset \mathbb{R}^n$ ist genau dann abgeschlossen, wenn eine, und somit alle, der folgenden Eigenschaften erfüllt ist:*

(i) $H(A) \subset A$,

(ii) $\bar{A} = A$.

Beweis. (I) Sei A abgeschlossen und sei $x \in H(A)$. Dann gibt es eine Folge $(x_k)_{k \in \mathbb{N}}$ in A mit $x_k \neq x$ für alle $k \in \mathbb{N}$ und $x_k \to x$ für $k \to \infty$. Weil A abgeschlossen ist, muss $x \in A$ sein. Also gilt dann $H(A) \subset A$.

(II) Aus $H(A) \subset A$ folgt, dass

$$\bar{A} = A \cup H(A) \subset A,$$

weshalb $\bar{A} = A$ ist.

(III) Sei $\bar{A} = A$. Wegen des vorigen Lemmas 1.2.13 ist $\bar{A}$, also A dann abgeschlossen. $\qquad\square$

1.2.15 Lemma. *Die Menge ∂A aller Randpunkte von $A \subset \mathbb{R}^n$ ist stets abgeschlossen.*

Beweis. Sei $(x_k)_{k \in \mathbb{N}}$ eine Folge in ∂A mit $x_k \to x \in \mathbb{R}^n$. Es ist zu zeigen, dass $x \in \partial A$. Dazu wähle für alle $k \in \mathbb{N}$ zwei Punkte $x'_k \in A$, $x''_k \notin A$ mit

$$|x'_k - x_k| < \frac{1}{k}, \ |x''_k - x_k| < \frac{1}{k}.$$

Dann gilt aber

$$|x'_k - x| \leq |x'_k - x_k| + |x_k - x| < \frac{1}{k} + |x_k - x| \to 0,$$

$$|x''_k - x| \leq |x''_k - x_k| + |x_k - x| < \frac{1}{k} + |x_k - x| \to 0$$

für $k \to \infty$. Deshalb ist $x \in \partial A$. $\qquad\square$

1.2.16 Bemerkungen. (i)   Ist X eine (abstrakte) Menge, auf welcher eine Metrik oder eine Abstandsfunktion $d : X \times X \to \mathbb{R}$ erklärt ist, welche für alle $x, x', x'' \in X$ den Axiomen einer Metrik genügt, so heißt X beziehungsweise das geordnete Paar (X, d) ein **metrischer Raum**.

(ii)   Ein normierter Vektorraum V wird durch

$$d(x, y) := \|x - y\| \text{ für alle } x, y \in V$$

automatisch zu einem metrischen Raum. d heißt auch **induzierte Metrik**.

(iii) Die oben definierten Begriffe, welche nicht die Komponenten beziehungsweise Koordinaten der Punkte $x \in \mathbb{R}^n$ benutzen, können allesamt in einem metrischen Raum erklärt werden. Beispielsweise ist

$$U_\varepsilon(a) = B_\varepsilon(a) := \{ x \in X \mid d(x, a) < \varepsilon \}$$

eine offene Kugelumgebung von $a \in X$ mit Radius $\varepsilon > 0$. Ein Intervall oder Rechteck kann im Allgemeinen nicht erklärt werden.

(iv) Eine Folge $(x_k)_{k \in \mathbb{N}}$ in X heißt konvergent, falls es ein $x \in X$ gibt mit

$$d(x_k, x) \to 0 \text{ für } k \to \infty,$$

das heißt, zu jedem $\varepsilon > 0$ gibt es ein $N \in \mathbb{N}$ mit

$$x_k \in U_\varepsilon(x) \text{ für alle } k \in \mathbb{N}, \; k \geq N.$$

(v)   Das Cauchysche Konvergenzprinzip und das Weierstraßsche Auswahlprinzip gilt in allgemeinen metrischen Räumen nicht. Ein metrischer Raum (X, d), in welchem jede Cauchy-Folge gegen einen Grenzwert $x \in X$ konvergiert, das heißt das Cauchysche Konvergenzprinzip erfüllt, heißt **vollständig**. Ein vollständiger, normierter Vektorraum heißt ein **Banachraum**.

(vi) Eine Teilmenge $A \subset X$ heißt abgeschlossen oder auch vollständig, falls jede Cauchy-Folge in A einen Grenzwert in A besitzt.

1.2.17 Beispiele. (i)   Bezeichnet $d(x, x') = |x - x'|$ für $x, x' \in \mathbb{R}^n$ den Abstand auf dem $\mathbb{R}^n$, so ist $(\mathbb{R}^n, d)$ ein vollständiger metrischer Raum.

(ii) Jeder endlich-dimensionale Vektorraum wird, nach Wahl einer Basis, auf kanonische Weise zu einem vollständigen normierten Vektorraum, also zu einem Banachraum.

(iii) Sei X eine beliebige Menge. Dann heißt

$$d(x, x') := \begin{cases} 1 & \text{für } x \neq x' \\ 0 & \text{für } x = x' \end{cases}$$

die **diskrete Metrik**. Eine Folge $(x_k)_{k \in \mathbb{N}}$ konvergiert genau dann bezüglich der diskreten Metrik gegen $x \in X$, falls es ein $N \in \mathbb{N}$ gibt mit $x_k = x$ für alle $k \in \mathbb{N}$, $k \geq N$. Jede Teilmenge $A \subset X$ ist bezüglich der diskreten Metrik abgeschlossen.

1.3 Topologische Eigenschaften des $\mathbb{R}^n$

1.3.1 Definition und Lemma. Sei A eine Punktmenge im $\mathbb{R}^n$.

(i) Dann heißt $x \in A$ ein **innerer Punkt** von A und A heißt eine **Umgebung** von x, wenn es ein $\varepsilon > 0$ gibt mit

$$U_\varepsilon(x) = \{ x' \in \mathbb{R}^n \mid |x' - x| < \varepsilon \} \subset A.$$

Die Menge $\mathring{A} \subset A$ aller inneren Punkte von A ist das **Innere** oder der **offene Kern** von A.

(ii) $A \subset \mathbb{R}^n$ heißt **offen**, wenn es zu jedem $x \in A$ ein $\varepsilon > 0$ gibt mit $U_\varepsilon(x) \subset A$, das heißt, wenn $A = \mathring{A}$ gilt, das heißt, wenn A nur aus inneren Punkten besteht, mit anderen Worten, wenn A Umgebung jedes ihrer Punkte ist.

(iii) $A \subset \mathbb{R}^n$ heißt **(topologisch) abgeschlossen**, wenn $\mathcal{C}A$ offen ist.

1.3.2 Beispiele. (i) Sei $A = U_\varepsilon(a)$, $a \in \mathbb{R}^n$, $\varepsilon > 0$. Dann ist A offen. Denn sei $x \in U_\varepsilon(a)$. Dann ist $\varepsilon' := \varepsilon - |x - a| > 0$. Wir zeigen, dass $U_{\varepsilon'}(x) \subset U_\varepsilon(a)$ gilt, damit ist dann $U_\varepsilon(a)$ offen: Sei $x' \in U_{\varepsilon'}(x)$, also $|x' - x| < \varepsilon'$. Dann ist

$$|x' - a| \leq |x' - x| + |x - a| < \varepsilon' + |x - a| = \varepsilon,$$

das heißt $x' \in U_\varepsilon(a)$ (vergleiche Abbildung 1.3).

(ii) Sei $A = \{ x \in \mathbb{R}^n \mid |x| \leq 1 \}$. Dann ist $\mathring{A} = \{ x \in \mathbb{R}^n \mid |x| < 1 \}$. A ist abgeschlossen, weil $\mathcal{C}A = \{ x \in \mathbb{R}^n \mid |x| > 1 \}$ offen ist.

Ohne Beweis erwähnen wir:

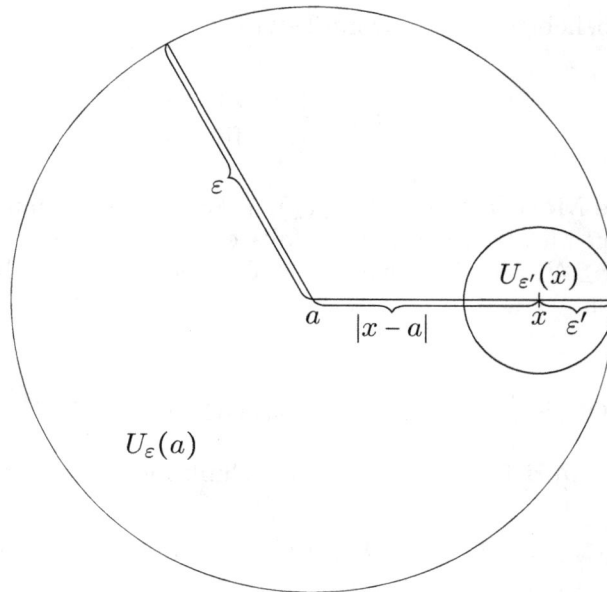

Abbildung 1.3: *Offene Kugeln sind offene Mengen*

1.3.3 Satz. *Eine nicht-leere Teilmenge $A \subset \mathbb{R}$ ist genau dann offen, wenn es abzählbar viele paarweise disjunkte offene Intervalle $I_k = (a_k, b_k)$, $a_k \in \mathbb{R} \cup \{-\infty\}$, $b_k \in \mathbb{R} \cup \{+\infty\}$, $a_k < b_k$, gibt mit*

$$A = \bigcup_k I_k.$$

Hierbei heißt eine Menge abzählbar, wenn sie endlich oder abzählbar unendlich ist.

1.3.4 Lemma. *Das Innere $\mathring{A}$ einer Menge $A \subset \mathbb{R}^n$ ist eine offene Menge.*

Beweis. Sei $x \in \mathring{A}$. Dann gibt es ein $\varepsilon > 0$ mit $U_\varepsilon(x) \subset A$. Für jedes $x' \in U_\varepsilon(x)$ gibt es dann ein $\varepsilon' > 0$ mit $U_{\varepsilon'}(x') \subset U_\varepsilon(x) \subset A$, weshalb $x' \in \mathring{A}$. Somit ist $U_\varepsilon(x) \subset \mathring{A}$ und deshalb offen. $\qquad\square$

1.3.5 Lemma. *Eine Teilmenge $A \subset \mathbb{R}^n$ ist genau dann offen, wenn $\mathcal{C}A$ (topologisch) abgeschlossen ist.*

Beweis. Nach Definition 1.3.1 (iii) ist $A = \mathcal{C}(\mathcal{C}A)$ genau dann offen, wenn $\mathcal{C}A$ abgeschlossen ist. $\qquad\square$

1.3.6 Satz. *Eine Teilmenge $A \subset \mathbb{R}^n$ ist genau dann (topologisch) abgeschlossen, wenn sie folgen-abgeschlossen ist.*

Beweis. „$\Rightarrow$" Sei A topologisch abgeschlossen und sei $(x_k)_{k \in \mathbb{N}}$ eine Folge in A mit $x_k \to x \in \mathbb{R}^n$. Es ist zu zeigen, dass $x \in A$ gilt: Angenommen $x \notin A$, das heißt $x \in \mathcal{C}A$, wobei $\mathcal{C}A$ offen ist. Dann gibt es ein $\varepsilon > 0$ mit $U_\varepsilon(x) \subset \mathcal{C}A$. Aus der Konvergenz folgt jedoch, dass für hinreichend großes $N \in \mathbb{N}$ immer $x_N \in U_\varepsilon(x)$ gilt. Das ergibt einen Widerspruch zu $x_N \in A$.

„$\Leftarrow$" Sei A folgen-abgeschlossen. Es ist zu zeigen, dass $\mathcal{C}A$ offen ist. Wir gehen wieder indirekt vor. Angenommen es gibt ein $x \in \mathcal{C}A$, so dass für alle $\varepsilon > 0$ gilt: $U_\varepsilon(x) \not\subset \mathcal{C}A$. Für jedes $k \in \mathbb{N}$ gibt es also ein $x_k \in U_{\frac{1}{k}}(x)$ mit $x_k \in A$. Das hieße aber $x_k \to x$ und somit auch $x \in A$, was unserer Annahme widerspricht. $\qquad\square$

1.3.7 Satz und Definition. *Das Mengensystem $\mathcal{T} = \{\, U \subset \mathbb{R}^n \mid U \text{ offen} \,\}$ aller offenen Teilmengen des $\mathbb{R}^n$ ist eine **Topologie**, das heißt, es genügt den folgenden **Fundamentaleigenschaften**:*

(i)   *$\varnothing, \mathbb{R}^n \in \mathcal{T}$, das heißt, die leere Menge und der gesamte Raum sind offen.*

(ii)   *Sei $\mathcal{T}' \subset \mathcal{T}$ ein Teilsystem offener Mengen. Dann ist auch $\bigcup\limits_{U \in \mathcal{T}'} U \in \mathcal{T}$, das heißt, die Vereinigung beliebig vieler offener Mengen ist offen.*

(iii)   *Sei $\mathcal{T}' \subset \mathcal{T}$ ein endliches Teilsystem. Dann ist auch $\bigcap\limits_{U \in \mathcal{T}'} U \in \mathcal{T}$, das heißt, der Durchschnitt endlich vieler offener Mengen ist offen.*

Beweis. (I) Die leere Menge ist offen, denn die Annahme $x \in \varnothing$ ist immer falsch. Der $\mathbb{R}^n$ ist offen, denn für alle $x \in \mathbb{R}^n$ gilt $U_1(x) \subset \mathbb{R}^n$.

(II) Sei $x \in \bigcup\limits_{U \in \mathcal{T}'} U$, das heißt, es gibt ein $U \in \mathcal{T}'$ mit $x \in U$. Da U offen ist, existiert ein $\varepsilon > 0$ mit $U_\varepsilon(x) \subset U \subset \bigcup\limits_{U \in \mathcal{T}'} U$, das heißt, $\bigcup\limits_{U \in \mathcal{T}'} U$ ist offen.

(III) Sei $x \in \bigcap\limits_{U \in \mathcal{T}'} U$, das heißt $x \in U$ für alle $U \in \mathcal{T}'$. Dann gibt es zu jedem $U \in \mathcal{T}'$ ein $\varepsilon = \varepsilon(U) > 0$ mit $U_\varepsilon(x) \subset U$. Da $\mathcal{T}'$ endlich ist, existiert

$$\varepsilon_0 := \min\{\, \varepsilon \mid \varepsilon = \varepsilon(U),\ U \in \mathcal{T}' \,\} > 0.$$

Dann gilt aber $U_{\varepsilon_0}(x) \subset U_\varepsilon(x) \subset U$ für alle $U \in \mathcal{T}'$ und folglich $U_{\varepsilon_0}(x) \subset \bigcap\limits_{U \in \mathcal{T}'} U$, das heißt, $\bigcap\limits_{U \in \mathcal{T}'} U$ ist offen. $\qquad\square$

1.3.8 Satz. *Das System $\mathcal{F} = \{\, F \subset \mathbb{R}^n \mid F\ abgeschlossen \,\}$ aller abgeschlossenen Teilmengen des $\mathbb{R}^n$ besitzt die folgenden Eigenschaften:*

(i) $\varnothing, \mathbb{R}^n \in \mathcal{F}$, das heißt, die leere Menge und der gesamte Raum sind abgeschlossen.

(ii)   Sei $\mathcal{F}' \subset \mathcal{F}$ ein Teilsystem abgeschlossener Mengen. Dann ist auch $\bigcap_{F \in \mathcal{F}'} F \in \mathcal{F}$, das heißt, der Durchschnitt beliebig vieler abgeschlossener Mengen ist abgeschlossen.

(iii) Sei $\mathcal{F}' \subset \mathcal{F}$ ein endliches Teilsystem. Dann ist auch $\bigcup_{F \in \mathcal{F}'} F \in \mathcal{F}$, das heißt, die Vereinigung endlich vieler abgeschlossener Mengen ist abgeschlossen.

Beweis. Die Aussagen folgen unmittelbar aus 1.3.7 mit Hilfe der De Morgan-schen Regeln. $\square$

Die folgenden Aussagen beweise man zur Übung:

1.3.9 Lemma. *(i) $A \subset \mathbb{R}^n$ ist genau dann offen, wenn $A \cap \partial A = \varnothing$.*

(ii) A ist genau dann abgeschlossen, wenn $\partial A \subset A$.

(iii) $\mathring{A}$ ist die größte offene Menge, die in A enthalten ist:

$$\mathring{A} = \bigcup \{\, U \mid U \subset A,\ U\ offen \,\},$$

(iv) $\bar{A}$ ist die kleinste abgeschlossene Menge, die A umfasst:

$$\bar{A} = \bigcap \{\, F \mid F \supset A,\ F\ abgeschlossen \,\},$$

(v) $\mathring{A} = A \smallsetminus \partial A$, $\bar{A} = A \cup \partial A$.

(vi) $\bar{A} = \mathring{A} \mathbin{\dot\cup} \partial A$, $\partial A = \bar{A} \smallsetminus \mathring{A}$, hierbei bedeutet $\dot\cup$ disjunkte Vereinigung.

(vii) $\mathcal{C}(\mathring{A}) = \overline{\mathcal{C}A}$, $\mathcal{C}(\bar{A}) = (\mathring{\overline{\mathcal{C}A}})$.

1.3.10 Bemerkungen. (i) Es sei X eine (abstrakte) Menge und $\mathcal{T} \subset \mathcal{P}(X)$ ein System von Teilmengen von X, dabei ist $\mathcal{P}(X)$ die Potenzmenge von X, das heißt die Menge aller Teilmengen von X. Dann heißt das Paar $(X, \mathcal{T})$ ein **topologischer Raum**, falls $\mathcal{T}$ den drei **Axiomen einer Topologie** genügt, das heißt, es gilt

(a) $\varnothing, X \in \mathcal{T}$,

(b) $\bigcup_{U \in \mathcal{T}'} \in \mathcal{T}$ für alle $\mathcal{T}' \subset \mathcal{T}$,

(c) $\bigcap_{U \in \mathcal{T}'} \in \mathcal{T}$ für jedes endliche $\mathcal{T}' \subset \mathcal{T}$.

Die Elemente von $\mathcal{T}$ heißen **offene Mengen**.

(ii) Ein beliebiger metrischer Raum (X, d) wird automatisch zu einem topologischen Raum, beziehungsweise er induziert die kanonische Topologie auf X, wenn man eine Teilmenge $A \subset X$ offen nennt, falls es zu jedem $x \in A$ ein $\varepsilon > 0$ gibt mit $U_\varepsilon(x) = \{\, x' \in X \mid d(x', x) < \varepsilon \,\} \subset A$. Damit ist dann auch jeder normierte Vektorraum $(V, \|\ \|)$ ein topologischer Raum.

1.3.11 Beispiele. (i) Die auf dem $\mathbb{R}^n$ durch die p-Normen für $p \in \mathbb{R}$, $1 \le p \le +\infty$, induzierten Topologien sind alle gleich, das heißt, für $1 \le p \le +\infty$ ist eine Menge $A \subset \mathbb{R}^n$ genau dann offen (im üblichen Sinn), wenn es zu jedem $x \in A$ ein $\varepsilon > 0$ gibt mit $U_\varepsilon^{(p)}(x) = \{\, x' \in \mathbb{R}^n \mid \|x' - x\|_p < \varepsilon \,\} \subset A$ (vergleiche Beispiel 1.1.12).

(ii) Die diskrete Metrik aus 1.2.17 (iii) induziert die **diskrete Topologie** $\mathcal{T} := \mathcal{P}(X)$. Sie ist die **feinste Topologie** auf X, das heißt, jede Teilmenge $A \subset X$ ist offen.

(iii) $\mathcal{T} := \{\, \varnothing, X \,\}$ ist die **gröbste Topologie** auf X.

1.4 Kompakte Mengen

In diesem Abschnitt analysieren wir Teilmengen des $\mathbb{R}^n$, welche die Weierstraßsche Auswahleigenschaft 1.2.8 erfüllen:

1.4.1 Definition. Eine Menge $K \subset \mathbb{R}^n$ heißt **(folgen-)kompakt**, wenn jede Folge $(x_k)_{k \in \mathbb{N}}$ in K einen **Häufungswert** $x \in K$ besitzt, das heißt eine konvergente Teilfolge $(x_{k_\ell})_{\ell \in \mathbb{N}}$, $k_\ell < k_{\ell+1}$ für $\ell \in \mathbb{N}$, enthält, deren Grenzwert x in K liegt.

1.4.2 Satz. *Eine Menge $K \subset \mathbb{R}^n$ ist genau dann (folgen-)kompakt, wenn sie beschränkt und abgeschlossen ist.*

Beweis. „$\Leftarrow$" Die Menge K sei beschränkt und abgeschlossen. Sei $(x_k)_{k \in \mathbb{N}}$ eine Folge in K. Wegen $|x| \le c < +\infty$ für alle $x \in K$ gibt es aufgrund des Weierstraßschen Auswahlprinzips 1.2.8 eine konvergente Teilfolge $(x_{k_\ell})_{\ell \in \mathbb{N}}$ mit $x_{k_\ell} \to x \in \mathbb{R}^n$. Da K (folgen-)abgeschlossen ist, gilt $x \in K$. Also ist K folgenkompakt.

„$\Rightarrow$" Die Menge K sei folgen-kompakt. Sei $(x_k)_{k\in\mathbb{N}}$ eine konvergente Folge in K mit Grenzwert $x \in \mathbb{R}^n$. Da K folgen-kompakt ist, muss x in K liegen, also ist K (folgen-)abgeschlossen.

Es bleibt zu zeigen, dass K beschränkt ist. Angenommen K wäre nicht beschränkt. Dann gäbe es eine Folge $(x_k)_{k\in\mathbb{N}}$ in K mit $|x_k| \to +\infty$. Für eine Teilfolge $(x_{k_\ell})_{\ell\in\mathbb{N}}$ müsste jedoch $x_{k_\ell} \to x \in K$ gelten, also $|x_{k_\ell}| \le c < +\infty$, ein Widerspruch. Also ist K beschränkt. $\qquad\square$

1.4.3 Definition. (i) Der **Durchmesser** einer nicht-leeren Menge $A \subset \mathbb{R}^n$ ist

$$\delta(A) := \sup_{x,x'\in A} |x - x'|.$$

(ii) Der **Abstand** oder die **Distanz** zweier nicht-leerer Mengen $A, B \subset \mathbb{R}^n$ ist

$$d(A,B) := \inf_{\substack{x\in A \\ x'\in B}} |x - x'|.$$

Wir schreiben $d(x, A)$ für den Abstand von $\{\,x\,\}$ und A.

1.4.4 Lemma. *Sei $K \subset \mathbb{R}^n$ eine nicht-leere, kompakte Menge. Dann gibt es Punkte $x, x' \in K$ mit*

$$\delta(K) = \sup_{x'',x'''\in K} |x'' - x'''| = |x - x'| < +\infty.$$

Beweis. Es gibt Folgen $(x_k)_{k\in\mathbb{N}}, (x_k')_{k\in\mathbb{N}}$ in K mit $|x_k - x_k'| \to \delta(K) \in \mathbb{R}\cup\{\,+\infty\,\}$. Weil K kompakt ist, gibt es Teilfolgen $(x_{k_\ell})_{\ell\in\mathbb{N}}$ von $(x_k)_{k\in\mathbb{N}}$ und $(x_{k_\ell}')_{\ell\in\mathbb{N}}$ von $(x_k')_{k\in\mathbb{N}}$ mit $x_{k_\ell} \to x \in K$ und $x_{k_\ell}' \to x' \in K$. Deshalb gilt

$$|x_{k_\ell} - x_{k_\ell}'| \to |x - x'| = \delta(K) < +\infty.$$

Hier wählt man zunächst eine konvergente Teilfolge $(x_{k_\ell})_{\ell\in\mathbb{N}}$ von $(x_k)_{k\in\mathbb{N}}$ und dann eine konvergente Teilfolge $\left(x_{k_{\ell_m}}'\right)_{m\in\mathbb{N}}$ von $\left(x_{k_\ell}'\right)_{\ell\in\mathbb{N}}$. Die durch

$$x_{k_m} := x_{k_{\ell_m}}, \quad x_{k_m}' := x_{k_{\ell_m}}'$$

für $m \in \mathbb{N}$ definierten Folgen leisten Gewünschtes. $\qquad\square$

1.4.5 Lemma. *Sei $F \ne \varnothing$ abgeschlossen, $K \ne \varnothing$ kompakt und sei $F \cap K = \varnothing$. Dann gibt es Punkte $x \in F$, $x' \in K$ mit*

$$d(F,K) = \inf_{\substack{x''\in F \\ x'''\in K}} |x'' - x'''| = |x - x'| > 0.$$

Beweis. Es gibt Folgen $(x_k)_{k\in\mathbb{N}}$ in F und $(x'_k)_{k\in\mathbb{N}}$ in K mit $|x_k - x'_k| \to d(F,K)$. Da K kompakt ist, gibt es eine Teilfolge $(x'_{k_\ell})_{\ell\in\mathbb{N}}$ von $(x'_k)_{k\in\mathbb{N}}$ mit $x'_{k_\ell} \to x' \in K$. Daher gibt es ein $N \in \mathbb{N}$ und ein $c > 0$ mit

$$\left|x_{k_\ell}\right| \le \left|x_{k_\ell} - x'_{k_\ell}\right| + \left|x'_{k_\ell}\right| \le \left|x'_{k_\ell}\right| + d(F,K) + 1 \le c < +\infty$$

für alle $\ell \in \mathbb{N}$, $\ell \ge N$. Also gibt es eine Teilfolge $(x_{k_{\ell_m}})_{m\in\mathbb{N}}$ der Folge $(x_{k_\ell})_{\ell\in\mathbb{N}}$ mit $x_{k_{\ell_m}} \to x \in F$. Weil $F \cap K = \varnothing$ ist, folgt, dass

$$\left|x_{k_{\ell_m}} - x'_{k_{\ell_m}}\right| \to |x - x'| = d(F,K) > 0. \qquad \square$$

1.4.6 Beispiel. Die Mengen

$$F = \left\{ (x,y) \in \mathbb{R}^2 \mid y \le 0 \right\}$$

und

$$F' = \left\{ (x,y) \in \mathbb{R}^2 \mid y \ge 0,\ |x \cdot y| \ge 1 \right\}$$

sind abgeschlossen und es gilt $F \cap F' = \varnothing$; jedoch ist $d(F,F') = 0$, denn für alle $k \in \mathbb{N}$ ist $(k,0) \in F$, $\left(k, \frac{1}{k}\right) \in F'$ und es gilt $\left|(k,0) - \left(k, \frac{1}{k}\right)\right| = \frac{1}{k} \to 0$ für $k \to \infty$. Deshalb gilt Lemma 1.4.5 nicht für zwei lediglich abgeschlossene Mengen (vergleiche Abbildung 1.4).

1.4.7 Definition. Eine Folge $(K_\ell)_{\ell\in\mathbb{N}}$ nicht-leerer, kompakter Teilmengen des $\mathbb{R}^n$ heißt eine **kompakte Schachtelung**, wenn $K_{\ell+1} \subset K_\ell$ für alle $\ell \in \mathbb{N}$ gilt.

1.4.8 Cantorscher Durchschnittssatz. *Es sei* $(K_\ell)_{\ell\in\mathbb{N}}$ *eine kompakte Schachtelung. Dann ist* $\bigcap\limits_{\ell=1}^{\infty} K_\ell \ne \varnothing$. *Gilt* $\delta(K_\ell) \to 0$ *für* $\ell \to \infty$, *so besteht* $\bigcap\limits_{\ell=1}^{\infty} K_\ell$ *aus genau einem Punkt.*

Beweis. (I) Zu jedem $\ell \in \mathbb{N}$ wähle man ein $x_\ell \in K_\ell$. Wegen $x_\ell \in K_\ell \subset K_{\ell-1} \subset \cdots \subset K_1$ ist die Folge $(x_\ell)_{\ell\in\mathbb{N}}$ beschränkt. Aus dem Weierstraßschen Auswahlprinzip 1.2.8 folgt, dass eine konvergente Teilfolge $(x_{\ell_m})_{m\in\mathbb{N}}$ mit $x_{\ell_m} \to x \in \mathbb{R}^n$ existiert. Wir zeigen, dass $x \in K_\ell$ für alle $\ell \in \mathbb{N}$ gilt: Sei also ein beliebiges $\ell \in \mathbb{N}$ fixiert. Wegen $K_{\ell_m} \subset K_\ell$ für alle $\ell_m \ge \ell$ und $x_{\ell_m} \in K_{\ell_m}$ gilt auch $x_{\ell_m} \in K_\ell$ für alle $\ell_m \ge \ell$. Da K_ℓ abgeschlossen ist, haben wir deshalb $x \in K_\ell$.

(II) Angenommen $x, x' \in \bigcap\limits_{\ell=1}^{\infty} K_\ell$. Dann ist $|x - x'| \le \delta(K_\ell)$ für alle $\ell \in \mathbb{N}$, weshalb $x = x'$ sein muss, falls $\delta(K_\ell) \to 0$ für $\ell \to \infty$. $\qquad \square$

Eine Schachtelung erhält man beispielsweise folgendermaßen:

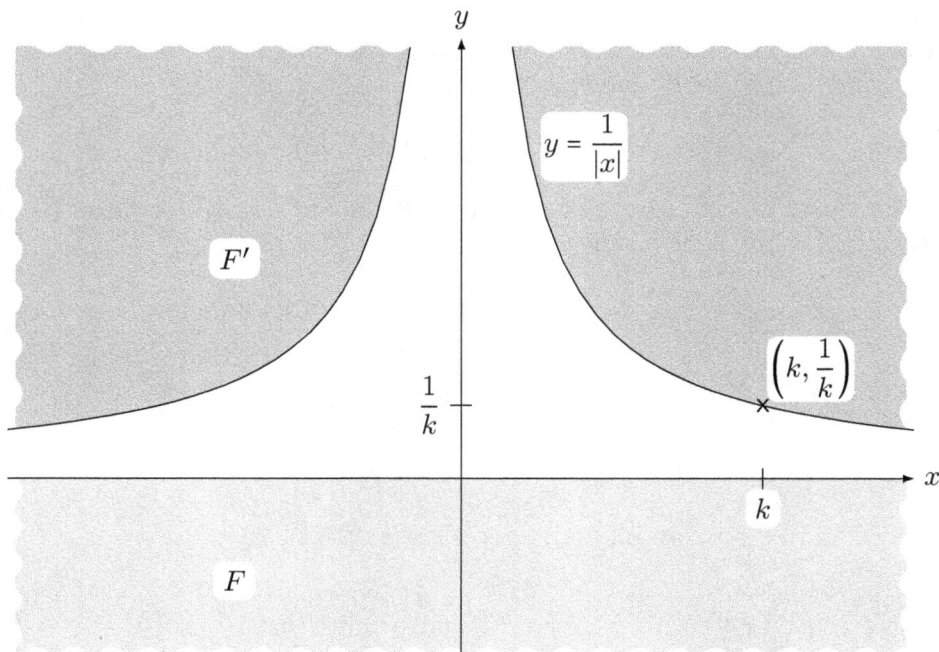

Abbildung 1.4: *Der Abstand zweier abgeschlossener Mengen kann 0 sein*

1.4.9 Normalunterteilung eines n-dimensionalen Intervalls.

(i) Sei I ein nicht-ausgeartetes, n-dimensionales, kompaktes Intervall,

$$\begin{aligned}
I &= I_1 \times I_2 \times \cdots \times I_n \\
&= [a_1, b_1] \times [a_2, b_2] \times \cdots \times [a_n, b_n] \\
&= \{\, x \in \mathbb{R}^n \mid a_i \le x_i \le b_i, \ i = 1, \ldots, n \,\},
\end{aligned}$$

mit den Kantenlängen $b_i - a_i$ für $i = 1, \ldots, n$. Halbiert man jede der n Kanten I_i, bildet also

$$I_i = I_i^{(1)} \cup I_i^{(2)} = \left[a_i, \frac{a_i + b_i}{2} \right] \cup \left[\frac{a_i + b_i}{2}, b_i \right],$$

dann erhält man eine **Partition** von I in 2^n n-dimensionale, kompakte Teil-intervalle

$$I_{\alpha_1 \ldots \alpha_n} = I_1^{(\alpha_1)} \times \cdots \times I_n^{(\alpha_n)}$$

mit $\alpha_1, \ldots, \alpha_n \in \{\, 1, 2 \,\}$ der Kantenlängen $\frac{b_i - a_i}{2}$, das heißt, die Teilintervalle $I_{\alpha_1 \ldots \alpha_n}$ sind nicht-überlappend und es gilt

$$I = \bigcup_{\alpha_1, \ldots, \alpha_n = 1, 2} I_{\alpha_1 \ldots \alpha_n}.$$

Ist das n-dimensionale Intervall J durch ℓ-fache Normalunterteilung aus dem n-dimensionalen Intervall I entstanden, dann sind die Kantenlängen von J gleich $\frac{b_i - a_i}{2^\ell}$ für $i = 1, \ldots, n$.

(ii) Für ein n-dimensionales, kompaktes Intervall I ist der Durchmesser von I gerade die **Länge der räumlichen Diagonale**, also

$$\delta(I) = \sqrt{\sum_{i=1}^{n}(b_i - a_i)^2}.$$

Bei einer Normalunterteilung gilt also

$$\delta(I_{\alpha_1 \ldots \alpha_n}) = \sqrt{\sum_{i=1}^{n}\left(\frac{b_i - a_i}{2}\right)^2} = \frac{1}{2}\delta(I).$$

Ist I ein Würfel, das heißt gilt $b_i - a_i = c$ für alle $i = 1, \ldots, n$, dann ist

$$\delta(I) = \sqrt{n}\,c.$$

Für das durch ℓ-fache Normalunterteilung entstandene n-dimensionale Intervall J ist

$$\delta(J) = \frac{\delta(I)}{2^\ell},$$

beziehungsweise bei einem Würfel

$$\delta(J) = \frac{\sqrt{n}\,c}{2^\ell}.$$

1.4.10 Definition. Es sei $A \subset \mathbb{R}^n$ eine Punktmenge. Dann heißt ein System $\mathcal{U}$ von offenen Teilmengen U des $\mathbb{R}^n$ eine **offene Überdeckung** von A, wenn

$$A \subset \bigcup_{U \in \mathcal{U}} U.$$

1.4.11 Bemerkung. Sei $\mathcal{U}$ eine offene Überdeckung von A. Zu jedem $x \in A$ gibt es dann ein $U \in \mathcal{U}$ mit $x \in U$. Wählen wir ein solches U mit $x \in U$ und setzen $U_x := U$, so gilt

$$A \subset \bigcup_{x \in A} U_x,$$

das heißt, das Mengensystem $\{\, U_x \mid x \in A \,\}$ ist eine offene Überdeckung von A.

1.4.12 Beispiele. Sei $A \subset \mathbb{R}^n$.

(i) Die Topologie des $\mathbb{R}^n$, $\mathcal{T} = \{\, U \subset \mathbb{R}^n \mid U \text{ offen} \,\}$, ist eine offene Überdeckung von A, denn der $\mathbb{R}^n$ überdeckt A und ist eine offene Menge.

(ii) Das System $\{\, U_\varepsilon(x) \mid x \in A,\ \varepsilon > 0\,\}$ von allen offenen ε-Umgebungen von allen $x \in A$ ist eine offene Überdeckung von A.

(iii) Das System $\left\{\, U_{\frac{1}{k}}(x) \,\middle|\, x \in \mathbb{Q}^n,\ k \in \mathbb{N} \,\right\}$ ist ein offenes, abzählbares Überdeckungssystem von A.

1.4.13 Definition. Eine Punktmenge $K \subset \mathbb{R}^n$ heißt **(topologisch) kompakt**, wenn sie der **Heine-Borelschen Überdeckungseigenschaft** genügt, das heißt, jede offene Überdeckung $\mathcal{U}$ von K enthält eine endliche Teilüberdeckung $\mathcal{U}' = \{U_1, \ldots, U_N\} \subset \mathcal{U}$, das heißt, es gilt

$$K \subset \bigcup_{k=1}^{N} U_k.$$

1.4.14 Heine-Borelscher Überdeckungssatz. *Eine Menge $K \subset \mathbb{R}^n$ ist genau dann kompakt, wenn sie beschränkt und abgeschlossen ist.*

Beweis. „$\Leftarrow$" Sei K beschränkt und abgeschlossen. Wir führen den Beweis der Überdeckungseigenschaft indirekt. Sei also $\mathcal{U}$ eine offene Überdeckung von K, so dass K nicht durch endlich viele dieser $U \in \mathcal{U}$ überdeckt werden kann. Da K beschränkt ist, gibt es einen hinreichend großen n-dimensionalen Würfel $I_0 = \{\, x \in \mathbb{R}^n \mid -c \le x_i \le c \,\}$ mit $K \subset I_0$. Durch Normalunterteilung von I_0 erhalten wir 2^n Teilwürfel $I_{\alpha_1 \ldots \alpha_n}$, $\alpha_i = 1, 2$, mit Durchmesser $\delta(I_{\alpha_1 \ldots \alpha_n}) = \sqrt{n}\, c$. Für mindestens einen dieser Teilwürfel, das sei $I_1 = I_{\alpha_1 \ldots \alpha_n}$, kann $K_1 := I_1 \cap K$ nicht durch endlich viele der $U \in \mathcal{U}$ überdeckt werden.

Dies Verfahren wenden wir jetzt auf K_1 an und iterieren den Prozess (vergleiche Abbildung 1.5). So gelangen wir durch Normalunterteilung zu einer Folge $(I_\ell)_{\ell \in \mathbb{N}_0}$ von geschachtelten Intervallen und einer kompakten Schachtelung $(K_\ell)_{\ell \in \mathbb{N}_0}$ mit $K_\ell = I_\ell \cap K$, also $\delta(K_\ell) \le \delta(I_\ell) = \frac{2\sqrt{n}\,c}{2^\ell}$, so dass kein K_ℓ durch endlich viele der $U \in \mathcal{U}$ überdeckt werden kann.

Nach dem Cantorschen Durchschnittssatz gibt es ein $x \in \bigcap_{\ell=0}^{\infty} K_\ell$. Sei $U_x = U \in \mathcal{U}$ mit $x \in U$ gewählt. Da U_x offen ist, existiert ein $\varepsilon > 0$ mit $U_\varepsilon(x) \subset U_x$. Wir untersuchen nun, für welche $\ell \in \mathbb{N}$ die Inklusion $I_\ell \subset U_\varepsilon(x)$ gilt. Dazu sei $x' \in I_\ell$. Wegen $x \in I_\ell$ haben wir dann

$$|x' - x| \le \delta(I_\ell) = \frac{2\sqrt{n}\,c}{2^\ell} < \varepsilon$$

genau dann, wenn $\log \frac{2\sqrt{n}\,c}{\varepsilon} < \log 2^\ell = \ell \log 2$. Setzen wir deshalb

$$N := \left[\frac{\log \frac{2\sqrt{n}\,c}{\varepsilon}}{\log 2} \right] + 1,$$

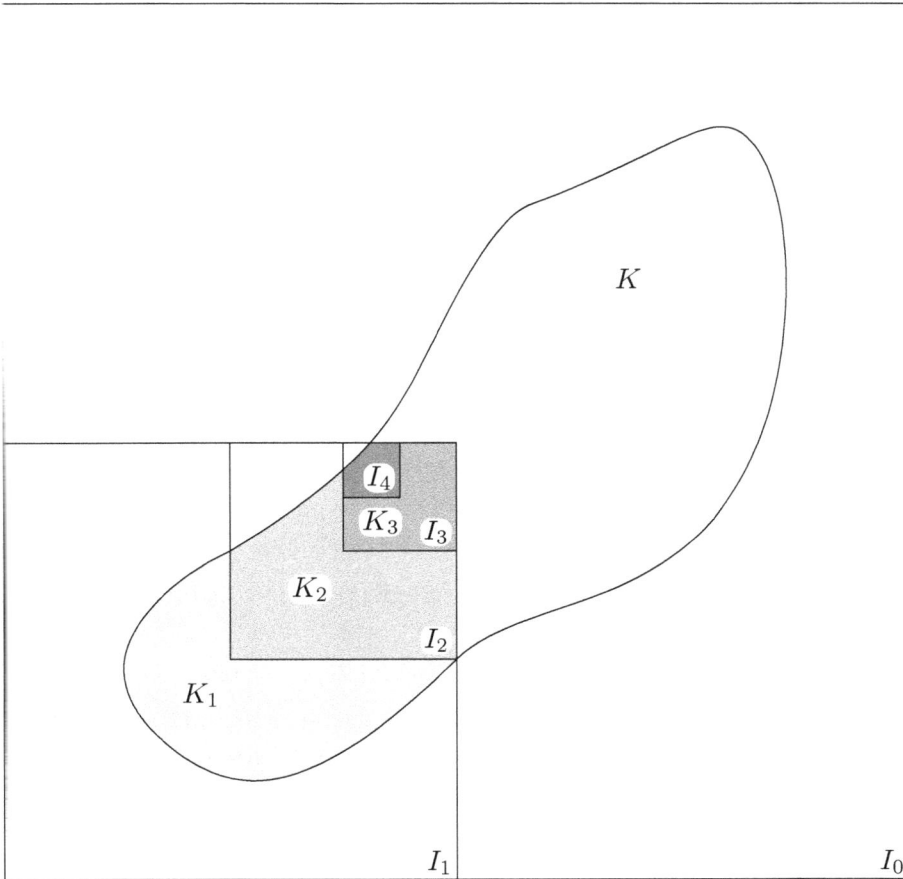

Abbildung 1.5: *Konstruktion einer kompakten Schachtelung*

dabei ist $[a]$ die größte ganze Zahl, welche kleiner oder gleich a ist, dann gilt die Inklusionskette

$$K_\ell \subset I_\ell \subset U_\varepsilon(x) \subset U_x \text{ für alle } \ell \geq N.$$

Somit wäre K_ℓ für $\ell \geq N$ nur durch U_x überdeckt, ein Widerspruch.

„$\Rightarrow$" Wir zeigen, dass aus der Heine-Borelschen Überdeckungseigenschaft die Beschränktheit und Abgeschlossenheit der Menge K folgt. Betrachten wir das Überdeckungssystem

$$\mathcal{U} = \{ U_1(x) \mid x \in K \} \text{ mit } U_1(x) = \{ x' \in \mathbb{R}^n \mid |x' - x| < 1 \}.$$

Dann gibt es endlich viele Punkte $x_1, x_2, \ldots, x_N \in K$ mit

$$K \subset \bigcup_{k=1}^{N} U_1(x_k),$$

weshalb K beschränkt ist.

Wir beweisen die Abgeschlossenheit von K, indem wir zeigen, dass das Komplement CK offen ist: Sei also $x \in CK$. Für beliebiges $x' \in K$ sei dann $r = r(x') := \frac{1}{2}|x' - x|$. Dann ist $\mathcal{U} := \{ U_r(x') \mid x' \in K \}$ ein offenes Überdeckungssystem von K mit $x \notin \bigcup_{x' \in K} U_r(x')$. Aufgrund der Heine-Borelschen Überdeckungseigenschaft gibt es Punkte $x_1, x_2, \ldots, x_N \in K$ mit

$$K \subset \bigcup_{k=1}^{N} U_{r_k}(x_k), \quad r_k = r(x_k) = \frac{1}{2}|x_k - x|.$$

Sei $\varepsilon := \min\{ r_1, r_2, \ldots, r_N \} > 0$. Dann ist $U_\varepsilon(x)$ eine Umgebung von x mit $U_\varepsilon(x) \cap \bigcup_{k=1}^{N} U_{r_k}(x_k) = \varnothing$, denn für $x'' \in U_\varepsilon(x)$ gilt $|x'' - x| < r_k$ für alle $k = 1, \ldots, N$ und folglich

$$|x'' - x_k| \geq |x - x_k| - |x'' - x| > 2r_k - r_k = r_k.$$

Somit ist $x'' \notin U_{r_k}$ für alle $k = 1, \ldots, N$. Damit gilt aber auch $U_\varepsilon(x) \cap K = \varnothing$ und folglich $U_\varepsilon(x) \subset CK$. Weil $x \in CK$ beliebig war, ist CK offen. $\qquad\square$

1.4.15 Bemerkung. In einem allgemeinen metrischen Raum ist eine Teilmenge K genau dann (topologisch) kompakt, wenn sie folgen-kompakt ist. Jede kompakte Menge ist notwendigerweise beschränkt und abgeschlossen, die Umkehrung ist im Allgemeinen falsch. Ein Beispiel ist die diskrete Metrik (vergleiche Beispiele 1.2.17 (iii) und 1.3.11 (ii)), bezüglich welcher jede Teilmenge A beschränkt und abgeschlossen, aber im Allgemeinen nicht kompakt ist. In allgemeinen topologischen Räumen sind kompakte Mengen notwendigerweise folgen-kompakt. Die Umkehrung gilt im Allgemeinen nicht.

2 Stetige Funktionen und Abbildungen

2.1 Funktionen und Abbildungen

2.1.1 Vorbemerkung. Sei D eine Punktmenge im $\mathbb{R}^n$, $n \geq 1$, mit typischem Punkt $x = (x_1, \ldots, x_n)$. Wir betrachten **reelle Funktionen**, das heißt reellwertige Funktionen $f : D \to \mathbb{R}$,

$$x = (x_1, \ldots, x_n) \mapsto y = f(x) = f(x_1, \ldots, x_n),$$

von n reellen Variablen $x_1, \ldots, x_n$ mit dem **Definitionsbereich** D. Meist betrachten wir sogar gleich **reelle Abbildungen** $f : D \to \mathbb{R}^m$,

$$x = (x_1, \ldots, x_n) \mapsto y = (y_1, \ldots, y_m) = f(x) = (f_1(x), \ldots, f_m(x)),$$

das heißt $\mathbb{R}^m$-wertige Abbildungen von n reellen Variablen, $m \geq 1$, mit den **Komponentenfunktionen** $f_j : D \to \mathbb{R}$,

$$x = (x_1, \ldots, x_n) \mapsto y_j = f_j(x) = f_j(x_1, \ldots, x_n) \text{ für } j = 1, \ldots, m.$$

Diejenigen Definitionen und Sätze, welche für Funktionen und Abbildungen identische Formulierungen besitzen, werden gleich allgemein behandelt. Der Leser mag sich anfänglich auf den Spezialfall $m = 1$, das heißt auf Funktionen, beschränken. Lediglich der Satz vom Maximum von Weierstraß und der Zwischenwertsatz von Bolzano benutzen die Anordnungseigenschaft des Wertebereichs $\mathbb{R}$, lassen sich also nicht beziehungsweise nicht direkt auf Abbildungen übertragen. Gelegentlich ist es vorteilhaft, eine Eigenschaft einer Abbildung $f = (f_1, \ldots, f_m) : D \to \mathbb{R}^m$ als Eigenschaften ihrer Komponentenfunktionen $f_j : D \to \mathbb{R}^m$ für $j = 1, \ldots, m$ anzusehen. Macht man sich diese Sichtweise zu eigen, so ergeben sich viele einschlägige Definitionen und Sätze für Abbildungen aus den entsprechenden Aussagen für Funktionen.

2.1.2 Veranschaulichung von Funktionen. (i) Eine Funktion

$$f : D \to \mathbb{R}, \ x = (x_1, \ldots, x_n) \mapsto y = f(x) = f(x_1, \ldots, x_n),$$

kann man sich im Fall $n = 2$ veranschaulichen, indem man ihren **Graphen**

$$G_f := \{ (x, f(x)) \mid x \in D \}$$

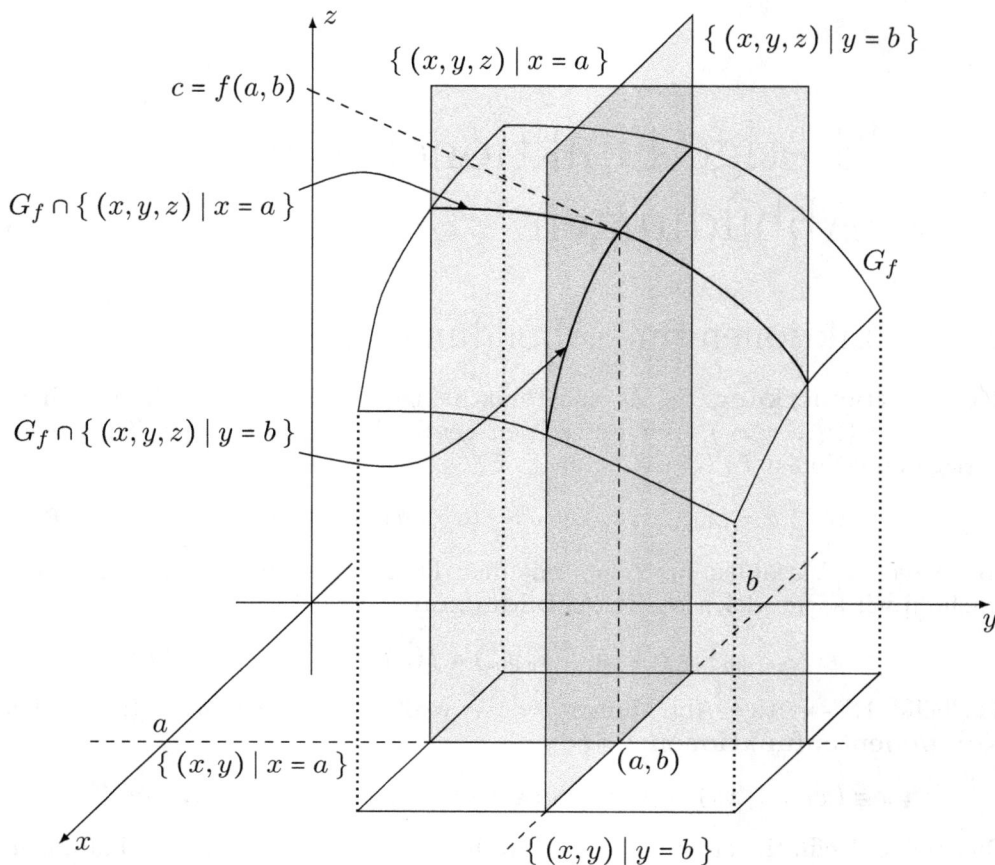

Abbildung 2.1: *Schnittmengen*

zeichnet. Im Fall $n \geq 3$ kann man zum Beispiel alle bis auf zwei Koordinaten, zum Beispiel $x_3, \dots, x_n$, festhalten und so wenigstens den Graphen von f als Funktion der übrigen zwei Koordinaten, das heißt die **Schnittmenge** (englisch: slice)

$$G_f \cap \left\{ (x,y) \in \mathbb{R}^{n+1} \mid x_3 = a_3, \dots, x_n = a_n \right\}$$

zeichnen (vergleiche Abbildung 2.1).

(ii) In den Fällen $n = 2, 3$ kann man für $c \in \mathbb{R}$ die **Niveaumengen**

$$\Gamma_c = \left\{ x \in D \mid f(x) = c \right\}$$

im Definitionsbereich D zeichnen (vergleiche Abbildung 2.2).

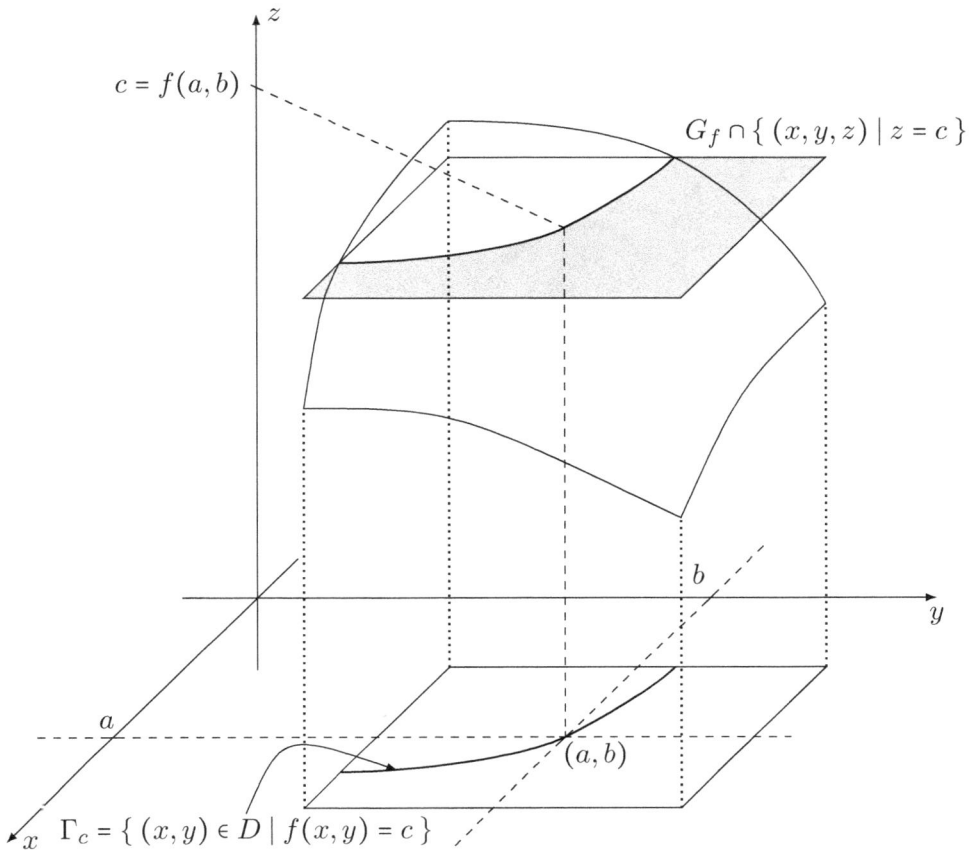

Abbildung 2.2: *Niveaumengen*

Im Fall $n = 2$ sind die Niveaumengen die **Isolinien** oder **Höhenlinien** beziehungsweise Isohypsen, das heißt die Verbindungslinien zwischen Orten mit
gleicher Höhe. Weitere Beispiele sind die Isoklinen, das heißt die Verbindungslinien zwischen Orten mit gleicher Neigung der Magnetnadel, die Isobaren, das heißt die Verbindungslinien zwischen Orten gleichen Luftdrucks
(vergleiche Abbildung 2.3), oder die Isothermen, das heißt die Verbindungslinien zwischen Orten mit gleicher Temperatur auf einer meteorologischen
Karte. Im Fall $n = 3$ sind die Niveaumengen die Höhenflächen, wie zum
Beispiel die Equipotentialflächen in der Physik.

2.1.3 Beispiele von Funktionen. (i) $f : \mathbb{R}^n \to \mathbb{R}$, $f(x) := c$, $c \in \mathbb{R}$ (**konstante Funktion**).

(ii) $\varphi_i : \mathbb{R}^n \to \mathbb{R}$, $\varphi_i(x) := x_i$ (***i*-te Koordinatenfunktion**) für $i = 1, \ldots, n$.

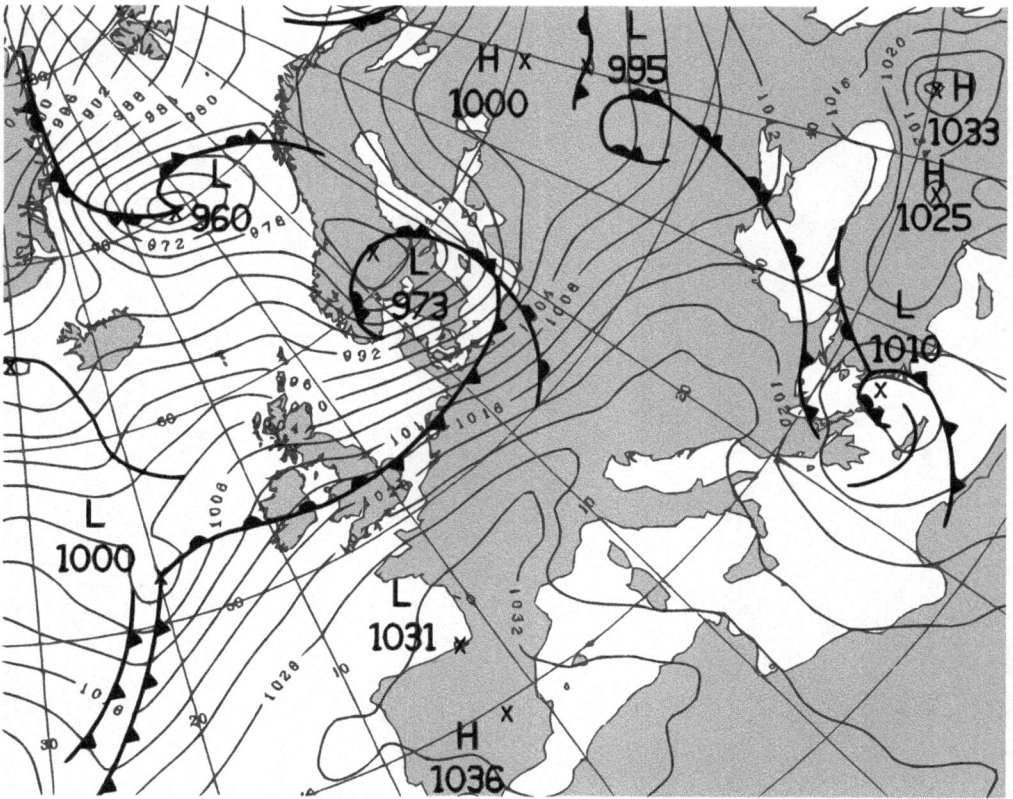

Abbildung 2.3: *Wetterkarte mit Isobaren*

Wir schreiben auch $\varphi_i = x_i$, das heißt, es gilt $x_i(x) = x_i$ für $x \in \mathbb{R}^n$.

(iii) $|\,| : \mathbb{R}^n \to \mathbb{R}$, $|x| := \sqrt{x_1^2 + \ldots + x_n^2}$ (**Absolutbetrag**).

(iv) $\ell : \mathbb{R}^n \to \mathbb{R}$, $\ell(x) := a \cdot x + b$ (**affine** und für $b = 0$ **lineare Funktion**), dabei ist $a = (a_1, \ldots, a_n) \in \mathbb{R}^n$, $b \in \mathbb{R}$ und $a \cdot x + b = a_1 x_1 + \ldots + a_n b_n + b$.

(v) $P : \mathbb{R}^n \to \mathbb{R}$, $P(x) := \sum\limits_{|\alpha| \leq k} a_\alpha x^\alpha$ (**Polynom**), dabei ist $\alpha = (\alpha_1, \ldots, \alpha_n)$ ein **Multiindex** mit $\alpha_1, \ldots, \alpha_n \in \{\, 0, 1, \ldots, k \,\}$, $k \in \mathbb{N}$, $a_\alpha = a_{\alpha_1 \ldots \alpha_n} \in \mathbb{R}$ und wir setzen

$$|\alpha| := \alpha_1 + \ldots + \alpha_n, \quad x^\alpha := x_1^{\alpha_1} \cdot \ldots \cdot x_n^{\alpha_n}$$

für $x = (x_1, \ldots, x_n) \in \mathbb{R}^n$. Damit ist

$$P(x) = \sum_{|\alpha| \leq k} a_\alpha x^\alpha = \sum_{\substack{\alpha_1, \ldots, \alpha_n = 0 \\ |\alpha| \leq k}}^{k} a_{\alpha_1 \ldots \alpha_n} x_1^{\alpha_1} \cdot \ldots \cdot x_n^{\alpha_n}.$$

Im Fall $k = 2$ gilt zum Beispiel

$$P(x) = \sum_{i,j=1}^{n} a_{ij} x_i x_j + \sum_{i=1}^{n} b_i x_i + c.$$

(vi) $\sigma_k : \mathbb{R}^n \to \mathbb{R}$, $\sigma_k(x) := \displaystyle\sum_{1 \leq i_1 < \cdots < i_k \leq n} x_{i_1} \cdot \ldots \cdot x_{i_k}$ (**elementarsymmetrische Polynome**) für $k = 1, \ldots, n$, also

$$\sigma_1(x) := x_1 + \ldots + x_n,$$
$$\sigma_2(x) := x_1 x_2 + x_1 x_3 + \ldots + x_{n-1} x_n,$$
$$\vdots$$
$$\sigma_n(x) := x_1 \cdot \ldots \cdot x_n.$$

(vii) $f : D \to \mathbb{R}$, $f(x) := \displaystyle\sum_{\alpha \in \mathbb{N}_0^n} a_\alpha x^\alpha$ (**Potenzreihe**), dabei ist $\alpha = (\alpha_1, \ldots, \alpha_n) \in$ $\mathbb{N}_0^n = \mathbb{N}_0 \times \cdots \times \mathbb{N}_0$ ein Multiindex und

$$\sum_{\alpha \in \mathbb{N}_0^n} a_\alpha x^\alpha = \sum_{\alpha_1, \ldots, \alpha_n = 0}^{\infty} a_{\alpha_1 \ldots \alpha_n} x_1^{\alpha_1} \cdot \ldots \cdot x_n^{\alpha_n}.$$

(viii) $g : (-1, 1)^n \to \mathbb{R}$, $g(x) = \displaystyle\sum_{\alpha \in \mathbb{N}_0^n} x^\alpha$ (**geometrische Reihe**), dabei ist

$$\sum_{\alpha \in \mathbb{N}_0^n} x^\alpha = \sum_{\alpha_1, \ldots, \alpha_n = 0}^{\infty} x_1^{\alpha_1} \cdot \ldots \cdot x_n^{\alpha_n}$$
$$= \left(\sum_{\alpha_1 = 0}^{\infty} x_1^{\alpha_1} \right) \cdot \ldots \cdot \left(\sum_{\alpha_n = 0}^{\infty} x_n^{\alpha_n} \right)$$
$$= \frac{1}{1 - x_1} \cdot \ldots \cdot \frac{1}{1 - x_n},$$

das heißt die **Variablen** $x_1, \ldots, x_n$ **separieren** sich.

(ix) $\exp : \mathbb{R}^n \to \mathbb{R}$, $\exp(x) = \sum_{\alpha \in \mathbb{N}_0^n} \frac{x^\alpha}{\alpha!}$ (**Exponentialfunktion**), dabei setzen

wir $\alpha! := \alpha_1! \cdot \ldots \cdot \alpha_n!$ für $\alpha = (\alpha_1, \ldots, \alpha_n) \in \mathbb{N}_0^n$. Damit gilt

$$\exp(x) = \sum_{\alpha \in \mathbb{N}_0^n} \frac{x^\alpha}{\alpha!} = \sum_{\alpha_1, \ldots, \alpha_n = 0}^{\infty} \frac{x_1^{\alpha_1} \cdot \ldots \cdot x_n^{\alpha_n}}{\alpha_1! \cdot \ldots \cdot \alpha_n!}$$

$$= \left(\sum_{\alpha_1 = 0}^{\infty} \frac{x_1^{\alpha_1}}{\alpha_1!} \right) \cdot \ldots \cdot \left(\sum_{\alpha_n = 0}^{\infty} \frac{x_n^{\alpha_n}}{\alpha_n!} \right) = \exp(x_1) \cdot \ldots \cdot \exp(x_n).$$

Auch hier separieren sich die Variablen.

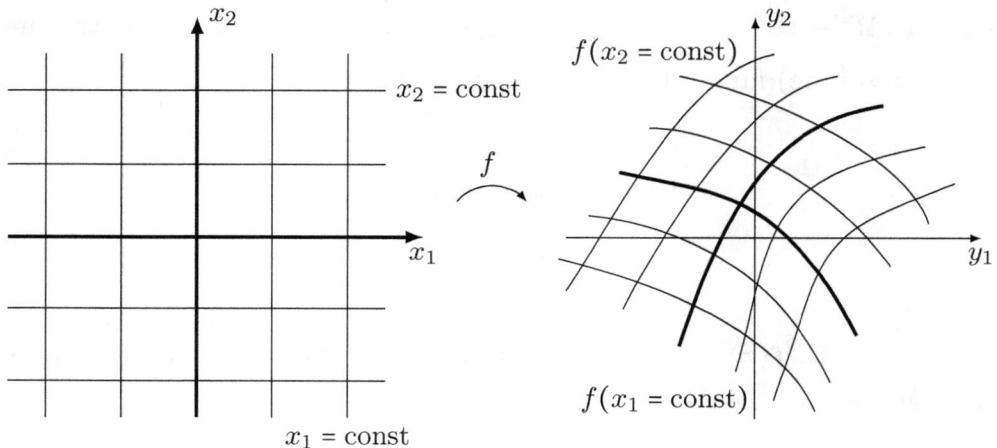

Abbildung 2.4: *Generisches Koordinatennetz*

2.1.4 Veranschaulichung von Abbildungen. (i)   Eine Abbildung $f : D \to \mathbb{R}^m$,

$$x = (x_1, \ldots, x_n) \mapsto y = (y_1, \ldots, y_m) = f(x) = (f_1(x), \ldots, f_m(x)),$$

kann man sich veranschaulichen, indem man die Komponentenfunktionen $f_1, \ldots, f_m$ separat betrachtet und deren Graphen oder Niveaumengen beziehungsweise entsprechende Schnittmengen zeichnet.

(ii) Im Fall $n = 2$, $m = 2$ kann man durch Festhalten jeweils einer Variablen, das heißt durch Setzen von $x_1 = a_1$ oder $x_2 = a_2$ für verschiedene Werte von a_1, a_2, die Kurven $\{ y = (y_1, y_2 \mid y = f(a_1, x_2), (a_1, x_2) \in D \}$, $\{ y = (y_1, y_2) \mid y = f(x_1, a_2), (x_1, a_2) \in D \}$ in der Bildebene zeichnen und erhält so ein **krummliniges Koordinatennetz** (vergleiche Abbildung 2.4).

Man betrachtet also die zu den Koordinatenachsen parallelen Geraden $x_1 = a_1$ und $x_2 = a_2$ und veranschaulicht, wie sich dieses Koordinatennetz unter der Abbildung f verändert (vergleiche auch affine Abbildungen und Polarkoordinaten, Abbildungen 2.6 und 2.7).

(iii) Ebenso kann man im Fall $n = 3$, $m = 3$ verfahren, wo man die Flächen

$$\{\, y = (y_1, y_2, y_3) \mid y = f(a_1, x_2, x_3),\ (a_1, x_2, x_3) \in D \,\},$$
$$\{\, y = (y_1, y_2, y_3) \mid y = f(x_1, a_2, x_3),\ (x_1, a_2, x_3) \in D \,\},$$
$$\{\, y = (y_1, y_2, y_3) \mid y = f(x_1, x_2, a_3),\ (x_1, x_2, a_3) \in D \,\}$$

für verschiedene Werte von a_1, a_2, a_3 zeichnen kann (vergleiche auch Zylinderkoordinaten oder sphärische Koordinaten, Abbildungen 2.8 und 2.10).

(iv) In der **Vektoranalysis** fasst man eine Abbildung $f : D \to \mathbb{R}^m$ als ein **Vektorfeld** auf, das heißt, jedem Punkt x des Definitionsbereichs D wird der Vektor $v = f(x)$ zugeordnet. Häufig ist $m = n$, interessant sind die Fälle $m = n = 2$ oder 3. So ist zum Beispiel die Geschwindigkeit v einer Flüssigkeit ein Vektorfeld, ebenso die elektrische Feldstärke E. Man veranschaulicht sich dies, indem man an verschiedene Punkte $x \in D$ den Bildvektor $v = v(x) = f(x)$ heftet (vergleiche Abbildung 2.5).

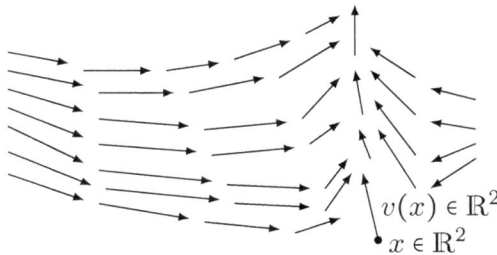

Abbildung 2.5: *Eine Abbildung $v = f : \mathbb{R}^2 \to \mathbb{R}^2$, veranschaulicht als Vektorfeld*

2.1.5 Beispiele von Abbildungen. (i)   Die **konstante Abbildung**

$$f : \mathbb{R}^n \to \mathbb{R}^m,\ f(x) := c = (c_1, \ldots, c_m).$$

(ii) Die **Identität**
$$\mathrm{id}_{\mathbb{R}^n} : \mathbb{R}^n \to \mathbb{R}^n,\ \mathrm{id}_{\mathbb{R}^n}(x) := x.$$

(iii) Eine **affine** und für $b = 0$ **lineare Abbildung**

$$\ell : \mathbb{R}^n \to \mathbb{R}^m,\ \ell(x) := A \circ x + b,$$

dabei ist

$$A = (a_{jk})_{\substack{j=1,\ldots,m \\ k=1,\ldots,n}} = \begin{pmatrix} a_{11} & \cdots & a_{1n} \\ \vdots & & \vdots \\ a_{m1} & \cdots & a_{mn} \end{pmatrix}$$

eine reelle $m \times n$-Matrix, das heißt $A \in \mathbb{R}^{m \times n}$. j ist der Zeilenindex und k der Spaltenindex (vergleiche Abbildung 2.6).

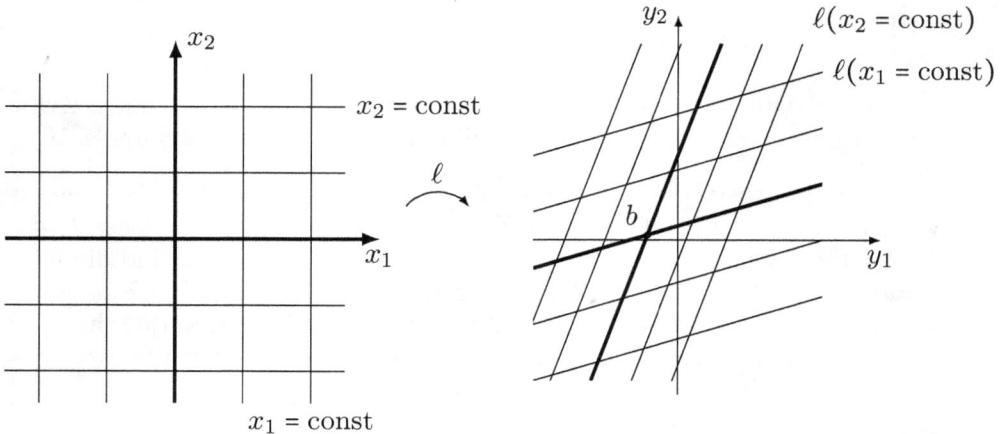

Abbildung 2.6: *Veranschaulichung einer affinen Abbildung*

Wir vereinbaren, dass Punkte im $\mathbb{R}^n$ und $\mathbb{R}^m$ als Spaltenvektoren geschrieben werden, das heißt, es gilt

$$x = \begin{pmatrix} x_1 \\ \vdots \\ x_n \end{pmatrix} \in \mathbb{R}^n, \quad b = \begin{pmatrix} b_1 \\ \vdots \\ b_m \end{pmatrix} \in \mathbb{R}^m$$

und

$$A \circ x + b = \begin{pmatrix} a_{11} & \cdots & a_{1n} \\ \vdots & & \vdots \\ a_{m1} & \cdots & a_{mn} \end{pmatrix} \circ \begin{pmatrix} x_1 \\ \vdots \\ x_n \end{pmatrix} + \begin{pmatrix} b_1 \\ \vdots \\ b_m \end{pmatrix}$$

$$= \begin{pmatrix} \sum\limits_{k=1}^{n} a_{1k} x_k + b_1 \\ \vdots \\ \sum\limits_{k=1}^{n} a_{mk} x_k + b_m \end{pmatrix}.$$

(iv) $\Phi : \left\{\, (r, \varphi) \in \mathbb{R}^2 \mid r > 0,\ -\pi < \varphi \le \pi \,\right\} \to \mathbb{R}^2 \smallsetminus \{\, (0,0) \,\}$,

$$\left.\begin{array}{r} x = r \cos \varphi \\ y = r \sin \varphi \end{array}\right\} \quad \textbf{(Polarkoordinaten)},$$

das heißt $\Phi(r, \varphi) = (r \cos \varphi, r \sin \varphi)$. Φ ist bijektiv, weil es für alle $(x, y) \in \mathbb{R}^2 \smallsetminus \{0\}$ eindeutig bestimmte $r, \varphi \in \mathbb{R}$, $r > 0$, $-\pi < \varphi \le \pi$ gibt, so dass die Polarkoordinatendarstellung gilt (vergleiche Abbildung 2.7).

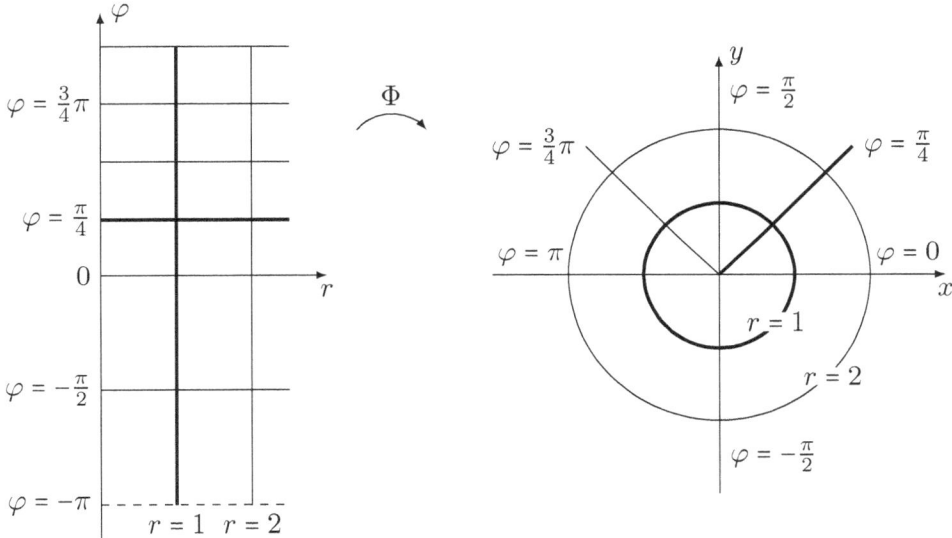

Abbildung 2.7: *Polarkoordinatenabbildung*

(v) $\Phi_z : \{\, (r, \varphi, z) \mid r > 0,\ -\pi < \varphi \le \pi,\ z \in \mathbb{R} \,\} \to \mathbb{R}^3 \smallsetminus \{\, (0,0,z) \mid z \in \mathbb{R} \,\}$,

$$\left.\begin{array}{r} x = r \cos \varphi \\ y = r \sin \varphi \\ z = z \end{array}\right\} \quad \textbf{(Zylinderkoordinaten)},$$

das heißt $\Phi_z(r, \varphi, z) = (r \cos \varphi, r \sin \varphi, z)$. Diese Darstellung ist eindeutig und Φ_z damit bijektiv (vergleiche Abbildung 2.8).

(vi) $\Psi : \{\, (\rho, \varphi, \vartheta) \mid \rho > 0,\ -\pi < \varphi \le \pi,\ 0 < \vartheta < \pi \,\} \to \mathbb{R}^3 \smallsetminus \{\, (0,0,z) \mid z \in \mathbb{R} \,\}$,

$$\left.\begin{array}{r} x = \rho \cos \varphi \sin \vartheta \\ y = \rho \sin \varphi \sin \vartheta \\ z = \rho \cos \vartheta \end{array}\right\} \quad \textbf{(sphärische Koordinaten)}.$$

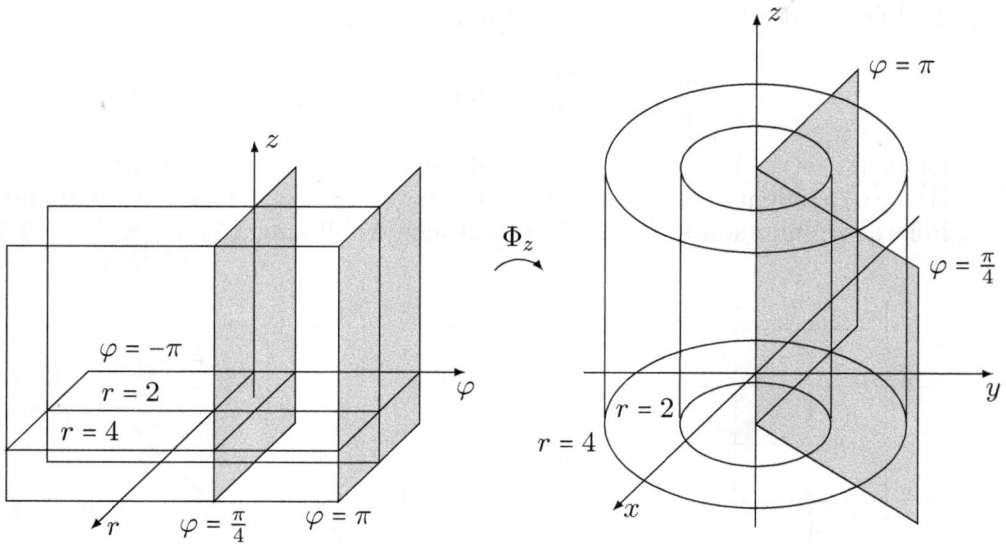

Abbildung 2.8: *Zylinderkoordinatenabbildung*

Ψ erhält man, indem man zweimal hintereinander Zylinderkoordinaten ein-
führt: Zunächst denkt man sich den Punkt (x, y, z) auf die x, y-Ebene pro-
jiziert und führt dort Polarkoordinaten ein, das heißt im x, y, z-Raum Zylinderkoordinaten r, φ, z. Dann führt man in der z, r-Halbebene Polarkoor-
dinaten ρ, ϑ ein, das heißt im z, r, φ-Raum Zylinderkoordinaten ρ, ϑ, φ. Man
hat also

$$
\begin{aligned}
x &= r \cos \varphi \big|_{r = \rho \sin \vartheta} = \rho \cos \varphi \sin \vartheta \\
y &= r \sin \varphi \big|_{r = \rho \sin \vartheta} = \rho \sin \varphi \sin \vartheta \\
z &= z \big|_{z = \rho \cos \vartheta} \quad\;\; = \rho \cos \vartheta.
\end{aligned}
$$

(Vergleiche auch Abbildung 2.9.) Es gilt

$$
\Psi = \Phi_z \circ \Phi_\varphi,
$$

dabei ist Φ_z die Zylinderkoordinatenabbildung aus (v) und

$$
\Phi_\varphi : \{ (\rho, \varphi, \vartheta) \mid \rho > 0,\; -\pi < \varphi \le \pi,\; 0 < \vartheta < \pi \}
$$
$$
\to \{ (r, \varphi, z) \mid r > 0,\; -\pi < \varphi \le \pi,\; z \in \mathbb{R} \},
$$

$$
r = \rho \sin \vartheta
$$
$$
\varphi = \varphi
$$
$$
z = \rho \cos \vartheta.
$$

Als Verkettung von bijektiven Abbildungen ist Ψ bijektiv (vergleiche Abbildung 2.10).

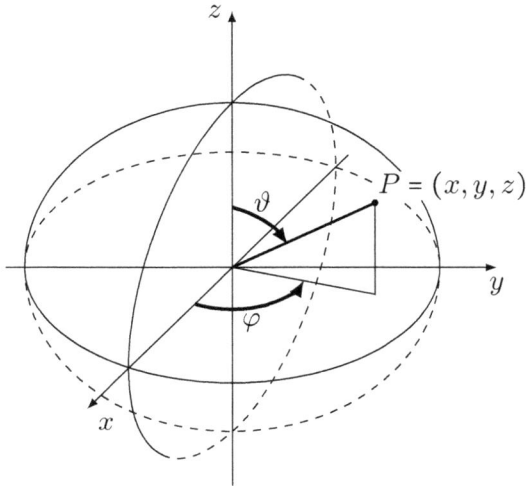

Abbildung 2.9: *Sphärische Koordinaten*

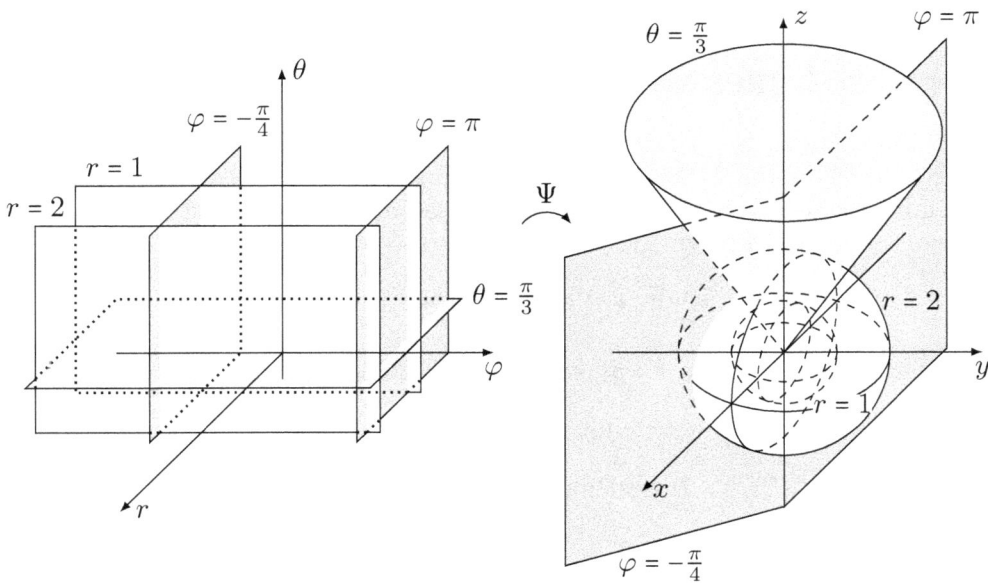

Abbildung 2.10: *Sphärische Koordinatenabbildung*

2.1.6 Rationale Operationen. Seien $D, E \subset \mathbb{R}^n$.

(i)   Seien $f : D \to \mathbb{R}$ und $g : E \to \mathbb{R}$ reelle Funktionen. Dann sind die **Summe** $f + g$ und das **Produkt** $f \cdot g$ für $x \in D \cap E$ definiert durch

$$(f + g)(x) := f(x) + g(x),$$
$$(f \cdot g)(x) := f(x) \cdot g(x).$$

Der **Quotient** $\frac{f}{g}$ ist für $x \in D \cap \{\, x \in E \mid g(x) \neq 0 \,\}$ erklärt durch

$$\frac{f}{g}(x) := \frac{f(x)}{g(x)}.$$

(ii) Seien $f : D \to \mathbb{R}^m$ und $g : E \to \mathbb{R}^m$ Abbildungen und sei $\alpha \in \mathbb{R}$. Dann sind die **Summe** $f + g$, das **skalare Vielfache** $\alpha f = \alpha \cdot f$ und das **innere Produkt** (oder das **Skalarprodukt**) $f \cdot g = (f, g)$ für $x \in D \cap E$ definiert durch

$$(f + g)(x) := f(x) + g(x) = (f_1(x) + g_1(x), \ldots, f_m(x) + g_m(x)),$$
$$(\alpha f)(x) = (\alpha \cdot f)(x) := \alpha \cdot f(x) = (\alpha f_1(x), \ldots, \alpha f_m(x)),$$
$$(f \cdot g)(x) = (f, g)(x) := (f(x), g(x)) = \sum_{j=1}^{m} f_j(x) g_j(x).$$

2.2   Der Limes von Funktionen und Abbildungen

2.2.1 Definition. Sei $f : D \to \mathbb{R}$ eine Funktion beziehungsweise $f : D \to \mathbb{R}^m$, $m \in \mathbb{N}$, eine Abbildung. Sei $a \in \mathbb{R}^n$ ein Häufungspunkt von D. Dann heißt $c \in \mathbb{R}$ beziehungsweise $c = (c_1, \ldots, c_m) \in \mathbb{R}^m$ **Limes** oder **Grenzwert** von f an der Stelle a, oder $f(x)$ **konvergiert** gegen c für $x \to a$, in Zeichen

$$c = \lim_{x \to a} f(x) \text{ oder } f(x) \to c \text{ für } x \to a,$$

falls es zu jedem $\varepsilon > 0$ ein $\delta = \delta(\varepsilon) > 0$ gibt, so dass

$$|f(x) - c| < \varepsilon \text{ für alle } x \in D, \ |x - a| < \delta, \ x \neq a,$$

das heißt $f(x) \in U_\varepsilon(c) \subset \mathbb{R}$ beziehungsweise $\mathbb{R}^m$ für alle $x \in D \cap (U_\delta(a) \smallsetminus \{\, a \,\}) \subset \mathbb{R}^n$.

2.2.2 Bemerkungen. (i)   Der Limes ist eindeutig bestimmt.

(ii) Es ist nicht notwendig, aber zulässig, dass $a \in D$ ist, in welchem Fall $\lim_{x \to a} f(x) \neq f(a)$ sein kann.

(iii) Falls a kein Häufungspunkt von D ist, das heißt, falls a ein isolierter Punkt von D ist, dann ist

$$D \cap (U_\delta(a) \smallsetminus \{\, a \,\}) = \varnothing$$

für genügend kleines $\delta > 0$. Die Aussage der Definition ist dann für jedes c wahr; in diesem Fall definieren wir den Limes deshalb nicht.

2.2.3 Lemma. *Sei $f : D \to \mathbb{R}^m$, $m \in \mathbb{N}$, eine Abbildung mit den Komponentenfunktionen $f_1, \ldots, f_m : D \to \mathbb{R}$ und sei $a \in \mathbb{R}^n$ ein Häufungspunkt von D. Dann ist $c = (c_1, \ldots, c_m) \in \mathbb{R}^m$ genau dann der Limes von f an der Stelle a, wenn es zu jedem $\varepsilon > 0$ ein $\delta > 0$ gibt, so dass*

$$|f_j(x) - c_j| < \varepsilon \text{ für alle } x \in D, \; |x - a| < \delta, \; x \neq a$$

und alle $j = 1, \ldots, m$ gilt, das heißt, wenn $c_j \in \mathbb{R}$ Limes von f_j an der Stelle a für alle $j = 1, \ldots, m$ ist.

2.2.4 Folgenkriterium. *Sei $f : D \to \mathbb{R}^m$ und sei $a \in \mathbb{R}^n$ ein Häufungspunkt von D. Dann ist $c = (c_1, \ldots, c_n) \in \mathbb{R}^m$ genau dann der Limes von f an der Stelle a, wenn*

$$c = \lim_{k \to \infty} f(x_k)$$

für jede Punktfolge $(x_k)_{k \in \mathbb{N}}$ in D mit $x_k \neq a$ und $x_k \to a$ für $k \to \infty$.

Beweis. „$\Rightarrow$" Sei $\varepsilon > 0$. Wähle $\delta = \delta(\varepsilon) > 0$ so, dass

$$|f(x) - c| < \varepsilon \text{ für alle } x \in D, \; |x - a| < \delta, \; x \neq a.$$

Sei $(x_k)_{k \in \mathbb{N}}$ eine Folge in D mit $x_k \neq a$ und $x_k \to a$ für $k \to \infty$. Dann gibt es ein $N = N(\delta) \in \mathbb{N}$, so dass $|x_k - a| < \delta$ für alle $k \in \mathbb{N}$, $k \geq N$. Also ist

$$|f(x_k) - c| < \varepsilon \text{ für alle } k \in \mathbb{N}, \; k \geq N,$$

das heißt, es gilt $\lim\limits_{k \to \infty} f(x_k) = c$.

„$\Leftarrow$" Angenommen, c ist nicht der Limes von f an der Stelle a. Dann gibt es ein $\varepsilon > 0$, so dass zu jedem $\delta > 0$ ein $x = x(\delta) \neq a$ existiert mit

$$x \in D, \; |x - a| < \delta, \; x \neq a \text{ und } |f(x) - c| \geq \varepsilon.$$

Wähle $\delta = \frac{1}{k}$, $k \in \mathbb{N}$, und setze $x_k = x(\frac{1}{k})$. Dann ist $(x_k)_{k \in \mathbb{N}}$ eine Punktfolge in D mit $x_k \neq a$, $x_k \to a$ für $k \to \infty$ und $|f(x_k) - c| \geq \varepsilon$, was der Voraussetzung widerspricht. $\qquad\square$

2.2.5 Grenzwertsätze für Funktionen. *Seien $f, g : D \to \mathbb{R}$ Funktionen und sei $a \in \mathbb{R}^n$ ein Häufungspunkt von D. Existieren die Grenzwerte $\lim\limits_{x \to a} f(x)$ und $\lim\limits_{x \to a} g(x)$, so existieren die Grenzwerte $\lim\limits_{x \to a} (f + g)(x)$ und $\lim\limits_{x \to \infty} (f \cdot g)(x)$ und es gelten die Grenzwertbeziehungen*

$$\lim_{x \to a} (f + g)(x) = \lim_{x \to a} f(x) + \lim_{x \to a} g(x)$$

und

$$\lim_{x \to a} (f \cdot g)(x) = \lim_{x \to a} f(x) \cdot \lim_{x \to a} g(x).$$

Falls $\lim\limits_{x \to a} g(x) \neq 0$ ist, dann gibt es ein $\delta > 0$ mit $g(x) \neq 0$ für alle $x \in D$, $|x - a| < \delta$, $x \neq a$. Die Funktion $\frac{f}{g} : \{ x \in D \mid g(x) \neq 0 \} \to \mathbb{R}$ besitzt dann den Grenzwert $\lim\limits_{x \to a} \frac{f}{g}(x)$ und es gilt

$$\lim_{x \to a} \frac{f}{g}(x) = \frac{\lim\limits_{x \to a} f(x)}{\lim\limits_{x \to a} g(x)}.$$

Beweis. Sei $\varepsilon := \frac{1}{2} \lim\limits_{x \to a} |g(x)| > 0$. Nach der Definition des Limes $\lim\limits_{x \to a} g(x)$ gibt es ein $\delta > 0$ mit $\left| g(x) - \lim\limits_{x \to a} g(x) \right| < \varepsilon$, also $|g(x)| > \varepsilon > 0$ für alle $x \in D$, $|x - a| < \delta$, $x \neq a$, und somit $g(x) \neq 0$. Der Rest des Beweises folgt aus dem Folgenkriterium 2.2.4 und den entsprechenden Eigenschaften des Grenzwerts von Folgen. $\square$

2.2.6 Grenzwertsätze für Abbildungen. *Seien $f, g : D \to \mathbb{R}^m$ Abbildungen, sei $\alpha \in \mathbb{R}$ und sei $a \in \mathbb{R}^n$ ein Häufungspunkt von D. Existieren die Grenzwerte $\lim\limits_{x \to a} f(x)$ und $\lim\limits_{x \to a} g(x)$, so existieren die Grenzwerte*

$$\lim_{x \to a} (f + g)(x), \ \lim_{x \to a} (\alpha \cdot f)(x) \ und \ \lim_{x \to a} (f, g)(x)$$

und es gelten die Limesrelationen

$$\lim_{x \to a} (f + g)(x) = \lim_{x \to a} f(x) + \lim_{x \to a} g(x),$$

$$\lim_{x \to a} (\alpha \cdot f)(x) = \alpha \cdot \lim_{x \to a} f(x),$$

$$\lim_{x \to a} (f, g)(x) = \left(\lim_{x \to a} f(x), \lim_{x \to a} g(x) \right).$$

2.2.7 Kettenregel für Grenzwerte. *Seien $D \subset \mathbb{R}^n$, $E \subset \mathbb{R}^m$ und seien $f :$*
$D \to E$, $g : E \to \mathbb{R}^k$ Abbildungen, $n, m, k \in \mathbb{N}$. Sei $a \in \mathbb{R}^n$ ein Häufungspunkt von
D und $b \in \mathbb{R}^m$ ein Häufungspunkt von E. Existieren die Grenzwerte $\lim\limits_{x \to a} f(x)$,
$\lim\limits_{y \to b} g(y)$ und gilt $\lim\limits_{x \to a} f(x) = b$ sowie

$$\lim_{y \to b} g(y) = g(b) \text{ oder } f(x) \neq b \text{ für } x \in D, \ |x - a| < \delta, \ x \neq a,$$

so existiert der Grenzwert $\lim\limits_{x \to a} g \circ f(x)$ und es gilt die Grenzbeziehung

$$\lim_{x \to a} (g \circ f)(x) = \lim_{y \to b} g(y).$$

Beweis. Sei $(x_k)_{k \in \mathbb{N}}$ eine Folge in D mit $x_k \neq a$ und $x_k \to a$ für $k \to \infty$. Dann gilt

$$y_k := f(x_k) \to b = \lim_{x \to a} f(x).$$

Falls $g(b) = \lim\limits_{y \to b} g(y)$ ist, so folgt

$$g \circ f(x_k) = g(y_k) \to g(b) \text{ für } k \to \infty$$

auch wenn $y_k \neq b$ nicht immer erfüllt ist. Ist $f(x) \neq b$ für $x \in D$, $|x - a| < \delta$, $x \neq a$, so gibt es ein $N \in \mathbb{N}$ mit $y_k \neq b$ für alle $k \in \mathbb{N}$, $k \geq N$, weshalb dann

$$g \circ f(x_k) = g(y_k) \to \lim_{y \to b} g(y)$$

wie behauptet. $\qquad\qquad\qquad\qquad\qquad\qquad\qquad\qquad\qquad\qquad\qquad\qquad$ $\square$

2.2.8 Definition. Sei $a \in \mathbb{R}^n$ ein Häufungspunkt von D. Eine Funktion $f : D \to \mathbb{R}$ hat an der Stelle a den **uneigentlichen Limes** $\pm\infty$, mit anderen Worten $f(x)$ **konvergiert uneigentlich** gegen $\pm\infty$ oder **divergiert bestimmt** gegen $\pm\infty$ für $x \to a$, falls es zu jedem $c > 0$ ein $\delta = \delta(c) > 0$ gibt, so dass

$$f(x) \geq c \text{ beziehungsweise } f(x) \leq -c \text{ für alle } x \in D, \ |x - a| < \delta, \ x \neq a.$$

Im Folgenden sei $R \subset \mathbb{R}^2$ ein nicht-ausgeartetes Rechteck, $(a, b) \in R$ und $f = f(x, y)$ sei eine in $D := \{ (x, y) \in R \mid x \neq a, y \neq b \}$ erklärte Funktion.

2.2.9 Satz über den iterierten Limes. *Es existiere der Grenzwert*

$$c := \lim_{(x,y)\to(a,b)} f(x,y) = \lim_{\substack{(x,y)\to(a,b)\\x\neq a,y\neq b}} f(x,y)$$

und für jedes x mit $(x,b) \in R$, $x \neq a$, existiere der Grenzwert $c(x) := \lim_{y\to b} f(x,y) =$
$\lim_{\substack{y\to b\\y\neq b}} f(x,y)$. *Dann existiert der Grenzwert $\lim_{x\to a} c(x) = \lim_{\substack{x\to a\\x\neq a}} c(x)$ und es gilt*

$$\lim_{(x,y)\to(a,b)} f(x,y) = c = \lim_{x\to a} c(x) = \lim_{x\to a}\left(\lim_{y\to b} f(x,y)\right).$$

Ebenso gilt

$$\lim_{(x,y)\to(a,b)} f(x,y) = \lim_{y\to b}\left(\lim_{x\to a} f(x,y)\right),$$

falls $\lim_{x\to a} f(x,y) = \lim_{\substack{x\to a\\x\neq a}} f(x,y)$ für jedes y mit $(a,y) \in R$, $y \neq b$, existiert.

Beweis. Sei $\varepsilon > 0$. Dann gibt es ein $\delta > 0$, so dass

$$|f(x,y) - c| < \varepsilon$$

für alle $(x,y) \in D$ mit $|x - a|, |y - b| < \delta$. Für jedes feste x mit $(x,b) \in R$, $|x - a| < \delta$ und $x \neq a$, folgt dann durch Grenzübergang $y \to b$, dass

$$|c(x) - c| = \left|\lim_{y\to b} f(x,y) - c\right| \leq \varepsilon,$$

das heißt, es gilt $c = \lim_{x\to a} c(x)$ wie behauptet.   □

2.2.10 Beispiele. (i)   Für die Funktion

$$f(x,y) := \frac{xy}{x+y} \quad \text{für } x,y > 0$$

haben wir

$$0 \leq \frac{xy}{x+y} \leq x+y \to \begin{cases} 0 & \text{für } x,y \to 0 \\ x & \text{für } y \to 0 \\ y & \text{für } x \to 0, \end{cases}$$

weshalb

$$\lim_{x,y\to 0} \frac{xy}{x+y} = \lim_{x\to 0}\left(\lim_{y\to 0} \frac{xy}{x+y}\right) = \lim_{y\to 0}\left(\lim_{x\to 0} \frac{xy}{x+y}\right).$$

(ii) Die Funktion

$$f(x,y) := \frac{x}{x+y} \text{ für } x, y > 0$$

besitzt keinen Limes für $x, y \to 0$, denn für $x = y$ gilt $f(x,y) = \frac{1}{2}$ und für $x = y^2$ ist

$$f(x,y) := \frac{y^2}{y^2+y} = \frac{y}{y+1} \to 0 \text{ für } y \to 0.$$

Für festes x dagegen gilt $\lim\limits_{y\to 0} f(x,y) = 1$ und für festes y ist $\lim\limits_{x\to 0} f(x,y) = 0$. Deshalb ergibt sich

$$\lim_{x\to 0}\left(\lim_{y\to 0}\frac{x}{x+y}\right) = 1 \ne 0 = \lim_{y\to 0}\left(\lim_{x\to 0}\frac{x}{x+y}\right).$$

(iii) Für die Funktion

$$f(x,y) := \frac{xy}{2(x-y)+xy} \text{ für } x, y > 0$$

gilt

$$\lim_{x\to 0}\left(\lim_{y\to 0}\frac{xy}{2(x-y)+xy}\right) = 0 = \lim_{y\to 0}\left(\lim_{x\to 0}\frac{xy}{2(x-y)+xy}\right).$$

Dennoch besitzt $f(x,y)$ keinen Grenzwert für $x, y \to 0$, denn für $x = y$ ist $f(x,y) = 1$ und für $x = \frac{y}{y+1}$ ist $f(x,y) = -1$.

2.2.11 Definition. $f = f(x,y)$ **konvergiert gleichmäßig** in x für $y \to b$ gegen den Grenzwert $c(x) := \lim\limits_{y\to b} f(x,y)$, wenn es zu jedem $\varepsilon > 0$ ein $\delta = \delta(\varepsilon) > 0$ gibt, so dass

$$|f(x,y) - c(x)| < \varepsilon \text{ für alle } (x,y) \in D \text{ mit } |y-b| < \delta, \ y \ne b.$$

2.2.12 Satz. *Der Grenzwert $c(x) := \lim\limits_{y\to b} f(x,y)$ existiere gleichmäßig in x für alle x mit $(x,b) \in R$, $x \ne a$. Außerdem existiere der Grenzwert $c := \lim\limits_{x\to a} c(x)$. Dann existiert der Limes $\lim\limits_{(x,y)\to(a,b)} f(x,y) = \lim\limits_{\substack{(x,y)\to(a,b)\\ x\ne a, y\ne b}} f(x,y)$ und es gilt die Grenzwertbeziehung*

$$\lim_{(x,y\to(a,b)} f(x,y) = c = \lim_{x\to a} c(x) = \lim_{x\to a}\left(\lim_{y\to b} f(x,y)\right).$$

Existiert auch der Grenzwert $\lim\limits_{x\to a} f(x,y)$ für alle y mit $(a,y) \in R$, $y \ne b$, so gilt auch

$$\lim_{(x,y\to(a,b)} f(x,y) = \lim_{y\to b}\left(\lim_{x\to a} f(x,y)\right).$$

Beweis. (I) Sei $\varepsilon > 0$. Dann gibt es ein $\delta > 0$, so dass

$$|f(x,y) - c(x)| < \frac{\varepsilon}{2} \text{ für alle } (x,y) \in D, \ |y - b| < \delta, \ y \neq b,$$

$$|c(x) - c| < \frac{\varepsilon}{2} \text{ für alle } (x,b) \in R, \ |x - a| < \delta, \ x \neq a.$$

Hieraus folgt, dass

$$|f(x,y) - c| < \varepsilon \text{ für alle } (x,y) \in D, \ |x - a| < \delta, \ |y - b| < \delta,$$

das heißt, es gilt $\lim\limits_{(x,y)\to(a,b)} f(x,y) = c$.

(II) Aus dem Satz über den iterierten Limes 2.2.9 folgt nun, dass sich die Reihenfolge der Grenzübergänge vertauschen lässt, falls auch der Grenzwert $\lim\limits_{x\to a} f(x,y)$ für alle y mit $(a,y) \in R$, $y \neq b$ existiert. $\qquad\square$

2.2.13 Beispiele. (i)   Die Funktion

$$f(x,y) := \frac{x^2}{x + y} = x - \frac{xy}{x + y} \text{ für } x, y > 0$$

konvergiert für $y \to 0$ gleichmäßig in x gegen den Grenzwert $c(x) := x$, denn für $\varepsilon > 0$ setze $\delta := \varepsilon$. Dann gilt

$$|f(x,y) - c(x)| = \frac{xy}{x + y} \leq y < \varepsilon \text{ für } 0 < y < \delta.$$

(ii)   Die Funktion

$$f(x,y) := \frac{x}{x + y} \text{ für } x, y > 0$$

aus Beispiel 2.2.10 (ii) besitzt zwar für alle $x > 0$ den Grenzwert $c(x) := \lim\limits_{y\to 0} f(x,y) = 1$, aber die Konvergenz ist nicht gleichmäßig: Es gilt

$$|f(x,y) - c(x)| = \frac{1}{2} \text{ für } x = y.$$

Deshalb kann es zu gegebenem $\varepsilon > 0$ kein $\delta > 0$ geben mit $|f(x,y) - c(x)| < \varepsilon$ für alle $x > 0$ und alle $0 < y < \delta$. Außerdem würde aus der gleichmäßigen Konvergenz nach Satz 2.2.12 die Existenz des Limes $\lim\limits_{(x,y)\to(0,0)} f(x,y)$ folgen.

(iii) Die Funktion

$$f(x,y) := y \sin \frac{1}{x} \text{ für } x \neq 0$$

besitzt den Limes $\lim_{(x,y)\to(0,0)} y \sin \frac{1}{x} = 0$, für festes $x \neq 0$ ist

$$y \sin \frac{1}{x} \xrightarrow{\text{glm}} 0 \text{ für } y \to 0,$$

und es gilt daher

$$\lim_{(x,y)\to(0,0)} y \sin \frac{1}{x} = 0 = \lim_{x\to 0}\left(\lim_{y\to 0} y \sin \frac{1}{x}\right).$$

Allerdings hat $f(x,y)$ bei festem $y \neq 0$ für $x \to 0$ keinen Grenzwert. Der Limes $\lim_{(x,y)\to(0,0)} f(x,y)$ kann daher nicht in umgekehrter Reihenfolge aufgelöst werden.

2.3 Stetige Funktionen und Abbildungen

2.3.1 Definition. Sei $f : D \to \mathbb{R}$ eine Funktion bzw. $f : D \to \mathbb{R}^m, m \in \mathbb{N}$, eine Abbildung und sei $a \in D$. Dann heißt f **stetig** im Punkt a, wenn es zu jedem $\varepsilon > 0$ ein $\delta = \delta(\varepsilon, a) > 0$ gibt mit

$$|f(x) - f(a)| < \varepsilon \text{ für alle } x \in D, |x - a| < \delta,$$

das heißt

$$f(x) \in U_\varepsilon(f(a)) \subset \mathbb{R} \text{ beziehungsweise } \mathbb{R}^m \text{ für alle } x \in D \cap U_\delta(a).$$

2.3.2 Bemerkung. Ist a ein isolierter Punkt von D, so ist jede auf D erklärte Funktion stetig in a.

2.3.3 Satz. *Sei $f : D \to \mathbb{R}^m$ und sei $a \in D$ ein Häufungspunkt von D. Dann ist f genau dann im Punkt a stetig, wenn $\lim_{x\to a} f(x)$ existiert und*

$$\lim_{x\to a} f(x) = f(a).$$

Beweis. Der Satz folgt unmittelbar aus den Definitionen von Stetigkeit und Grenzwert einer Funktion. $\qquad\square$

2.3.4 Folgenkriterium. *Sei $f : D \to \mathbb{R}^m$ und sei $a \in D$. Dann ist f genau dann im Punkt a stetig, wenn die Relation*

$$f(x_k) \to f(a) \text{ für } k \to \infty$$

für alle Folgen $(x_k)_{k \in \mathbb{N}}$ in D mit $x_k \to a$ für $k \to \infty$ gilt. Ist a ein Häufungspunkt von D, so gilt dies genau dann, wenn $f(x_k) \to f(a)$ für alle Folgen in D mit $x_k \neq a, x_k \to a$ für $k \to \infty$.

Beweis. Der Satz folgt unmittelbar aus den Definitionen von Stetigkeit einer Funktion, Grenzwert einer Folge und dem Folgenkriterium 2.2.4 für Grenzwerte. □

2.3.5 Satz. *Seien $f, g : D \to \mathbb{R}$ stetige Funktionen im Punkt $a \in D$. Dann sind die Funktionen $f + g$ und $f \cdot g$ in a stetig. Falls $g(a) \neq 0$ gilt, dann gibt es ein $\delta > 0$, so dass $g(x) \neq 0$ für alle $x \in D$ mit $|x - a| < \delta$, und die Funktion $\frac{f}{g} : \{ x \in D \mid g(x) \neq 0 \} \to \mathbb{R}$ ist stetig in a.*

Beweis. Folgt aus Satz 2.3.3 in Verbindung mit Satz 2.2.5, das heißt den entsprechenden Grenzwertsätzen für Funktionen. □

2.3.6 Satz. *Seien $f, g : D \to \mathbb{R}^m$ stetige Abbildungen im Punkt $a \in D$ und sei $\alpha \in \mathbb{R}$. Dann sind die Abbildungen $f + g$ und $\alpha \cdot f$ und die Funktion $f \cdot g = (f, g)$ stetig in a.*

Beweis. Folgt aus Satz 2.3.3 zusammen mit Satz 2.2.6, das heißt den Grenzwertsätzen für Abbildungen. □

2.3.7 Kettenregel für stetige Abbildungen. *Seien $D \subset \mathbb{R}^n$, $E \subset \mathbb{R}^m$ und seien $f : D \to E$, $g : E \to \mathbb{R}^k$ Abbildungen $n, m, k \in \mathbb{N}$. f sei stetig in $a \in D$, g sei stetig in $b = f(a) \in E$. Dann ist die Abbildung $g \circ f : D \to \mathbb{R}^k$, $(g \circ f)(x) = g(f(x))$ stetig in a, und, falls a ein Häufungspunkt von D und b ein Häufungspunkt von E ist, dann gilt die Limesrelation*

$$(g \circ f)(a) = \lim_{x \to a}(g \circ f)(x) = \lim_{y \to b} g(y) = g(b).$$

Beweis. Sei $(x_k)_{k \in \mathbb{N}}$ eine Punktfolge in D mit $x_k \to a$. Aus der Stetigkeit von f in a folgt

$$y_k = f(x_k) \to f(a) = b \text{ für } k \to \infty.$$

Aus der Stetigkeit von g in b folgt dann

$$g(y_k) = g(f(x_k)) = (g \circ f)(x_k) \to g(b) = (g \circ f)(a) \text{ für } k \to \infty. \qquad \square$$

2.3.8 Definition. Eine Funktion $f : D \to \mathbb{R}$ beziehungsweise eine Abbildung $f : D \to \mathbb{R}^m$ heißt **stetig** in D, in Zeichen

$$f \in C^0(D) \text{ beziehungsweise } f \in C^0(D, \mathbb{R}^m),$$

wenn f stetig in allen Punkten von D ist, das heißt, zu jedem $x \in D$ und $\varepsilon > 0$ gibt es ein $\delta = \delta(x, \varepsilon) > 0$, so dass

$$f(x') \in U_\varepsilon(f(x)) \subset \mathbb{R} \text{ beziehungsweise } \mathbb{R}^m \text{ für alle } x' \in D \cap U_\delta(x).$$

2.3.9 Definition und Satz. Sei $A \subset \mathbb{R}^n$ eine Punktmenge. Dann ist

$$\mathcal{T} = \mathcal{T}_A = \{ A \cap U \mid U \subset \mathbb{R}^n \text{ offen} \}$$

eine Topologie für A und heißt die **relative Topologie**, bzw. das Paar $(A, \mathcal{T})$ ist ein topologischer Raum. Die Mengen $A \cap U$, $U \subset \mathbb{R}^n$ offen, heißen **relativ offen** in A. Eine Teilmenge $\tilde{U} \subset A$ ist also genau dann relativ offen in A, wenn es eine offene Teilmenge $U \subset \mathbb{R}^n$ gibt mit $\tilde{U} = U \cap A$.

2.3.10 Satz. *Eine Funktion $f : D \to \mathbb{R}$ beziehungsweise eine Abbildung $f : D \to \mathbb{R}^m$ ist genau dann stetig in D, wenn das Urbild $f^{-1}(V)$ jeder offenen Menge $V \subset \mathbb{R}^m$ relativ offen in D ist, das heißt, es gibt eine offene Menge $U \subset \mathbb{R}^n$ mit $f^{-1}(V) = U \cap D$.*

Beweis. „$\Rightarrow$" Sei f stetig in D und $V \subset \mathbb{R}^m$ eine offene Menge. Es ist zu zeigen, dass eine offene Menge $U \subset \mathbb{R}^n$ existiert, so dass

$$f^{-1}(V) = \{ x \in D \mid f(x) \in V \} = D \cap U.$$

Sei $x \in f^{-1}(V)$, das heißt $f(x) \in V$. Dann gibt es ein $\varepsilon > 0$ mit $U_\varepsilon(f(x)) \subset V$. Wegen $f \in C^0(D)$ gibt es ein $\delta = \delta(\varepsilon, x) > 0$, so dass

$$f(x') \in U_\varepsilon(f(x)) \subset V \text{ für alle } x' \in D \cap U_\delta(x).$$

Für diese x' gilt also $x' \in f^{-1}(V)$, weshalb

$$D \cap U_\delta(x) \subset f^{-1}(V).$$

Wir betrachten die offene Menge

$$U := \bigcup_{x \in f^{-1}(V)} U_\delta(x).$$

Dann gilt offensichtlich

$$D \cap U = D \cap \bigcup_{x \in f^{-1}(V)} U_\delta(x) = \bigcup_{x \in f^{-1}(V)} (D \cap U_\delta(x)) = f^{-1}(V).$$

„⇐" Sei $x \in D$ und sei $\varepsilon > 0$. Betrachte die offene Menge $V := U_\varepsilon(f(x)) \subset \mathbb{R}^m$. Dann gibt es eine offene Menge $U \subset \mathbb{R}^n$, so dass

$$f^{-1}(U_\varepsilon(f(x))) = D \cap U,$$

das heißt, es gilt

$$x' \in D \cap U \text{ genau dann, wenn } f(x') \in U_\varepsilon(f(x)).$$

Insbesondere gilt $x \in U$, und somit gibt es ein $\delta > 0$, so dass $U_\delta(x) \subset U$, also

$$f(x') \in U_\varepsilon(f(x)) \text{ für alle } x' \in D \cap U_\delta(x) \subset D \cap U.$$

Da $x \in D$ und $\varepsilon > 0$ beliebig gewählt waren, ist f stetig in D. □

2.3.11 Beispiele. (i) Seien $A, U \subset \mathbb{R}^2$ mit $A = \{ (x,y) \in \mathbb{R}^2 \mid x^2 + y^2 \leq 1 \}$ und $U_1 = \{ x^2 + y^2 < \frac{1}{2} \}$. Dann ist $\tilde{U}_1 = U_1 \cap A = U_1$ sowohl relativ offen in A als auch eine offene Teilmenge des $\mathbb{R}^2$. Wählen wir $U_2 = \{ (x-1)^2 + y^2 < 1 \}$, so ist $\tilde{U}_2 = \{ x^2 + y^2 \leq 1, (x-1)^2 + y^2 < 1 \}$ relativ offen in A, aber keine offene Teilmenge des $\mathbb{R}^2$ (vergleiche Abbildung 2.11).

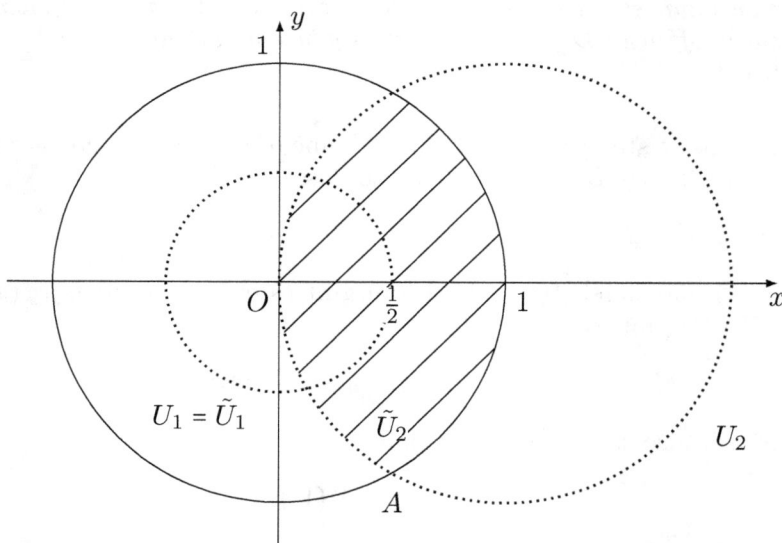

Abbildung 2.11: *Relativ offene Mengen I*

(ii) Seien $A = \{ (x,y) \in \mathbb{R}^2 \mid y = x^2, -1 < x \leq 1 \}$ und $U_1 = \{ x^2 + y^2 < \frac{1}{4} \}$. Dann ist $\tilde{U}_1 = \{ y = x^2, |x| < \sqrt{\frac{1}{\sqrt{2}} - \frac{1}{2}} \}$ relativ offen in A, ist aber keine offene Teilmenge des $\mathbb{R}^2$. Die Endpunkte $\left(\pm\sqrt{\frac{1}{\sqrt{2}} - \frac{1}{2}}, \frac{1}{\sqrt{2}} - \frac{1}{2} \right)$ von $\tilde{U}_1$ gehören nicht zu

$\tilde{U}_1$. Für $U_2 = \left\{ (x-2)^2 + y^2 < 4 \right\}$ gilt $\tilde{U}_2 = \left\{ y = x^2,\ 0 < x \le 1 \right\}$, der Endpunkt $(0,0)$ gehört nicht zu $\tilde{U}_2$, $(1,1)$ gehört jedoch dazu (vergleiche Abbildung 2.12).

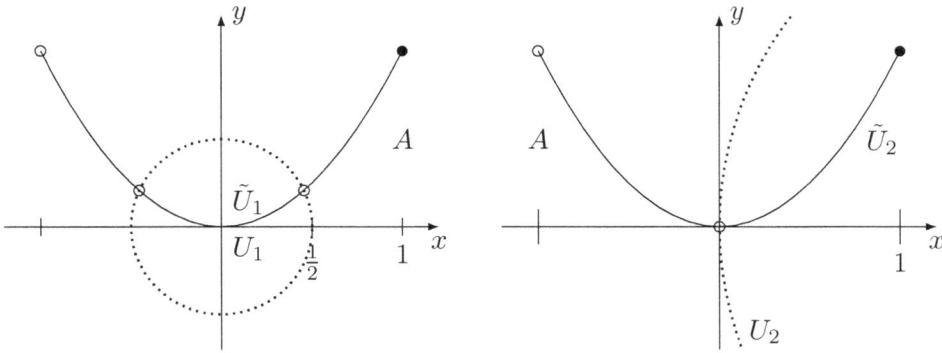

Abbildung 2.12: *Relativ offene Mengen II*

2.4 Der Banachsche Fixpunktsatz

2.4.1 Definition. Eine Abbildung $f : D \to \mathbb{R}^m$ heißt **dehnungsbeschränkt** oder **Lipschitz-stetig** in D, falls sie einer Lipschitz-Bedingung der Form

$$|f(x) - f(x')| \le L\,|x - x'| \quad \text{für alle } x, x' \in D$$

mit einer **Lipschitz-Konstanten** $L > 0$ genügt. f heißt **kontrahierend**, falls $L < 1$ gewählt werden kann. Eine Abbildung $f : D \to D$, das heißt, es gilt $\operatorname{Im} f \subset D$, heißt eine **Selbstabbildung**.

2.4.2 Beispiel. Sei

$$A = (a_{jk})_{\substack{j=1\ldots m \\ k=1\ldots n}} = \begin{pmatrix} a_{11} & \cdots & a_{1n} \\ \vdots & & \vdots \\ a_{m1} & \cdots & a_{mn} \end{pmatrix} \in \mathbb{R}^{m\times n}$$

eine reelle $m \times n$-Matrix und sei $b = \begin{pmatrix} b_1 \\ \vdots \\ b_m \end{pmatrix} \in \mathbb{R}^m$. Wir betrachten die affine

Abbildung $f : \mathbb{R}^n \to \mathbb{R}^m$,

$$f(x) := A \circ x + b = \begin{pmatrix} a_{11} & \cdots & a_{1n} \\ \vdots & & \vdots \\ a_{m1} & \cdots & a_{mn} \end{pmatrix} \circ \begin{pmatrix} x_1 \\ \vdots \\ x_n \end{pmatrix} + \begin{pmatrix} b_1 \\ \vdots \\ b_m \end{pmatrix}$$

$$= \begin{pmatrix} \sum\limits_{k=1}^{n} a_{1k}x_k + b_1 \\ \vdots \\ \sum\limits_{k=1}^{n} a_{mk}x_k + b_m \end{pmatrix},$$

wobei wir Vektoren im $\mathbb{R}^n$ und $\mathbb{R}^m$ als Spaltenvektoren auffassen (vergleiche Beispiel 2.1.5 (iii)). Dann ist f Lipschitz-stetig und die Matrixnorm (vergleiche Beispiel 1.1.13)

$$\|A\| = \sup_{\substack{x \in \mathbb{R}^n \\ x \neq 0}} \frac{|A \circ x|}{|x|}$$

ist eine Lipschitz-Konstante für f. Es gilt sogar

$$\|A\| = [f]_{0,1} := \inf \{ L > 0 \mid |f(x) - f(x')| \leq L |x - x'| \text{ für alle } x, x' \in \mathbb{R}^n \} .$$

$[f]_{0,1}$ heißt auch die **Lipschitz-Halbnorm** oder **-Seminorm** von f. Denn einerseits haben wir für alle $x, x' \in \mathbb{R}^n$, $x \neq x'$, dass

$$|f(x) - f(x')| = |A \circ (x - x')| = \frac{|A \circ (x - x')|}{|x - x'|} |x - x'|$$

$$\leq \|A\| \, |x - x'| .$$

Deshalb ist f Lipschitz-stetig und es gilt die Ungleichung $[f]_{0,1} \leq \|A\|$. Umgekehrt folgt aus $|f(x) - f(x')| \leq [f]_{0,1} |x - x'|$ für alle $x, x' \in \mathbb{R}^n$, dass

$$|A \circ x| = |f(x) - b| = |f(x) - f(0)| \leq [f]_{0,1} |x|$$

und hieraus die Ungleichung $\|A\| \leq [f]_{0,1}$.

2.4.3 Kontraktionssatz. *Sei $F \subset \mathbb{R}^n$ eine abgeschlossene Menge und $f : F \to F$ eine kontrahierende Selbstabbildung. Dann besitzt f genau einen **Fixpunkt**, das heißt, die Gleichung $f(x) = x$ besitzt genau eine Lösung $x \in F$. Dieser kann durch die Iteration*

$$x_{k+1} := f(x_k) \text{ für } k \in \mathbb{N}_0$$

*gewonnen werden, wobei $x_0 \in F$ ein beliebig gewählter **Startpunkt** ist, das heißt es gilt dann $x_k \to x$ für $k \to \infty$. Außerdem gilt die Fehlerabschätzung*

$$|x_k - x| \leq \frac{L^k}{1 - L} |x_1 - x_0| .$$

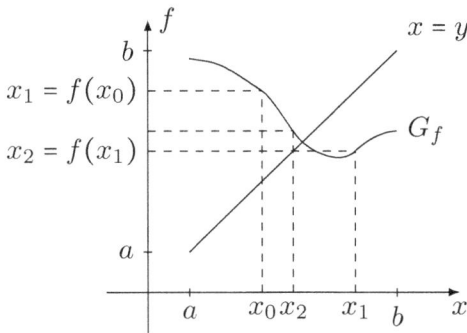

Abbildung 2.13: *Kontraktionssatz*

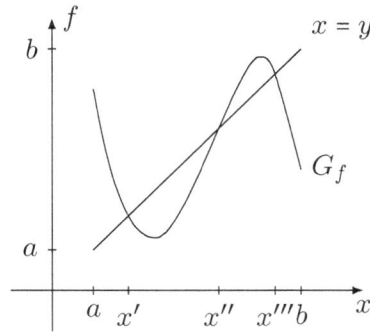

Abbildung 2.14: *In diesem Beispiel gibt es drei Fixpunkte.*

Beweis. (I) *Eindeutigkeit.* Angenommen x, x' seien zwei Fixpunkte, das heißt, es gilt $f(x) = x$, $f(x') = x'$. Dann haben wir

$$|x - x'| = |f(x) - f(x')| \le L\,|x - x'|$$

mit $0 < L < 1$. Dies kann aber nur für $x = x'$ gelten.

(II) *Existenz.* Sei die Folge $(x_k)_{k\in\mathbb{N}_0}$ wie oben erklärt. Dann haben wir für alle $k \in \mathbb{N}_0$

$$\begin{aligned}
|x_{k+1} - x_k| &= |f(x_k) - f(x_{k-1})| \\
&\le L\,|x_k - x_{k-1}| \\
&= \cdots \le \cdots \le L^k\,|x_1 - x_0|.
\end{aligned}$$

Ähnlich gilt für alle $\ell, k \in \mathbb{N}_0$, $\ell > k$, dass

$$\begin{aligned}
|x_\ell - x_k| &\le |x_\ell - x_{\ell-1}| + \cdots + |x_{k+2} - x_{k+1}| + |x_{k+1} - x_k| \\
&\le \sum_{m=k}^{\ell-1} L^m\,|x_1 - x_0|.
\end{aligned}$$

Weil die geometrische Reihe konvergiert, ist die Folge $(x_k)_{k\in\mathbb{N}_0}$ also eine Cauchy-Folge. Wegen der Abgeschlossenheit von F gilt $x_k \to x \in F$. Für $\ell \to \infty$ folgt, dass

$$|x - x_k| \le \sum_{m=k}^{\infty} L^m\,|x_1 - x_0| = \frac{L^k}{1 - L}\,|x_1 - x_0|$$

wie behauptet.   □

2.4.4 Bemerkung. Der Kontraktionssatz gilt auch in einem vollständig normierten Vektorraum, das heißt in einem Banachraum und heißt dann **Banachscher Fixpunktsatz**. Es braucht lediglich die Vollständigkeit der Teilmenge F (vergleiche Bemerkung 1.2.16 (vi)) angenommen werden. Allgemeiner gilt der Kontraktionssatz in metrischen Räumen für vollständige Teilmengen F. Der Beweis des Kontraktionssatzes 2.4.3 kann wörtlich übernommen werden, es ist lediglich $|x - x'|$ durch $\|x - x'\|$ beziehungsweise $d(x, x')$ zu ersetzen.

2.5 Stetige Funktionen und Abbildungen auf kompakten Mengen

2.5.1 Definition. Eine Funktion $f : D \to \mathbb{R}$ beziehungsweise Abbildung $f : D \to \mathbb{R}^m$ heißt **gleichmäßig stetig** auf D, wenn es zu jedem $\varepsilon > 0$ ein $\delta = \delta(\varepsilon) > 0$ gibt, so dass

$$|f(x) - f(x')| < \varepsilon \text{ für alle } x, x' \in D, \ |x - x'| < \delta.$$

2.5.2 Bemerkungen. (i) Lipschitz-stetige Funktionen beziehungsweise Abbildungen sind gleichmäßig stetig.

(ii) Jede auf D gleichmäßig stetige Abbildung f ist stetig auf D. Die Umkehrung ist im Allgemeinen falsch, wie das Beispiel $f(x) = \frac{1}{x}$ für $0 < x \leq 1$ zeigt.

2.5.3 Satz. *Sei $K \subset \mathbb{R}^n$ eine kompakte Menge und $f : K \to \mathbb{R}^m$ sei eine stetige Abbildung auf K. Dann ist f auf K gleichmäßig stetig.*

Beweis. Sei $\varepsilon > 0$ vorgegeben. Da f in jedem Punkt $a \in K$ stetig ist, gibt es zu jedem $\varepsilon > 0$ ein $\delta = \delta(\varepsilon, a) > 0$, so dass

$$f(x) \in U_{\frac{\varepsilon}{2}}(f(a)) \text{ für alle } x \in U_\delta(a) \cap K.$$

Jedem $a \in K$ ordnen wir die Kugelumgebung $U_a := U_{\frac{\delta}{2}}(a)$, $\delta = \delta(\varepsilon, a) > 0$ zu. Dann ist $\mathcal{U} := \{ U_a \mid a \in K \}$ eine offene Überdeckung von K. Nach dem Heine-Borelschen Überdeckungssatz 1.4.14 enthält $\mathcal{U}$ eine endliche Teilüberdeckung von K, das heißt, es gibt endlich viele Punkte $a_1, \dots, a_N \in K$ mit

$$K \subset \bigcup_{k=1}^{N} U_{a_k}.$$

Sei $\delta(\varepsilon) := \frac{1}{2} \min \{ \delta(\varepsilon, a_1), \dots, \delta(\varepsilon, a_N) \} > 0$. Seien $x, x' \in K$ mit $|x - x'| < \delta$. Dann gibt es ein $k \in \{1, \dots, N\}$ mit $x \in U_{a_k}$, das heißt $|x - a_k| < \frac{1}{2}\delta(\varepsilon, a_k)$. Weiterhin gilt

$$|x' - a_k| < |x' - x| + |x - a_k| < \delta + \frac{1}{2}\delta(\varepsilon, a_k) \leq \delta(\varepsilon, a_k),$$

weshalb

$$|f(x') - f(a_k)| < \frac{\varepsilon}{2}, \ |f(x) - f(a_k)| < \frac{\varepsilon}{2},$$

also

$$|f(x) - f(x')| < \varepsilon \text{ für alle } x, x' \in K, \ |x - x'| < \delta.$$

Folglich ist f gleichmäßig stetig auf K. $\qquad\qquad\qquad\qquad\qquad\quad\square$

2.5.4 Satz. *Sei $K \subset \mathbb{R}^n$ kompakt und $f : K \to \mathbb{R}^m$ eine stetige Abbildung. Dann ist $f(K)$ kompakt.*

Beweis. Sei $(y_k)_{k\in\mathbb{N}}$ eine Folge in $f(K)$, das heißt, es gilt $y_k = f(x_k)$, $x_k \in K$. Es ist zu zeigen, dass eine Teilfolge $(y_{k_\ell})_{\ell\in\mathbb{N}}$ mit $y_{k_\ell} \to y \in f(K)$ für $\ell \to \infty$ existiert: Wegen der Kompaktheit von K gibt es eine Teilfolge $(x_{k_\ell})_{\ell\in\mathbb{N}}$ von $(x_k)_{k\in\mathbb{N}}$ mit $x_{k_\ell} \to x \in K$ für $\ell \to \infty$. Da f stetig ist, folgt

$$y_{k_\ell} = f(x_{k_\ell}) \to f(x) = y \in f(K) \text{ für } \ell \to \infty,$$

weshalb $f(K)$ kompakt ist. $\qquad\qquad\qquad\qquad\qquad\qquad\qquad\qquad\quad\square$

2.5.5 Satz von Weierstraß. *Sei K eine nicht-leere, kompakte Teilmenge des $\mathbb{R}^n$ und $f : K \to \mathbb{R}$ eine stetige Funktion auf K. Dann gibt es zwei Punkte $x^+, x^- \in K$ mit*

$$f(x^-) \le f(x) \le f(x^+) \ \text{ für alle } x \in K,$$

das heißt, es gilt

$$f(x^-) = \inf_{x\in K} f(x) = \min_{x\in K} f(x),$$
$$f(x^+) = \sup_{x\in K} f(x) = \max_{x\in K} f(x).$$

Beweis. Wir zeigen die Existenz von x^-. Um die Existenz von x^+ zu zeigen, betrachte man zum Beispiel die Funktion $-f$. Nach dem verallgemeinerten Infimumsprinzip existiert

$$y^- := \inf f(K) = \inf_{x\in K} f(x) \in \mathbb{R} \cup \{\infty\}$$

und es gibt eine Folge $(y_k)_{k\in\mathbb{N}}$ in $f(K)$ mit $y_k = f(x_k)$, $x_k \in K$ und $y_k \to y^-$ für $k \to \infty$. Weil K kompakt ist, besitzt die **Minimalfolge** $(x_k)_{k\in\mathbb{N}}$ nach dem Weierstraßschen Auswahlprinzip 1.2.8 eine Teilfolge $(x_{k_\ell})_{\ell\in\mathbb{N}}$ mit $x_{k_\ell} \to x^- \in K$ für $\ell \to \infty$. Also folgt aus der Stetigkeit von f, dass

$$f(x_{k_\ell}) \to f(x^-) = y^-.$$

Deshalb ist $y^- \in \mathbb{R}$ und es gilt die Ungleichung

$$f(x^-) = y^- \le f(x) \text{ für alle } x \in K. \qquad\qquad\qquad\qquad\quad\square$$

Zweiter Beweis. Wegen Satz 2.5.4 ist $f(K)$ kompakt. Deshalb ist f beschränkt und

$$y^- := \inf f(K) \in \mathbb{R}.$$

Es gibt eine Folge $(y_k)_{k\in\mathbb{N}}$ in $f(K)$ mit $y_k \to y^-$ für $k \to \infty$. Aufgrund der Abgeschlossenheit von $f(K)$ ist deshalb auch $y^- \in f(K)$, das heißt, es gibt ein $x^- \in K$ mit

$$f(x^-) = y^- \le f(x) \text{ für alle } x \in K. \qquad \square$$

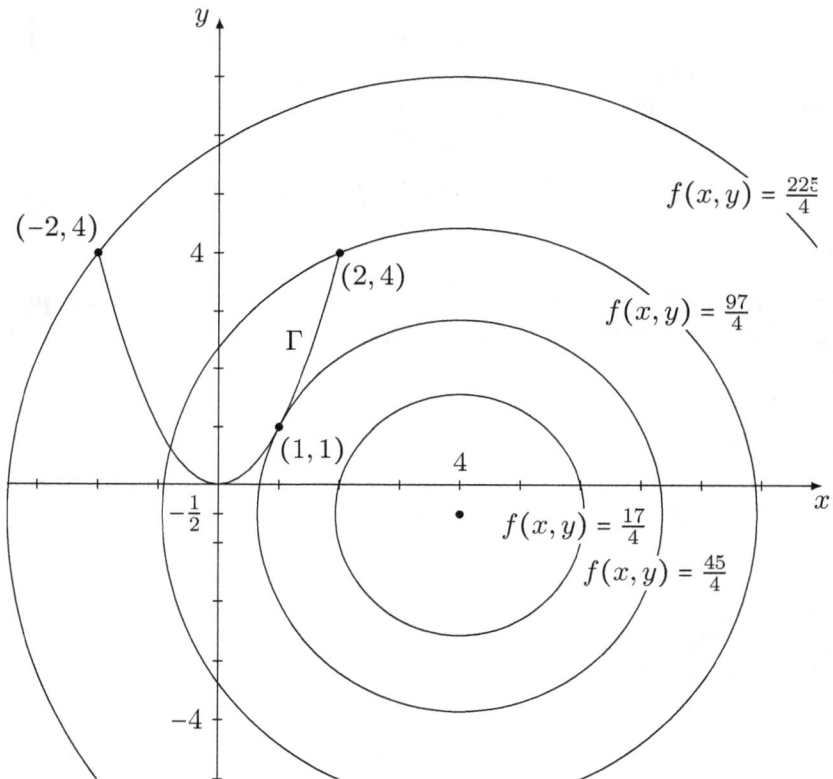

Abbildung 2.15: *Bestimmung der Extremwerte unter einer Nebenbedingung*

2.5.6 Beispiel. Zu bestimmen sind die Extremwerte der Funktion $f(x,y) := (x-4)^2 + \left(y + \frac{1}{2}\right)^2$ auf der Parabel $\Gamma = \left\{ (x,y) \in \mathbb{R}^2 \mid y = x^2, |x| \le 2 \right\}$. Nach dem Satz von Weierstraß nimmt $f(x,y)$ auf dem Kompaktum Γ Minimum und Maximum an. Um diese zu bestimmen, betrachten wir die Funktion

$$\tilde{f}(x) := f(x, y(x)) = f(x, x^2) = (x - 4)^2 + \left(x^2 + \frac{1}{2}\right)^2$$

für $|x| \le 2$ und berechnen die Ableitung

$$\tilde{f}'(x) = 2(x-4) + 2\left(x^2 + \frac{1}{2}\right)2x = 4(x-1)(x^2+x+2).$$

Damit gilt $\tilde{f}'(x) = 0$ genau für $x = 1$. Wir bestimmen die Werte von $\tilde{f}$ im Punkt $x = 1$ und in den Randpunkten $x = 1, 2$:

$$\tilde{f}(1) = f(1,1) = \frac{45}{4},$$
$$\tilde{f}(-2) = f(-2,4) = \frac{225}{4},$$
$$\tilde{f}(2) = f(2,4) = \frac{97}{4}.$$

Deshalb nimmt $f(x,y)$ das Minimum $\frac{45}{4}$ im Punkt $(1,1)$ und das Maximum $\frac{225}{4}$ im Punkt $(-2,4)$ an (vergleiche Abbildung 2.15).

Wir behandeln noch eine Version des Satzes von Weierstraß für nicht-kompakte Mengen:

2.5.7 Satz. *Sei $U \subset \mathbb{R}^n$ eine beschränkte offene Menge und sei $F = CU = \mathbb{R}^n \setminus U$. Sei $f : F \to \mathbb{R}$ eine stetige Funktion mit $f(x) \to \infty$ für $|x| \to \infty$, das heißt, es gilt $f(x_k) \to +\infty$ für $|x| \to \infty$. Dann gibt es ein $a \in F$, so dass*

$$f(a) = \inf_{x \in F} f(x) = \min_{x \in F} f(x).$$

Beweis. Sei

$$b := \inf_{x \in F} f(x) \in \mathbb{R} \cup \{-\infty\}.$$

Für $\ell \in \mathbb{N}$ betrachten wir die Kreisringe

$$R_\ell := K_\ell(0) \setminus U_{\ell-1}(0) = \{x \in \mathbb{R}^n \mid \ell - 1 \le |x| \le \ell\},$$

wobei wir $U_0(0) := \emptyset$, also $R_1 = K_1(0)$ setzen. Wir wählen $N \in \mathbb{N}$ so groß, dass $U \subset K_N(0)$ und erhalten nach dem Satz von Weierstraß 2.5.5 für alle $\ell \ge N + 1$ ein $a_\ell \in R_\ell$ mit

$$b_\ell := f(a_\ell) = \inf_{x \in R_\ell} f(x) = \min_{x \in R_\ell} f(x).$$

Wegen $|a_\ell| \to +\infty$ für $\ell \to \infty$ muss $b_\ell \to +\infty$ gelten. Ohne Beschränkung der Allgemeinheit sei $b_\ell > b$ für alle $\ell \ge N + 1$. Dann gibt es ein $a \in K_N(0) \cap F$ mit

$$b = \inf_{x \in F} f(x) = \inf_{x \in K_N(0) \cap F} f(x) = \min_{x \in K_N(0) \cap F} f(x) = f(a),$$

weshalb auch $b \in \mathbb{R}$ ist. $\qquad\square$

2.5.8 Satz. *Sei $K \subset \mathbb{R}^n$ kompakt und $f : K \to \mathbb{R}^m$ eine stetige und injektive Abbildung. Dann ist*

$$f^{-1} : f(K) \to \mathbb{R}^n$$

stetig.

Beweis. Sei $(y_k)_{k\in\mathbb{N}}$ eine Folge in $f(K)$. Sei $y_k = f(x_k)$, $b = f(a)$, x_k, $a \in K$ mit $y_k \to b \in f(K)$. Nach dem Folgenkriterium 2.3.4 ist zu zeigen, dass

$$x_k = f^{-1}(y_k) \to f^{-1}(b) = a.$$

Angenommen, $x_k \not\to a$. Dann gibt es ein $\varepsilon_0 > 0$ und eine Teilfolge $(x_{k_\ell})_{\ell\in\mathbb{N}}$ mit $|x_{k_\ell} - a| \geq \varepsilon_0 > 0$ für alle $\ell \in \mathbb{N}$. Weil K kompakt ist, gibt es eine Teilfolge $(x_{k_{\ell_m}})_{m\in\mathbb{N}}$ dieser Teilfolge mit

$$x_{k_{\ell_m}} \to \xi \in K, \ \xi \neq a.$$

Aus der Stetigkeit von f folgt dann aber, dass

$$y_{k_{\ell_m}} = f(x_{k_{\ell_m}}) \to f(\xi) = b = f(a),$$

im Widerspruch zur Injektivität von f. □

2.5.9 Bemerkungen. (i) In Satz 2.5.8 ist $f(K)$ wegen Satz 2.5.4 eine kompakte Menge.

(ii) f und f^{-1} sind wegen Satz 2.5.3 gleichmäßig stetige Abbildungen.

(iii) f ist ein **Homöomorphismus** oder eine **topologische Abbildung** von K auf $f(K)$, das heißt, f ist bijektiv und f und f^{-1} sind stetige Abbildungen auf ihren Definitionsbereichen.

2.5.10 Bemerkung. Im Fall $m = n$ gilt ein entsprechender Satz auch, wenn f eine stetige injektive Abbildung auf einem **offenen** Definitionsbereich ist. Der Beweis erfordert allerdings Hilfsmittel aus der algebraischen Topologie beziehungsweise nichtlinearen Funktionalanalysis, die uns nicht zur Verfügung stehen. Der Spezialfall $m = n = 1$ wurde in der Analysis I in Abschnitt 4.6 über monotone Funktionen behandelt.

2.6   Stetige Funktionen und Abbildungen auf zusammenhängenden Mengen

2.6.1 Vorbemerkung. Wir erinnern uns an den Zwischenwertsatz von Bolzano, welcher besagt, dass die nichtlineare Gleichung

$$f(x) = c$$

stets eine Lösung besitzt, wenn f eine stetige Funktion auf einem kompakten Intervall $[a,b] \subset \mathbb{R}$, $a < b$, und c eine Konstante aus dem Intervall $[f(a), f(b)]$ ist, wobei wir annehmen, dass $f(a) \leq f(b)$ gilt. Ist f eine streng monotone Funktion, so ist die Lösung sogar eindeutig bestimmt. Ziel dieses Paragraphen ist die Verallgemeinerung dieses Satzes auf eine Gleichung von mehreren Variablen

$$f(x_1, \ldots, x_n) = c.$$

Die Eindeutigkeit ist im Allgemeinen nicht gewährleistet. In der Linearen Algebra ergibt eine einschränkende Bedingung für n freie Parameter eine wenigstens $n - 1$-dimensionale Lösungsmenge. Wir erwarten also, dass die Niveaumenge $\{\, x \in \mathbb{R}^n \mid f(x) = c \,\}$ höchstens „$n - 1$-dimensional" ist, was auch immer damit gemeint sein mag. Für den Satz von Bolzano ist entscheidend, dass der Definitionsbereich $[a,b]$ eine "zusammenhängende" Menge ist. Wir werden uns zunächst mit diesem Begriff auseinandersetzen müssen.

2.6.2 Definition. Eine Punktmenge $A \subset \mathbb{R}^n$ heißt **wegweise zusammenhängend**, falls es zu beliebig gegebenen $a, b \in A$ eine **parametrisierte Kurve (Weg)** in A gibt, der a und b verbindet, das heißt, es gibt eine stetige Abbildung $\gamma : [0,1] \to \mathbb{R}^n$ mit $\gamma(t) \in A$ für alle $t \in [0,1]$ und $\gamma(0) = a$, $\gamma(1) = b$.

2.6.3 Definition. Eine Punktmenge $A \subset \mathbb{R}^n$ heißt **(topologisch) zusammenhängend**, falls es keine zwei in A relativ offene, disjunkte und nicht-leere Teilmengen $\tilde{U}$ und $\tilde{V}$ von A gibt, so dass

$$\tilde{U} \cup \tilde{V} = A$$

gilt, das heißt, falls es keine zwei offenen Mengen $U, V \subset \mathbb{R}^n$ gibt mit

$$U \cap V \cap A = \varnothing, \ \ U \cap A \neq \varnothing, \ \ V \cap A \neq \varnothing \ \ \text{und} \ A \subset U \cup V.$$

2.6.4 Satz. *Wenn $A \subset \mathbb{R}^n$ wegweise zusammenhängend ist, dann ist A zusammenhängend.*

Beweis. Angenommen, A sei nicht zusammenhängend. Dann gibt es offene Mengen $U, V \subset \mathbb{R}^n$ mit

$$U \cap V \cap A = \varnothing, \ \ U \cap A \neq \varnothing, \ \ V \cap A \neq \varnothing \ \ \text{und} \ A \subset U \cup V.$$

Seien $a \in U \cap A$, $b \in V \cap A$ gewählt. Dann gibt es eine stetige Abbildung $\gamma : [0,1] \to A$ mit $\gamma(0) = a \in U$, $\gamma(1) = b \in V$. Wegen $U \cap V \cap A = \varnothing$ ist $\gamma(1) \notin U$. Sei

$$\tau := \sup \{\, t \mid \gamma(t) \in U \,\}.$$

Dann ist $\tau < 1$, denn aus der Stetigkeit von γ und $\gamma(1) \in V$ folgt, dass es ein $0 < \delta < 1$ gibt mit $\gamma(t) \in V$ für alle $t \in (1-\delta, 1]$. Insbesondere ist also $\gamma\left(1 - \frac{\delta}{2}\right) \in V$ und somit $\tau \leq 1 - \frac{\delta}{2} < 1$. Analog zeigt man, dass $\tau > 0$.

Es gilt $\gamma(\tau) \notin U$, denn andernfalls wäre $\gamma(\tau) \in U$, und somit existierte ein $0 < \delta < 1 - \tau$ mit $\gamma(t) \in U$ für alle $t \in [0, \tau + \delta]$, also insbesondere $\gamma(\tau + \frac{\delta}{2}) \in U$, was der Definition von τ widerspricht.

Es gilt $\gamma(\tau) \notin V$, denn andernfalls wäre $\gamma(\tau) \in V$, und somit existierte ein $0 < \delta < \tau$ mit $\gamma(t) \in V$ für alle $t \in (\tau - \delta, \tau]$, also insbesondere $\gamma\left(\tau - \frac{\delta}{2}\right) \in V$, was der Definition von τ widerspricht.

Wegen $\gamma(\tau) \in A \subset U \cup V$ erhalten wir einen Widerspruch. $\square$

2.6.5 Bemerkung. Die Umgekehrung gilt im Allgemeinen nicht, das heißt, wenn A zusammenhängend ist, dann ist A nicht notwendig wegweise zusammenhängend. Das zeigt das Beispiel

$$A = A_1 \cup A_2,$$
$$A_1 := \left\{ (x,y) \in \mathbb{R}^2 \;\middle|\; x = 0, \; |y| \leq 1 \right\},$$
$$A_2 := \left\{ (x,y) \in \mathbb{R}^2 \;\middle|\; x > 0, \; y = \sin\!\left(\frac{1}{x}\right) \right\}.$$

Im Folgenden zeigen wir, dass für Teilmengen der reellen Zahlen $\mathbb{R}$ und für offene Mengen im $\mathbb{R}^n$ die Begriffe „zusammenhängend" und „wegweise zusammenhängend" äquivalent sind:

2.6.6 Lemma. *Eine Teilmenge $A \subset \mathbb{R}$ ist genau dann zusammenhängend, wenn für alle $a, b \in A$, $a \leq b$, folgt, dass $[a, b] \subset A$.*

Beweis. „$\Rightarrow$" Sei $A \subset \mathbb{R}$ zusammenhängend, seien $a, b \in A$, $x \in \mathbb{R}$, $a < x < b$. Es ist zu zeigen, dass $x \in A$ gilt: Wäre $x \notin A$, dann folgt

$$A \subset (-\infty, x) \cup (x, +\infty), \quad (-\infty, x) \cap (x, +\infty) = \varnothing,$$
$$a \in (-\infty, x) \cap A, \quad b \in (x, +\infty) \cap A,$$

im Widerspruch zur Annahme, dass A zusammenhängend ist.

„$\Leftarrow$" Gilt für alle $a, b \in A$, $a \leq b$, dass $[a, b] \subset A$, dann ist A wegweise zusammenhängend, denn $\gamma(t) := (1-t)a + tb$, $t \in [0, 1]$, verbindet a und b. Also ist A nach Satz 2.6.4 zusammenhängend. $\square$

Als Korollar erhalten wir:

2.6.7 Satz. *(i) Eine Teilmenge $A \subset \mathbb{R}$ ist genau dann zusammenhängend, wenn sie wegweise zusammenhängend ist.*

(ii) Die zusammenhängenden Teilmengen von $\mathbb{R}$ sind:

$$\emptyset, \ \mathbb{R}, \ (a,b), \ [a,b), \ (a,b], \ [a,b],$$
$$(-\infty,a), \ (-\infty,a], \ (a,+\infty), \ [a,+\infty),$$

dabei sind $a,b \in \mathbb{R}$, $a \le b$.

2.6.8 Definition. (i) Eine Abbildung der Form

$$\gamma : [0,1] \to \mathbb{R}^n, \ \gamma(t) = (1-t)a + tb = a + t(b-a),$$

$0 \le t \le 1$, heißt **parametrisierte Gerade** von a nach b, auch: **Verbindungsgerade, orientierte Gerade** oder **gerichtete Strecke**, a heißt **Anfangspunkt**, b **Endpunkt**. Das Bild

$$\sigma(a,b) := \gamma([0,1]) = \{\, \gamma(t) \mid 0 \le t \le 1 \,\}$$

heißt die a und b verbindende **Gerade** oder **Strecke** (englisch: line segment).

(ii) Eine Kurve, die aus endlich vielen Strecken besteht, heißt **Polygonzug** oder **Streckenzug**.

2.6.9 Satz. *Eine offene Menge $U \subset \mathbb{R}^n$ ist genau dann zusammenhängend, wenn sich je zwei Punkte $a,b \in U$ durch einen Polygonzug verbinden lassen.*

Beweis. „$\Rightarrow$" Sei U zusammenhängend und sei a ein beliebiger Punkt aus U. Wir zeigen: Die Menge $U(a)$ aller Punkte aus U, die sich mit a durch einen Polygonzug in U verbinden lassen, ist offen: Ist nämlich $b \in U(a)$, so gibt es ein $\delta > 0$, so dass $U_\delta(b) \subset U$, und alle $x \in U_\delta(b)$ lassen sich durch eine Strecke mit b, also durch einen Polygonzug mit a verbinden, das heißt $U_\delta(b) \subset U(a)$, also ist $U(a)$ offen.

Genauso ist die Menge $V(a)$ aller Punkte aus U, die sich nicht mit a durch einen Polygonzug verbinden lassen, eine offene Menge: Ist nämlich $b \in V(a)$, so gibt es ein $\delta > 0$, so dass $U_\delta(b) \subset U$, und alle $x \in U_\delta(b)$ lassen sich mit b durch eine Strecke verbinden, aber nicht mit a durch einen Polygonzug, da auch a nicht mit b durch einen Polygonzug verbindbar ist.

Damit sind $U(a)$ und $V(a)$ offene Mengen mit

$$U(a) \cap V(a) = \emptyset, \ U(a) \cap U \ne \emptyset, \ U = U(a) \cup V(a).$$

Da U zusammenhängend ist, muss

$$V(a) \cap U = \emptyset$$

gelten, also ist $V(a) = \varnothing$, und damit ist $U = U(a)$ wie behauptet.

„$\Leftarrow$" Sei U polygonal zusammenhängend. Weil ein Polygonzug eine parametrisierte Kurve ist, ist U wegweise zusammenhängend und aufgrund von Satz 2.6.4 zusammenhängend. $\qquad\square$

Als Korollar erhalten wir:

2.6.10 Satz. *Eine offene Teilmenge des $\mathbb{R}^n$ ist genau dann zusammenhängend, wenn sie wegweise zusammenhängend ist.*

2.6.11 Definition. Eine Punktmenge $G \subset \mathbb{R}^n$ heißt **Gebiet**, falls G offen und zusammenhängend ist.

2.6.12 Satz. *Sei $D \subset \mathbb{R}^n$ wegweise zusammenhängend und sei $f : D \to \mathbb{R}^m$ eine stetige Abbildung. Dann ist auch $f(D)$ wegweise zusammenhängend.*

Beweis. Seien $c, d \in f(D)$, das heißt $c = f(a)$, $d = f(b)$, $a, b \in D$. Dann gibt es eine stetige Abbildung $\gamma : [0,1] \to D$ mit $\gamma(0) = a$, $\gamma(1) = b$. Sei

$$\widetilde{\gamma} := f \circ \gamma : [0,1] \to \mathbb{R}^m.$$

Dann ist $\widetilde{\gamma}$ stetig mit $\widetilde{\gamma}([0,1]) \subset f(D)$ und

$$\widetilde{\gamma}(0) = f(\gamma(0)) = f(a) = c,$$
$$\widetilde{\gamma}(1) = f(\gamma(1)) = f(b) = d. \qquad\square$$

2.6.13 Satz. *Sei $D \subset \mathbb{R}^n$ zusammenhängend und sei $f : D \to \mathbb{R}^m$ eine stetige Abbildung. Dann ist auch $f(D)$ zusammenhängend.*

Beweis. Angenommen, die Behauptung wäre falsch. Dann gibt es offene Mengen $U, V \subset \mathbb{R}^m$ mit

$$U \cap V \cap f(D) = \varnothing, \; U \cap f(D) \neq \varnothing, \; V \cap f(D) \neq \varnothing, \; f(D) \subset U \cup V.$$

Aufgrund der Stetigkeit von f, beziehungsweise aufgrund von Satz 2.3.10, sind $f^{-1}(U)$ und $f^{-1}(V) \subset \mathbb{R}^n$ relativ offen in D, und es folgt, dass

$$f^{-1}(U) \cap f^{-1}(V) = f^{-1}(U \cap V) = \varnothing,$$
$$f^{-1}(U) \neq \varnothing, \; f^{-1}(V) \neq \varnothing,$$
$$D = f^{-1}(f(D)) \subset f^{-1}(U \cup V) = f^{-1}(U) \cup f^{-1}(V) \subset D,$$

was im Widerspruch dazu steht, dass D zusammenhängend ist. $\qquad\square$

2.6.14 Zwischenwertsatz von Bolzano. *Sei $D \subset \mathbb{R}^n$ zusammenhängend und sei $f : D \to \mathbb{R}$ eine stetige Funktion auf D. Seien $a, b \in D$ mit $f(a) \le f(b)$. Dann gibt es zu jedem $c \in [f(a), f(b)]$ ein $x \in D$ mit $f(x) = c$.*

Beweis. Wegen Satz 2.6.13 ist $f(D)$ zusammenhängend. Nach Lemma 2.6.6 gilt deshalb $[f(a), f(b)] \subset f(D)$, mit anderen Worten gibt es zu jedem $c \in [f(a), f(b)]$ ein $x \in D$ mit $f(x) = c$ wie behauptet. $\square$

2.7 Gleichmäßige Konvergenz

2.7.1 Definition. Seien $f_k : D \to \mathbb{R}^m$ und $f : D \to \mathbb{R}^m$ Abbildungen auf einer Punktmenge $D \subset \mathbb{R}^n$, $k \in \mathbb{N}$.

(i) Dann heißt die Funktionenfolge $(f_k)_{k \in \mathbb{N}}$ **(punktweise) konvergent** gegen f, wenn für alle $x \in D$ gilt, dass

$$f_k(x) \to f(x) \text{ für } k \to \infty.$$

(ii) Die Folge $(f_k)_{k \in \mathbb{N}}$ heißt **gleichmäßig konvergent** gegen f, in Zeichen

$$f_k \xrightarrow{\text{glm}} f \text{ oder } f_k \to f \text{ glm. für } k \to \infty$$

oder

$$f(x) = \lim_{k \to \infty} f_k(x) \text{ glm. für alle } x \in D,$$

wenn es zu jedem $\varepsilon > 0$ ein $N = N(\varepsilon) \in \mathbb{N}$ gibt mit

$$|f_k(x) - f(x)| < \varepsilon \text{ für alle } k \in \mathbb{N},\ k \ge N \text{ und alle } x \in D.$$

2.7.2 Lemma. *Die Konvergenz $f_k \to f$ ist genau dann gleichmäßig auf D, wenn*

$$\lim_{k \to \infty} \left(\sup_{x \in D} |f_k(x) - f(x)| \right) = 0.$$

2.7.3 Cauchysches Konvergenzkriterium. *Eine Folge $(f_k)_{k \in \mathbb{N}}$ von Abbildungen $f_k : D \to \mathbb{R}^m$ auf D konvergiert genau dann gleichmäßig gegen eine Abbildung $f : D \to \mathbb{R}^m$, wenn es zu jedem $\varepsilon > 0$ ein $N = N(\varepsilon)$ gibt mit*

$$|f_k(x) - f_\ell(x)| < \varepsilon \text{ für alle } k, \ell \in \mathbb{N},\ k, \ell \ge N \text{ und alle } x \in D.$$

Beweis. Die Notwendigkeit des Cauchyschen Konvergenzkriteriums folgt mit Hilfe der Dreiecksungleichung direkt aus der Definition 2.7.1 (ii) für gleichmäßige Konvergenz. Wir zeigen, dass die Bedingung auch hinreichend ist:

Für jedes feste $x \in D$ ist $(f_k(x))_{k \in \mathbb{N}}$ eine Cauchy-Folge. Wegen der Vollständigkeit des $\mathbb{R}^m$ existiert

$$f(x) := \lim_{k \to \infty} f_k(x) \text{ für alle } x \in D.$$

Sei $\varepsilon > 0$. Wegen $|f_k(x) - f_\ell(x)| < \varepsilon$ für alle $k, \ell \in \mathbb{N}$, $k, \ell \geq N$ und $x \in D$ folgt durch Grenzübergang $\ell \to \infty$, dass

$$|f_k(x) - f(x)| < \varepsilon \text{ für alle } k \in \mathbb{N}, \ k \geq N \text{ und } x \in D.$$

Also konvergiert $(f_k)_{k \in \mathbb{N}}$ gleichmäßig gegen f. $\qquad\qquad\qquad\qquad\square$

2.7.4 Satz. *Sei $f_k \to f$ gleichmäßig auf D und sei $a \in \mathbb{R}^n$ ein Häufungspunkt von D. Existieren die Grenzwerte*

$$c_k := \lim_{x \to a} f_k(x) \in \mathbb{R}^m \text{ für alle } k \in \mathbb{N},$$

dann existiert der Grenzwert $c := \lim_{x \to a} f(x) \in \mathbb{R}^m$ und es gilt die Grenzwertbeziehung

$$\lim_{x \to a} f(x) = \lim_{k \to \infty} c_k,$$

mit anderen Worten,

$$\lim_{x \to a} \left(\lim_{k \to \infty} f_k(x) \right) = \lim_{k \to \infty} \left(\lim_{x \to a} f_k(x) \right).$$

Beweis. Sei $\varepsilon > 0$. Wähle $N \in \mathbb{N}$ so, dass

$$|f_k(x) - f_\ell(x)| < \frac{\varepsilon}{3} \text{ für alle } k, \ell \in \mathbb{N}, \ k, \ell \geq N \text{ und } x \in D.$$

Durch Grenzübergang $x \to a$ erhält man

$$|c_k - c_\ell| \leq \frac{\varepsilon}{3} \text{ für alle } k, \ell \in \mathbb{N}, \ k, \ell \geq N.$$

Also konvergiert die Folge $(c_k)_{k \in \mathbb{N}}$. Sei $c := \lim_{k \to \infty} c_k$. Durch Grenzübergang $\ell \to \infty$ hat man

$$|c_k - c| \leq \frac{\varepsilon}{3}, \ |f(x) - f_k(x)| \leq \frac{\varepsilon}{3} \text{ für alle } k \in \mathbb{N}, \ k \geq N \text{ und } x \in D.$$

Wegen $c_N = \lim\limits_{x \to a} f_N(x)$ kann man $\delta > 0$ so klein wählen, dass

$$|f_N(x) - c_N| < \frac{\varepsilon}{3} \text{ für alle } x \in D, \ |x - a| < \delta, \ x \neq a.$$

Es folgt, dass

$$|f(x) - c| \leq |f(x) - f_N(x)| + |f_N(x) - c_N| + |c_N - c|$$
$$< \frac{\varepsilon}{3} + \frac{\varepsilon}{3} + \frac{\varepsilon}{3} = \varepsilon$$

für alle $x \in D$ mit $|x - a| < \delta$, $x \neq a$. Also ist $\lim\limits_{x \to a} f(x) = c$. $\square$

Der Satz besagt, dass das folgende Diagramm kommutiert:

$$
\begin{array}{ccc}
f_k(x) & \xrightarrow{\ x \to a\ } & c_k \\
{\scriptstyle k \to \infty}\Big\downarrow & & \Big\downarrow{\scriptstyle k \to \infty} \\
f(x) & \xrightarrow[\ x \to a\ ]{} & c
\end{array}
$$

Als Korollar ergibt sich:

2.7.5 Satz. *Sei $(f_k)_{k \in \mathbb{N}}$ eine Folge von Abbildungen auf D, die im Punkt $a \in D$ stetig beziehungsweise stetig auf D oder gleichmäßig stetig auf D sind. Außerdem sei $f_k \to f$ gleichmäßig auf D für $k \to \infty$. Dann ist f im Punkt $a \in D$ stetig beziehungsweise stetig auf D oder gleichmäßig stetig auf D.*

Wir geben noch Bedingungen an, unter denen eine einfach, das heißt punktweise, konvergente Funktionenfolge auch gleichmäßig konvergiert.

2.7.6 Satz von Dini. *Es sei K eine kompakte Menge im $\mathbb{R}^n$, und $(f_k)_{k \in \mathbb{N}}$ sei eine monotone Folge von stetigen Funktionen $f_k : K \to \mathbb{R}$, die punktweise gegen eine stetige Funktion f konvergiert. Dann konvergiert sie sogar gleichmäßig auf K gegen f.*

Beweis. Ohne Beschränkung der Allgemeinheit können wir annehmen, dass

$$f_k(x) \downarrow 0 \text{ für alle } x \in K,$$

das heißt $f_{k+1}(x) \leq f_k(x)$ für $x \in K$ und $k \in \mathbb{N}$ und $f_k(x) \to 0$ für $x \in K$. Sei $\varepsilon > 0$. Ist $a \in K$, dann gibt es ein $N = N(\varepsilon, a) \in \mathbb{N}$, so dass

$$0 \leq f_N(a) < \frac{\varepsilon}{2}.$$

Weil f_N stetig ist, gibt es ein $\delta = \delta(\varepsilon, a) > 0$ mit

$$|f_N(x) - f_N(a)| < \frac{\varepsilon}{2} \text{ für alle } x \in K \cap U_\delta(a).$$

Für alle $x \in K \cap U_\delta(a)$ gilt also

$$0 \le f_N(x) \le |f_N(x) - f_N(a)| + f_N(a) < \frac{\varepsilon}{2} + \frac{\varepsilon}{2} = \varepsilon.$$

Wir betrachten das offene Überdeckungssystem $\mathcal{U} := \{ U_\delta(a) \mid a \in K \}$ von K, dabei ist $\delta = \delta(\epsilon, a)$. Wegen der Kompaktheit von K gibt es nach dem Heine-Borelschen Überdeckungssatz 1.4.14 endlich viele Punkte $a_1, \ldots, a_{N'}$ mit

$$K \subset \bigcup_{\ell=1}^{N'} U_\delta(a_\ell),$$

wobei $\delta = \delta(\varepsilon, a_\ell)$. Sei $N_0 := \max \{ N(\varepsilon, a_1), \ldots, N(\varepsilon, a_{N'}) \}$ und sei $x \in K$. Dann gibt es ein $\ell \in \{ 1, \ldots, N' \}$ mit $x \in U_\delta(a_\ell)$, und für alle $k \in \mathbb{N}$, $k \ge N_0$ folgt, dass

$$0 \le f_k(x) \le f_{N_0}(x) \le f_N(x) < \varepsilon,$$

dabei ist $N = N(\varepsilon, a_\ell)$. Deshalb ist die Konvergenz gleichmäßig. $\qquad\square$

2.7.7 Definition. Sei $(f_k)_{k=0}^\infty$ sei eine Folge von Funktionen $f_k : D \to \mathbb{R}$ auf D. Dann ist die **Funktionenreihe** $\sum_{k=0}^\infty f_k$ definiert als die Folge der Partialsummen $(s_n)_{n=0}^\infty$,

$$s_n(x) := \sum_{k=0}^n f_k(x) \text{ für alle } x \in D \text{ und alle } n \in \mathbb{N}_0.$$

Die Reihe $\sum_{k=0}^\infty f_k$ heißt **(punktweise) konvergent** auf D, wenn die Folge $(s_n)_{n=0}^\infty$ für alle $x \in D$ konvergiert. Sie **konvergiert gleichmäßig** auf D, wenn die Folge $(s_n)_{n=0}^\infty$ auf D gleichmäßig konvergiert.

2.7.8 Weierstraßscher M-Test. *Sei $(f_k)_{k=0}^\infty$ eine Funktionenfolge auf $D \subset \mathbb{R}^n$. Für alle $k \in \mathbb{N}_0$ sei*

$$|f_k(x)| \le M_k \in \mathbb{R} \text{ für alle } x \in D \text{ mit } \sum_{k=0}^\infty M_k < +\infty.$$

Dann konvergiert die Reihe $\sum_{k=0}^\infty f_k$ gleichmäßig auf D.

Beweis. Sei $\varepsilon > 0$ vorgegeben und $N = N(\varepsilon)$ sei so gewählt, dass

$$\sum_{k=n+1}^{m} M_k = \sum_{k=0}^{m} M_k - \sum_{k=0}^{n} M_k < \varepsilon \text{ für alle } m, n \in \mathbb{N}, \ m > n \geq N.$$

Dann ist

$$|s_m - s_n| = \left| \sum_{k=n+1}^{m} f_k(x) \right| \leq \sum_{k=n+1}^{m} M_k < \varepsilon$$

für alle $m, n \in \mathbb{N}$, $m > n \geq N$ und $x \in D$. Also konvergiert $(s_n)_{n=0}^{\infty}$ nach dem Cauchyschen Konvergenzkriterium 2.7.3 gleichmäßig auf D. $\square$

3 Differentialrechnung mehrerer Variablen

Wir wollen nun die Differentialrechnung für reelle Funktionen in Abhängigkeit von n Variablen $x_1, \ldots, x_n$ entwickeln. Dabei betrachten wir immer Funktionen $f : U \to \mathbb{R}$, $x \mapsto y = f(x) = f(x_1, \ldots, x_n)$, die in einer offenen Teilmenge U des $\mathbb{R}^n$, $n \in \mathbb{N}$, erklärt sind.

3.1 Partiell differenzierbare Funktionen

3.1.1 Definition. (i)   Sei $f : U \to \mathbb{R}$ eine in einer offenen Menge $U \subset \mathbb{R}^n$ erklärte Funktion, $a = (a_1, \ldots, a_n)$ ein Punkt in U und $i \in \{1, \ldots, n\}$. Existiert der Grenzwert

$$\frac{\partial f}{\partial x_i}(a) = f_{x_i}(a) := \lim_{t \to a_i} \frac{f(a_1, \ldots, a_{i-1}, t, a_{i+1}, \ldots, a_n) - f(a)}{t - a_i},$$

so heißt f im Punkt oder an der Stelle a nach x_i **partiell differenzierbar** und $\frac{\partial f}{\partial x_i}(a)$ ist die **partielle Ableitung** von f nach x_i.

(ii)   Existieren alle partiellen Ableitungen $\frac{\partial f}{\partial x_1}(a)$, $\ldots$, $\frac{\partial f}{\partial x_n}(a)$ von f nach $x_1, \ldots, x_n$, so heißt f im Punkt a **partiell differenzierbar**. Der Vektor

$$\nabla f(a) := \left(\frac{\partial f}{\partial x_1}(a), \ldots, \frac{\partial f}{\partial x_n}(a) \right)$$

heißt **Gradient** von f an der Stelle a.

(iii)   Wenn die partiellen Ableitungen $\frac{\partial f}{\partial x_1}(x)$, $\ldots$, $\frac{\partial f}{\partial x_n}(x)$ für alle $x \in U$ existieren, so heißt f in U **partiell differenzierbar**; stellen sie in U stetige Funktionen dar, so heißt f in U **stetig (partiell) differenzierbar**, in Zeichen $f \in C^1(U)$.

3.1.2 Bemerkungen. (i) $\frac{\partial f}{\partial x_i}(a)$ ist die Änderungsrate von f an der Stelle a in Richtung der x_i-Achse (vergleiche Abbildungen 3.1 und 3.2).

(ii)   Die partielle Ableitung $\frac{\partial f}{\partial x_i}(a)$ ist in dem folgenden Sinn eine gewöhnliche: Sei $\varepsilon > 0$ so klein, dass $U_\varepsilon(a) = \{ x \in \mathbb{R}^n \mid |x - a| < \varepsilon \} \subset U$ gilt. Sei weiter

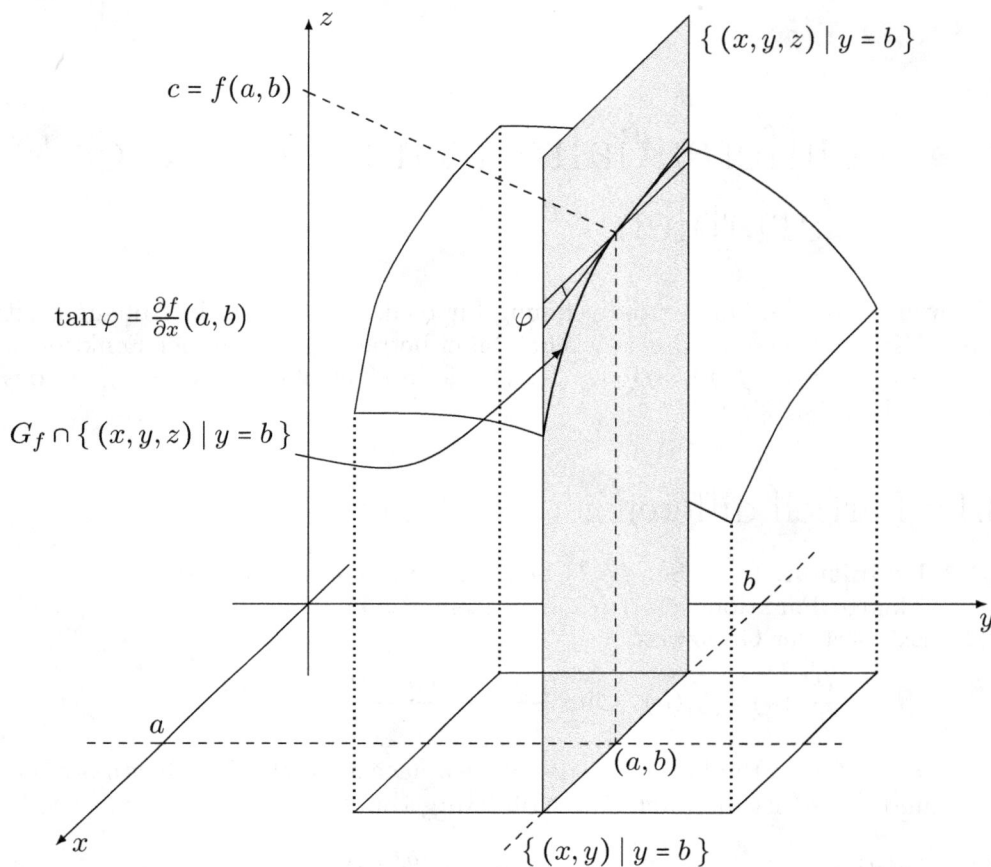

Abbildung 3.1: $\frac{\partial f}{\partial x}(a,b)$ *ist die Änderungsrate von f in Richtung der x-Achse.*

$\gamma_i : (a_i - \varepsilon, a_i + \varepsilon) \to U_\varepsilon(a)$, $\gamma_i(t) := (a_1, \ldots, a_{i-1}, t, a_{i+1}, \ldots, a_n)$, eine Gerade durch a parallel zur x_i-Achse und sei die Funktion $f_i : (-\varepsilon, \varepsilon) \to \mathbb{R}$ definiert durch

$$f_i(t) := (f \circ \gamma_i)(t) = f(a_1, \ldots, a_{i-1}, t, a_{i+1}, \ldots, a_n)$$

für $|t| < \varepsilon$.

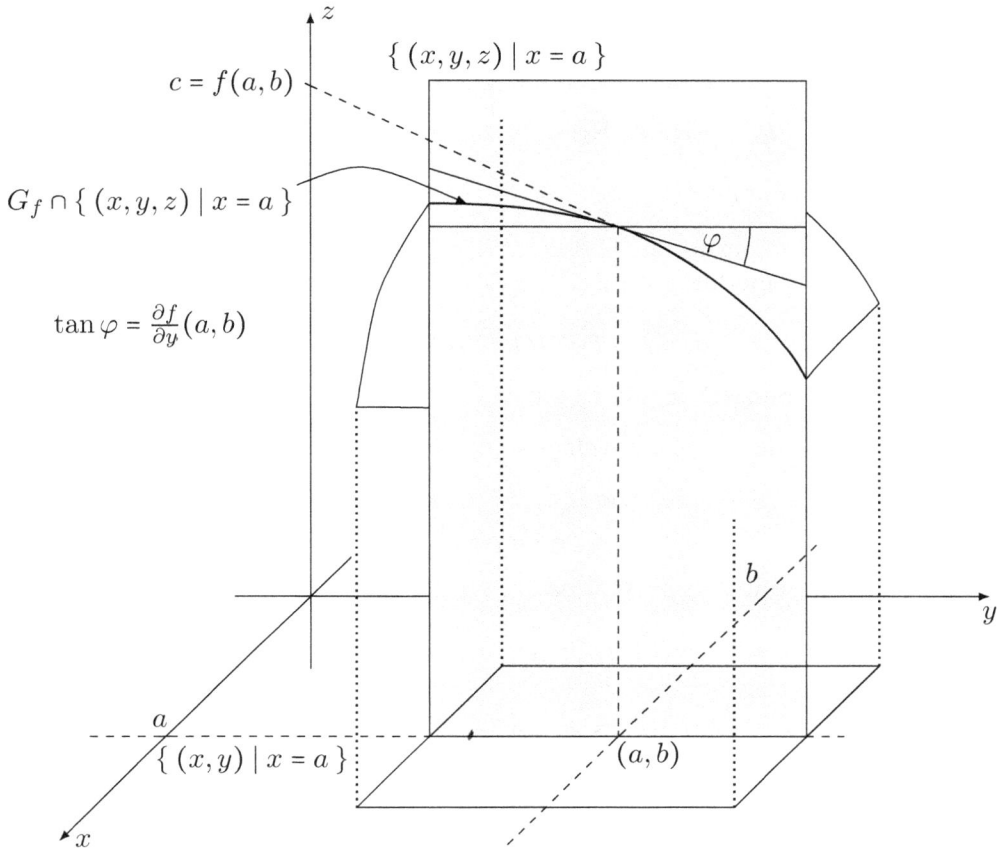

Abbildung 3.2: $\frac{\partial f}{\partial y}(a,b)$ *ist die Änderungsrate von* f *in Richtung der* y*-Achse*

Existiert die Ableitung von f_i an der Stelle a_i, so gilt

$$f_i'(a_i) = \lim_{t \to a_i} \frac{f_i(t) - f_i(a_i)}{t - a_i}$$

$$= \lim_{t \to a_i} \frac{f(a_1, \ldots, a_{i-1}, t, a_{i+1}, \ldots, a_n) - f(a)}{t - a_i}$$

$$= \frac{\partial f}{\partial x_i}(a).$$

(iii) Um die partielle Ableitung $\frac{\partial f}{\partial x_i}(a)$ der Funktion f an der Stelle a für ein $i \in \{1, \ldots, n\}$ erklären zu können genügt es, dass die Funktion f auf einer Teilmenge $D \subset \mathbb{R}^n$ definiert ist, für welche $a \in D$ ein Häufungspunkt von $D \cap \{ (a_1, \ldots, a_{i-1}, t, a_{a+1}, \ldots, a_n) \mid t \in \mathbb{R} \}$ ist. Wir wollen aber annehmen, dass der Definitionsbereich von f eine offene Menge ist, weil dies im Allgemeinen sinnvoller und anschaulicher ist.

3.1.3 Beispiel. Seien $p, q \in \mathbb{N}$. Sei

$$f(x) = f(x_1, x_2) := x_1^p x_2^q \text{ für } x = (x_1, x_2) \in \mathbb{R}^2.$$

Wir wollen die Definition der Differenzierbarkeit im Punkt $a = (a_1, a_2)$ durchspielen: Gemäß Bemerkung 3.1.2 (i) betrachtet man die Funktion

$$f_1(t) := f(t, a_2) = t^p a_2^q \text{ für } t \in \mathbb{R}.$$

f_1 ist auf $\mathbb{R}$ differenzierbar und es gilt

$$f_1'(t) = p t^{p-1} a_2^q,$$

weshalb

$$f_1'(a_1) = p a_1^{p-1} a_2^q.$$

Deshalb ist f im Punkt a partiell nach x_1 differenzierbar und es gilt

$$\frac{\partial f}{\partial x_1}(a) = f_1'(a) = p a_1^{p-1} a_2^q.$$

Natürlich geht man in der Praxis so vor, dass man sich die Variable x_2 lediglich als festgehalten denkt und unmittelbar

$$\frac{\partial f}{\partial x_1} = \frac{\partial \left(x_1^p x_2^q \right)}{\partial x_1} \overset{x_2^q = \text{const}}{=} p x_1^{p-1} x_2^q$$

berechnet, weshalb

$$\frac{\partial f}{\partial x_1}(a) = p x_1^{p-1} x_2^q \Big|_{x=a} = p a_1^{p-1} a_2^q.$$

3.1.4 Lemma und Definition. *(i)   Sei $f : U \to \mathbb{R}$ im Punkt $a \in U$ nach x_i partiell differenzierbar, das heißt, für dieses $i \in \{ 1, \ldots, n \}$ existiert die partielle Ableitung $\frac{\partial f}{\partial x_i}(a)$. Dann ist f im Punkt a **in Richtung der x_i-Achse stetig**, das heißt, es gilt*

$$\lim_{t \to a_i} f(a_1, \ldots, a_{i-1}, t, a_{i+1}, \ldots, a_n) = f(a). \qquad (3.1)$$

*(ii)   Ist f im Punkt $a \in U$ partiell differenzierbar, das heißt, existieren alle partiellen Ableitungen $\frac{\partial f}{\partial x_1}(a)$, $\ldots$, $\frac{\partial f}{\partial x_n}(a)$, so ist f im Punkt a **in allen Achsenrichtungen stetig**, das heißt, die Limesrelation (3.1) gilt für alle $i = 1, \ldots, n$.*

3.1.5 Beispiel. Die Funktion

$$f(x,y) := \begin{cases} \frac{2xy}{x^2+y^2} & \text{für } (x,y) \neq (0,0) \\ 0 & \text{für } (x,y) = (0,0) \end{cases}$$

ist für alle $(x,y) \neq (0,0)$ partiell differenzierbar, zum Beispiel ist dort

$$f_x(x,y) = \frac{(x^2+y^2)2y - 2xy \cdot 2x}{(x^2+y^2)^2} = \frac{2y^3 - 2x^2 y}{(x^2+y^2)^2}.$$

Wegen $f(x,0) = 0 = f(0,y)$ für alle $x,y \in \mathbb{R}$ ist f auch im Punkt $(x,y) = (0,0)$ partiell differenzierbar und es gilt

$$f_x(0,0) = 0 = f_y(0,0).$$

Aber f ist nicht im Punkt $(0,0)$ stetig, denn in Polarkoordinaten $x = r\cos\varphi$, $y = r\sin\varphi$ gilt für $(x,y) \neq (0,0)$:

$$f(x,y) = \frac{2r^2 \cos\varphi \sin\varphi}{r^2} = \sin 2\varphi.$$

f ist unabhängig von r und gleich 0 für $\varphi = 0, \pm\frac{\pi}{2}, \pi$ und beispielsweise gleich 1 für $\varphi = \frac{\pi}{4}$.

Zur Formulierung der Kettenregel ist es sinnvoll, m Funktionen $f_1, \ldots, f_m$, $m \in \mathbb{N}$, zu einer Abbildung

$$f = (f_1, \ldots, f_m) : U \to \mathbb{R}^m, \ x \mapsto y = f(x) := (f_1(x), \ldots, f_m(x))$$

zusammenzufassen. Die partielle Differenzierbarkeit von solchen Abbildungen ist komponentenweise erklärt:

3.1.6 Definition. (i) Eine Abbildung $f = (f_1, \ldots, f_m) : U \to \mathbb{R}^m$, $m \in \mathbb{N}$, heißt im Punkt oder an der Stelle $a \in U$ **partiell differenzierbar**, wenn die partiellen Ableitungen $\frac{\partial f_1}{\partial x_1}(a), \frac{\partial f_1}{\partial x_2}(a), \ldots, \frac{\partial f_m}{\partial x_n}(a)$ der Komponentenfunktionen $f_1, \ldots, f_m : U \to \mathbb{R}$ an der Stelle a existieren.

(ii) Wenn die partiellen Ableitungen $\frac{\partial f_1}{\partial x_1}(x), \frac{\partial f_1}{\partial x_2}(x), \ldots, \frac{\partial f_m}{\partial x_n}(x)$ für alle $x \in U$ existieren, so heißt f in U **partiell differenzierbar**. f gehört zur Klasse $C^1(U, \mathbb{R}^m)$ der in U **stetig (partiell) differenzierbaren Abbildungen**, falls alle Komponentenfunktionen $f_1, \ldots, f_m$ zur Klasse $C^1(U)$ gehören.

3.1.7 Satz. *Seien $U \subset \mathbb{R}^n$, $V \subset \mathbb{R}^m$ offene Mengen. Sei $f : U \to \mathbb{R}^m$ eine in U partiell differenzierbare Abbildung mit $f(U) \subset V$ und sei $g : V \to \mathbb{R}$ eine C^1-Funktion auf V. Dann ist die Funktion $h := g \circ f : U \to \mathbb{R}$, $h(x) = g(f(x))$, in U partiell differenzierbar und für alle $x \in U$ und alle $i = 1, \ldots, n$ gilt die* **Kettenregel**

$$\frac{\partial h}{\partial x_i}(x) = \sum_{j=1}^{m} \frac{\partial g}{\partial y_j}(f(x)) \frac{\partial f_j}{\partial x_i}(x).$$

Beweis. Es genügt, den Fall $n = 1$ und $U \subset \mathbb{R}$ ein offenes Intervall zu untersuchen. Zu zeigen ist die partielle Differenzierbarkeit von $h = g \circ f : U \to \mathbb{R}$ sowie die Darstellung

$$h'(x) = \sum_{j=1}^{m} \frac{\partial g}{\partial y_j}(f(x)) f_j'(x).$$

Sei $a \in U$ und sei $b := f(a) \in V$. Sei $V(b) = V_\varepsilon(b)$ eine offene Kugel im $\mathbb{R}^m$ mit $V(b) \subset V$. Als differenzierbare Abbildung einer Variablen ist f auf U stetig. Deshalb gibt es ein offenes Intervall $I(a) = I_\delta(a) \subset U$ mit $f(I(a)) \subset V(b)$. Für alle $x \in I(a)$ gilt dann $y = (y_1, \ldots, y_m) = f(x) = (f_1(x), \ldots, f_m(x)) \in V(b)$ sowie

$$
\begin{aligned}
h(x) - h(a) &= g(f(x)) - g(f(a)) \\
&= g(y) - g(b) \\
&= g(y_1, \ldots, y_m) - g(y_1, \ldots, y_{m-1}, b_m) \\
&\quad + g(y_1, \ldots, y_{m-1}, b_m) - g(y_1, \ldots, y_{m-2}, b_{m-1}, b_m) \\
&\quad + \cdots \\
&\quad + g(y_1, b_2, \ldots, b_m) - g(b_1, \ldots, b_m) \\
&= g\left(y^{(m)}\right) - g\left(y^{(m-1)}\right) \\
&\quad + g\left(y^{(m-1)}\right) - g\left(y^{(m-2)}\right) \\
&\quad + \cdots \\
&\quad + g\left(y^{(1)}\right) - g\left(y^{(0)}\right),
\end{aligned}
$$

wobei die Punkte $y^{(0)} := b$, $y^{(j)} := (y_1, \ldots, y_j, b_{j+1}, \ldots, b_m)$ für $j = 1, \ldots, m - 1$ und $y^{(m)} := y$ in $V(b)$ liegen (vergleiche Abbildung 3.3).

Wir betrachten nun die Funktionen

$$g_j(t) := g(y_1, \ldots, y_{j-1}, t, b_{j+1}, \ldots, b_m)$$

für $t \in J$ und $j = 1, \ldots, m$, dabei ist

$$J := \begin{cases} (b_j - \epsilon, y_j + \epsilon) & \text{für } y_j \geq b_j, \\ (y_j - \epsilon, b_j + \epsilon) & \text{für } b_j > y_j. \end{cases}$$

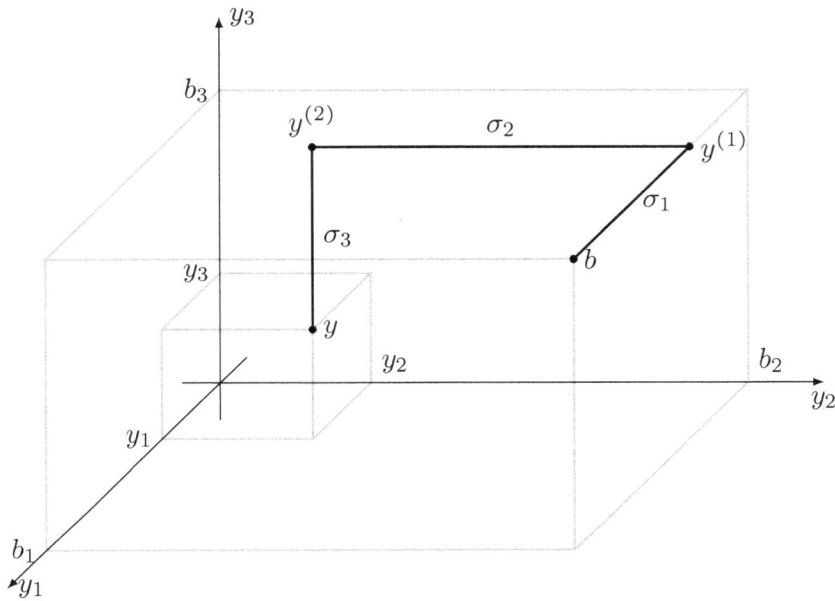

Abbildung 3.3: *Beweis der Kettenregel*

$\epsilon > 0$ ist dabei so klein gewählt, dass die Segmente

$$\sigma_j := \left\{ (y_1, \ldots, y_{j-1}, t, b_{j+1}, \ldots, b_m) \mid t \in J \right\}$$

noch in $V(b)$ liegen. Wir haben dann $g_j(y_j) = g(y^{(j)})$ und $g_j(b_j) = g\left(y^{(j-1)}\right)$. Wendet man auf die Differenzen den Mittelwertsatz der Differentialrechnung einer Variablen an, so ergibt sich, dass

$$h(x) - h(a) = \sum_{j=1}^{m} \left(g_j(y_j) - g_j(b_j) \right)$$

$$= \sum_{j=1}^{m} g_j'\left(\tau^{(j)}\right)(y_j - b_j)$$

$$= \sum_{j=1}^{m} \frac{\partial g}{\partial y_j}\left(\xi^{(j)}\right)(f_j(x) - f_j(a))$$

mit Zwischenstellen $\xi^{(j)} = \left(y_1, \ldots, y_{j-1}, \tau^{(j)}, b_{j+1}, \ldots, b_n\right)$, $\left|\tau^{(j)} - b_j\right| < |y_j - b_j|$, für welche deshalb $\left|\xi^{(j)} - b\right| < |y - b|$ für $j = 1, \ldots, m$ gilt. Aufgrund der Stetigkeit von f auf dem Intervall I hat man also $\xi^{(j)} \to b = f(a)$ für $x \to a$ und deshalb folgt, dass

$$\frac{h(x) - h(a)}{x - a} = \sum_{j=1}^{m} \frac{\partial g}{\partial y_j}(\xi^{(j)}) \frac{f_j(x) - f_j(a)}{x - a} \rightarrow \sum_{j=1}^{m} \frac{\partial g}{\partial y_j}(b) f_j'(a)$$

für $x \rightarrow a$, $x \neq a$, wegen der Stetigkeit der partiellen Ableitungen von g und der Differenzierbarkeit von f, womit die Behauptung bewiesen ist. $\square$

3.1.8 Beispiele. (i)   Wir betrachten die Funktionen

$$g(y) := y_1^2 + y_2^2 \text{ für } y = (y_1, y_2) \in \mathbb{R}^2,$$
$$y_1 = f_1(x) = f_1(x_1, x_2) := x_1 \cos x_2,$$
$$y_2 = f_2(x) = f_2(x_1, x_2) := x_2 \sin x_1$$

für $x = (x_1, x_2) \in \mathbb{R}^2$. Sei $h(x) := g(f(x))$, $f(x) = (f_1(x), f_2(x))$. Nach der Kettenregel ist zum Beispiel

$$\frac{\partial h}{\partial x_1}(x) = \frac{\partial g}{\partial y_1}(f(x))\frac{\partial f_1}{\partial x_1}(x) + \frac{\partial g}{\partial y_2}(f(x))\frac{\partial f_2}{\partial x_1}(x)$$

$$= 2y_1\Big|_{y_1 = x_1 \cos x_2} \cos x_2 + 2y_2\Big|_{y_2 = x_2 \sin x_1} x_2 \cos x_1$$

$$= 2x_1 \cos^2 x_2 + 2x_2^2 \cos x_1 \sin x_1.$$

Dies kann man auch durch direktes Einsetzen so berechnen: Es gilt

$$h(x) = g(f(x)) = g(y)\Big|_{y = f(x)}$$

$$= (y_1^2 + y_2^2)\Big|_{\substack{y_1 = x_1 \cos x_2 \\ y_2 = x_2 \sin x_1}} = x_1^2 \cos^2 x_2 + x_2^2 \sin^2 x_1,$$

weshalb

$$\frac{\partial h}{\partial x_1} = 2x_1 \cos^2 x_2 + 2x_2^2 \sin x_1 \cos x_1.$$

(ii)   Sei

$$h(x) := \exp(x_1^2 + x_1 x_2 + x_2^2).$$

Wir können die partiellen Ableitungen natürlich direkt berechnen, lösen den Ausdruck aber auf und setzen

$$y_1 = f_1(x_1, x_2) := x_1^2,$$
$$y_2 = f_2(x_1, x_2) := x_1 x_2,$$
$$y_3 = f_3(x_1, x_2) := x_2^2,$$
$$z = g(y) = g(y_1, y_2, y_3) := \exp(y_1 + y_2 + y_3).$$

Nach der Kettenregel ist

$$\frac{\partial h}{\partial x_1}(x) = \frac{\partial g}{\partial y_1}(f(x))\frac{\partial f_1}{\partial x_1}(x) + \frac{\partial g}{\partial y_2}(f(x))\frac{\partial f_2}{\partial x_1}(x)$$

$$+ \frac{\partial g}{\partial y_3}(f(x))\frac{\partial f_3}{\partial x_1}(x)$$

$$= (\exp(y_1 + y_2 + y_3)\cdot 2x_1 + \exp(y_1 + y_2 + y_3)\cdot x_2$$

$$+ \exp(y_1 + y_2 + y_3)\cdot 0)\Big|_{\substack{y_1 = x_1^2 \\ y_2 = x_1 x_2 \\ y_3 = x_2^2}}$$

$$= (2x_1 + x_2)\exp(x_1^2 + x_1 x_2 + x_2^2).$$

3.1.9 Mittelwertsatz. *Sei* $f : U \to \mathbb{R}$ *eine* C^1*-Funktion. Seien* x, x' *zwei Punkte in* U, *so dass das Segment* $\sigma(x, x') = \{\,(1-t)x + tx' \mid t \in [0,1]\,\}$ *in* U *liegt. Dann gibt es einen Punkt* $\xi \in \sigma(x, x')$, $\xi \neq x, x'$, *mit*

$$f(x') - f(x) = \sum_{i=1}^{n} \frac{\partial f}{\partial x_i}(\xi)(x_i' - x_i) = \nabla f(\xi)\cdot(x' - x),$$

das heißt, es gibt ein $t \in (0,1)$ *mit*

$$f(x') - f(x) = \nabla f((1-t)x + tx')\cdot(x' - x).$$

Beweis. Sei $\gamma(t) := (1-t)x + tx'$ für $0 \leq t \leq 1$ eine Parametrisierung von $\sigma(x, x')$. Sei $h(t) := f(\gamma(t)) = f((1-t)x + tx')$. Dann ist nach der Kettenregel, Satz 3.1.7, $h \in C^1(0,1)$, also insbesondere differenzierbar in $(0,1)$ und als Funktion einer Variablen dort auch stetig. h ist sogar stetig auf $[0,1]$, weil das Segment $\{\,(1-t)x + tx' \mid t \in (-\epsilon, 1+\epsilon)\,\}$ für hinreichend kleines $\epsilon > 0$ noch in U liegt. Aus dem Mittelwertsatz der Differentialrechnung einer Variablen und der Kettenregel folgt deshalb, dass

$$f(x') - f(x) = h(1) - h(0) = h'(t)$$

$$= \sum_{i=1}^{n} \frac{\partial f}{\partial x_i}((1-t)x + tx')(x_i' - x_i)$$

$$= \nabla f((1-t)x + tx')\cdot(x' - x)$$

mit einem $t \in (0,1)$. $\qquad\qquad\square$

3.1.10 Satz. *Jede stetig differenzierbare Funktion* $f : U \to \mathbb{R}$ *ist in* U *stetig, das heißt, aus* $f \in C^1(U)$ *folgt, dass* $f \in C^0(U)$.

Beweis. Dies ist ein Korollar zum Mittelwertsatz.   □

3.1.11 Mittelwertsatz in Integralform. *Sei* $f : U \to \mathbb{R}$ *stetig differenzierbar in* U. *Seien* $x, x' \in U$ *mit* $\sigma(x, x') \subset U$. *Dann gilt*

$$f(x') - f(x) = \sum_{i=1}^{n} \int_0^1 \frac{\partial f}{\partial x_i}((1-t)x + tx')dt \, (x_i' - x_i)$$

$$= \int_0^1 \nabla f((1-t)x + tx')dt \cdot (x' - x).$$

Beweis. Es sei $h(t) := f(\gamma(t)) = f((1-t)x + tx')$ für $0 \leq t \leq 1$. Dann ist nach der Kettenregel

$$h'(t) = \sum_{i=1}^{n} \frac{\partial f}{\partial x_i}\left((1-t)\,x + tx'\right)\left(x_i' - x_i\right) = \nabla f((1-t)x + tx')) \cdot (x' - x).$$

Aus dem Hauptsatz der Differential- und Integralrechnung folgt, dass

$$f(x') - f(x) = h(1) - h(0)$$

$$= \int_0^1 h'(t)dt$$

$$= \sum_{i=1}^{n} \int_0^1 \frac{\partial f}{\partial x_i}((1-t)x + tx')dt \, (x_i' - x_i)$$

$$= \int_0^1 \nabla f((1-t)x + tx')dt \cdot (x' - x). \qquad □$$

3.1.12 Bemerkung. In dieser Form gilt der Mittelwertsatz auch für vektorwertige Abbildungen $f : U \to \mathbb{R}^m$. Beim gewöhnlichen Mittelwertsatz hätte man im Allgemeinen verschiedene Zwischenstellen $\xi^{(1)}, \ldots, \xi^{(m)}$ für die Komponentenfunktionen $f_1, \ldots, f_m$.

3.2   Höhere Ableitungen

3.2.1 Definition. (i)   Seien $i, j \in \{1, \ldots, n\}$. f sei eine in U erklärte Funktion, deren partielle Ableitung $\frac{\partial f}{\partial x_i} = f_{x_i}$ in U existiert. Außerdem existiere die partielle Ableitung $\frac{\partial f_{x_i}}{\partial x_j}(a) = \frac{\partial^2 f}{\partial x_j \partial x_i}(a)$ an der Stelle $a \in U$. Dann heißt

$$\frac{\partial^2 f}{\partial x_j \partial x_i}(a) = f_{x_i x_j}(a)$$

die **zweite partielle Ableitung** von f nach x_i und x_j an der Stelle $a \in U$.

(ii)   Sei $k \in \mathbb{N}$, $k \geq 2$ und sei $(i_1, \ldots, i_k)$ ein k-Tupel natürlicher Zahlen mit $i_1, \ldots, i_k \in \{1, \ldots, n\}$. Existieren die partiellen Ableitungen

$$\frac{\partial f}{\partial x_{i_1}} = f_{x_{i_1}}, \quad \frac{\partial^2 f}{\partial x_{i_2} \partial x_{i_1}} = f_{x_{i_1} x_{i_2}} = \frac{\partial f_{x_{i_1}}}{\partial x_{i_2}}, \ldots$$

$$\ldots, \frac{\partial^{k-1} f}{\partial x_{i_{k-1}} \cdots \partial x_{i_1}} = f_{x_{i_1} \cdots x_{i_{k-1}}} = \frac{\partial f_{x_{i_1} \cdots x_{i_{k-2}}}}{\partial x_{i_{k-1}}}$$

in U, so heißt

$$\frac{\partial^k f}{\partial x_{i_k} \cdots \partial x_{i_1}}(a) = f_{x_{i_1} \cdots x_{i_k}}(a) = \frac{\partial f_{x_{i_1} \cdots x_{i_{k-1}}}}{\partial x_{i_k}}(a),$$

falls existent, die **partielle Ableitung der Ordnung k** von f nach $x_{i_1} \cdots x_{i_k}$ an der Stelle $a \in U$.

(iii)   Sei $k \in \mathbb{N}$. Existieren alle partiellen Ableitungen $\frac{\partial f}{\partial x_1}(x)$, $\frac{\partial f}{\partial x_2}(x)$, $\ldots$, $\frac{\partial^k f}{\partial x_n^k}(x)$ von f bis zur Ordnung k für alle $x \in U$ und stellen die Ableitungen der Ordnung k stetige Funktionen dar (weshalb alle Ableitungen bis zur Ordnung k stetig sind), so heißt f in U **k-mal stetig (partiell) differenzierbar**, in Zeichen $f \in C^k(U)$. f heißt ∞-oft **stetig (partiell) differenzierbar**, in Zeichen $f \in C^\infty(U)$, falls dies für alle $k \in \mathbb{N}$ gilt.

Das folgende Beispiel zeigt, dass die gemischten partiellen Ableitungen $\frac{\partial^2 f}{\partial y \partial x}(a, b)$ und $\frac{\partial^2 f}{\partial x \partial y}(a, b)$ für eine Funktion $f = f(x, y)$ nicht immer gleich sind. Deshalb geben wir anschließend eine Bedingung an, welche die Gleichheit garantiert.

3.2.2 Beispiel. Sei

$$f(x, y) := \begin{cases} \frac{x^3 y - x y^3}{x^2 + y^2} & \text{für } (x, y) \neq (0, 0) \\ 0 & \text{für } (x, y) = (0, 0). \end{cases}$$

f ist für $(x, y) \neq (0, 0)$ stetig partiell differenzierbar. Wegen $f(x, 0) = 0 = f(0, y)$ für alle x, y existieren die partiellen Ableitungen nach x und y im Punkt $(0, 0)$ und es gilt $\frac{\partial f}{\partial x}(0, 0) = 0 = \frac{\partial f}{\partial y}(0, 0)$. Für $y \neq 0$ gilt

$$\frac{\partial f}{\partial x}(0, y) = \lim_{t \to 0} \frac{\frac{t^3 y - t y^3}{t^2 + y^2} - 0}{t} = -y$$

und für $x \neq 0$ ist $\frac{\partial f}{\partial y}(x, 0) = x$. Hieraus folgt die Existenz der gemischten zweiten Ableitungen nach x und y im Punkt $(0, 0)$ und es gilt

$$\frac{\partial^2 f}{\partial y \partial x}(0, 0) = \lim_{t \to 0} \frac{-t - 0}{t} = -1 \neq 1 = \frac{\partial^2 f}{\partial x \partial y}(0, 0).$$

3.2.3 Lemma über den 2. Differenzenquotienten. *Es sei $f = f(x, y)$ eine in $U \subset \mathbb{R}^2$ erklärte Funktion, deren partielle Ableitungen f_x und f_{xy} in U existieren. Außerdem sei f_{xy} an der Stelle $(a, b) \in U$ stetig. Dann gilt die Gleichung*

$$f_{xy}(a, b) = \lim_{\substack{x \to a \\ y \to b}} \Delta(x, y)$$

mit

$$\Delta(x, y) = \Delta(x, y, a, b) := \frac{f(x, y) - f(a, y) - f(x, b) + f(a, b)}{(x - a)(y - b)}$$

für $(x, y) \in U$, $x \neq a$, $y \neq b$.

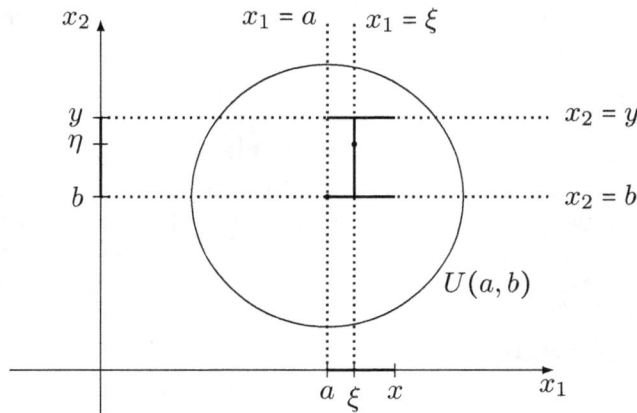

Abbildung 3.4: *Bildung des 2. Differenzenquotienten*

Beweis. Da U offen ist, gibt es eine offene Kreisscheibe $U(a, b) = U_\delta(a, b) \subset U$. Sei $(x, y) \in U(a, b)$, $x \neq a$, $y \neq b$. Wir wollen den Ausdruck $\Delta(x, y)$ geeignet umschreiben. Dazu betrachten wir die Funktion

$$\varphi(t) := f(t, y) - f(t, b)$$

im Intervall $I := [\min\{a, x\}, \max\{a, x\}]$ und schreiben

$$\Delta(x, y) = \frac{1}{y - b} \frac{\varphi(x) - \varphi(a)}{x - a}.$$

Da f_x in U existiert, ist $\varphi(t)$ in I stetig und differenzierbar. Der Mittelwertsatz der Differentialrechnung einer Variablen liefert

$$\frac{\varphi(x) - \varphi(a)}{x - a} = \varphi'(\xi) = f_x(\xi, y) - f_x(\xi, b)$$

mit einem $\xi \in \mathring{I}$, das heißt, es gilt $|\xi - a| < |x - a|$. Es folgt

$$\Delta(x,y) = \frac{1}{y-b}\frac{\varphi(x)-\varphi(a)}{x-a} = \frac{f_x(\xi,y)-f_x(\xi,b)}{y-b}.$$

Abermalige Anwendung des Mittelwertsatzes auf die Funktion

$$\psi(s) = f_x(\xi,s)$$

im Intervall $J := [\min\{b,y\}, \max\{b,y\}]$ ergibt

$$\Delta(x,y) = \frac{\psi(y)-\psi(b)}{y-b} = \psi'(\eta) = f_{xy}(\xi,\eta)$$

mit einem $\eta \in \mathring{J}$, das heißt $|\eta - b| < |y - b|$ (vergleiche Abbildung 3.4). Wegen der Stetigkeit von f_{xy} im Punkt (a,b) folgt, dass

$$f_{xy}(a,b) = \lim_{\substack{x\to a\\y\to b}}\Delta(x,y)$$

wie behauptet. □

3.2.4 Satz über die Vertauschbarkeit der Differentiationsreihenfolge (H. A. Schwarz).
Es sei $f(x,y)$ eine in einer offenen Menge $U \subset \mathbb{R}^2$ erklärte Funktion, deren partielle Ableitungen f_x, f_y und f_{xy} existieren. Außerdem sei f_{xy} an der Stelle $(a,b) \in U$ stetig. Dann existiert auch f_{yx} an der Stelle (a,b) und es gilt die Gleichung

$$f_{yx}(a,b) = f_{xy}(a,b).$$

Beweis. Aufgrund von Lemma 3.2.3 und dem Satz über den iterierten Limes 2.2.9 gilt

$$f_{xy}(a,b) = \lim_{\substack{x\to a\\y\to b}}\Delta(x,y)$$

$$= \lim_{x\to a}\left(\lim_{y\to b}\Delta(x,y)\right)$$

$$= \lim_{x\to a}\frac{f_y(x,b)-f_y(a,b)}{x-a}$$

$$= f_{yx}(a,b). \qquad \square$$

Hieraus ergibt sich das folgende hinreichende Kriterium für die Gleichheit der gemischten Ableitungen:

3.2.5 Satz. *Es sei $f \in C^k(U)$ in einer offenen Menge $U \subset \mathbb{R}^n, k \in \mathbb{N}, k \geq 2$, das heißt, die partiellen Ableitungen von f bis zur Ordnung k existieren und sind in U stetig. Sei $(i_1, \ldots, i_\ell)$ ein ℓ-Tupel natürlicher Zahlen $1 \leq \ell \leq k$ mit $i_1, \ldots, i_\ell \in \{1, \ldots, n\}$. Ist $(j_1, \ldots, j_\ell)$ eine Permutation von $(i_1, \ldots, i_\ell)$, dann gilt für alle $x \in U$ die Gleichung*

$$f_{x_{i_1} \cdots x_{i_\ell}}(x) = \frac{\partial^\ell f}{\partial x_{i_\ell} \cdots \partial x_{i_1}}(x) = \frac{\partial^\ell f}{\partial x_{j_\ell} \cdots \partial x_{j_1}}(x) = f_{x_{j_1} \cdots x_{j_\ell}}(x).$$

3.2.6 Bezeichnung. Ist $f \in C^k(U)$, so können aufgrund von Satz 3.2.5 alle partiellen Ableitungen von f bis zur Ordnung k in der Form

$$D^\alpha f = \frac{\partial^{|\alpha|} f}{\partial x_n^{\alpha_n} \cdots \partial x_1^{\alpha_1}}$$

geschrieben werden, dabei ist $\alpha = (\alpha_1, \ldots, \alpha_n) \in \mathbb{N}_0^n := \mathbb{N}_0 \times \cdots \times \mathbb{N}_0$ ein Multiindex mit $|\alpha| := \alpha_1 + \cdots + \alpha_n \leq k$.

Zur Einübung der Multiindexschreibweise betrachten wir die Binomial- und allgemeiner die Multinomialformel (manchmal auch Polynomialformel genannt).

3.2.7 Beispiele. (i)   Wir zeigen die **Binomische Formel**

$$(a+b)^k = \sum_{\ell=0}^{k} \binom{k}{\ell} a^\ell b^{k-\ell}$$

für $a, b \in \mathbb{R}$, $k \in \mathbb{N}$. Dazu betrachten wir a, b als variabel und erhalten

$$(x+y)^k = (x+y) \cdot (x+y) \cdot \ldots \cdot (x+y) = \sum_{\ell=0}^{k} A_\ell^k x^\ell y^{k-\ell},$$

wobei A_ℓ^k die Anzahl derjenigen Produkte von k Faktoren x, y ist, wo der Faktor x genau ℓ-mal und der Faktor y genau $k - \ell$-fach vorkommt. Aufgrund des Kommutativgesetzes lassen sich diese Produkte alle in der Form $x^\ell y^{k-\ell}$ schreiben. Wir differenzieren nun m-mal nach x und $k-m$-mal nach y, $0 \leq m \leq k$, und erhalten

$$k! = \frac{\partial^k}{\partial y^{k-m} \partial x^m}(x+y)^k = \sum_{\ell=0}^{k} A_\ell^k \frac{\partial^k}{\partial y^{k-m} \partial x^m}\left(x^\ell y^{k-\ell}\right)$$

$$= A_m^k m!(k-m)!,$$

weshalb

$$A_m^k = \frac{k!}{m!(k-m)!} = \binom{k}{m}$$

beziehungsweise

$$A_\ell^k = \frac{k!}{\ell!(k-\ell)!} = \binom{k}{\ell}.$$

(ii)   Ähnlich gilt die **Multinomialformel**

$$\left(\sum_{i=1}^n a_i\right)^k = (a_1 + \ldots + a_n)^k$$

$$= \sum_{\substack{\alpha_1,\ldots,\alpha_n=0 \\ \alpha_1+\ldots+\alpha_n=k}}^k \frac{k!}{\alpha_1!\cdot\ldots\cdot\alpha_n!} a_1^{\alpha_1} \cdot \ldots \cdot a_n^{\alpha_n}$$

$$= \sum_{|\alpha|=k} \frac{k!}{\alpha!} a^\alpha$$

$$= \sum_{|\alpha|=k} \binom{k}{\alpha} a^\alpha$$

für $a_1,\ldots,a_n \in \mathbb{R}$, $k \in \mathbb{N}$: Betrachtet man $a_1,\ldots,a_n$ als variabel, dann erhält man

$$\left(\sum_{i=1}^n x_i\right)^k = \left(\sum_{i_1=1}^n x_{i_1}\right) \cdot \left(\sum_{i_2=1}^n x_{i_2}\right) \cdot \ldots \cdot \left(\sum_{i_k=1}^n x_{i_k}\right)$$

$$= \sum_{i_1,\ldots,i_k=1}^n x_{i_1} \cdot x_{i_2} \cdot \ldots \cdot x_{i_k}$$

$$= \sum_{\substack{\alpha_1,\ldots,\alpha_n=0 \\ \alpha_1+\ldots+\alpha_n=k}}^k A_{\alpha_1\cdots\alpha_n}^k x_1^{\alpha_1} \cdot x_2^{\alpha_2} \cdot \ldots \cdot x_n^{\alpha_n}$$

$$= \sum_{|\alpha|=k} A_\alpha^k x^\alpha,$$

dabei ist $A_\alpha^k = A_{\alpha_1\cdots\alpha_n}^k$ die Anzahl derjenigen Produkte von k Faktoren $x_1,\ldots,x_n$, wo der Faktor x_i genau α_i-mal vorkommt, $i = 1,\ldots,n$. Durch β_i-fache Differentiation nach x_i für $i = 1,\ldots,n$ ergibt sich für $\beta_1+\ldots+\beta_n = k$, dass

$$k! = \frac{\partial^k}{\partial x_n^{\beta_n}\cdots\partial x_1^{\beta_1}} \left(\sum_{i=1}^n x_i\right)^k$$

$$= \sum_{\substack{\alpha_1,\ldots,\alpha_n=0 \\ \alpha_1+\ldots+\alpha_n=k}}^k A_{\alpha_1\cdots\alpha_n}^k \frac{\partial^k}{\partial x_n^{\beta_n}\cdots\partial x_1^{\beta_1}} \left(x_1^{\alpha_1} \cdot \ldots \cdot x_n^{\alpha_n}\right)$$

$$= A_{\beta_1\cdots\beta_n}^k \beta_1! \cdot \ldots \cdot \beta_n!,$$

also

$$A_{\beta}^{k} = A_{\beta_1 \cdots \beta_n}^{k} = \frac{k!}{\beta_1! \cdot \ldots \cdot \beta_n!} = \frac{k!}{\beta!} = \binom{k}{\beta}$$

beziehungsweise

$$A_{\alpha}^{k} = A_{\alpha_1 \cdots \alpha_n}^{k} = \frac{k!}{\alpha_1! \cdot \ldots \cdot \alpha_n!} = \frac{k!}{\alpha!} = \binom{k}{\alpha}.$$

3.3 Differenzierbare Funktionen

3.3.1 Definition und Lemma. (i)   Sei $f : U \to \mathbb{R}$ eine in einer offenen Menge $U \subset \mathbb{R}^n$ erklärte Funktion. f heißt **total, reell** oder einfach nur **differenzierbar** im Punkt $a \in U$, wenn es einen Vektor $A = (A_1, \ldots, A_n) \in \mathbb{R}^n$ gibt, so dass der Grenzwert

$$\lim_{x \to a} \frac{f(x) - f(a) - A \cdot (x - a)}{|x - a|}$$

existiert und gleich 0 ist. Dabei ist $A \cdot (x - a) = \sum_{i=1}^{n} A_i(x_i - a_i)$.

(ii) A ist eindeutig bestimmt und heißt die **(totale) Ableitung** von f im Punkt a. Wir schreiben

$$A = Df(a) = (D_1 f(a), \ldots, D_n f(a)).$$

(iii)   Wenn die totale Ableitung von f, $Df(x)$, existiert, so heißt f in U total differenzierbar.

Beweis der Eindeutigkeit. Seien $A = (A_1, \ldots, A_n)$, $A' = (A'_1, \ldots, A'_n) \in \mathbb{R}^n$ mit

$$\lim_{x \to a} \frac{f(x) - f(a) - A \cdot (x - a)}{|x - a|} = \lim_{x \to a} \frac{f(x) - f(a) - A' \cdot (x - a)}{|x - a|}.$$

Dann folgt für die Differenz, dass

$$\lim_{x \to a} \frac{(A - A') \cdot (x - a)}{|x - a|} = 0,$$

also insbesondere durch Spezialisierung $x_i > a_i$, $x_j = a_j$ für $j \neq i$:

$$A_i = A'_i \text{ für } i = 1, \ldots, n. \qquad \square$$

Unmittelbar ergibt sich die folgende Charakterisierung:

3.3.2 Lemma. *Eine Funktion $f : U \to \mathbb{R}$ ist im Punkt $a \in U$ genau dann total differenzierbar, wenn für alle $x \in U$ eine Darstellung der Form*

$$f(x) = f(a) + A \cdot (x - a) + \varphi(x) |x - a|$$

gilt mit einem Vektor $A \in \mathbb{R}^n$ und mit einer im Punkt a stetigen Funktion $\varphi = \varphi_a : U \to \mathbb{R}$ mit

$$\lim_{x \to a} \varphi(x) = \varphi(a) = 0.$$

A ist eindeutig bestimmt und es ist $A = Df(a)$. Deshalb ist f im Punkt a genau dann total differenzierbar, wenn für alle $x \in U$:

$$f(x) = f(a) + Df(a) \cdot (x - a) + \varphi(x) |x - a|. \tag{3.2}$$

3.3.3 Bemerkung. (Totale) Differenzierbarkeit im Punkt $a \in U$ bedeutet also, dass die Tangentialebene

$$\tau(x) = f(a) + Df(a) \cdot (x - a)$$

den Graphen von f von 1. Ordnung approximiert (vergleiche Abbildung 3.5). Der Restterm (Fehler)

$$r(x) = r_a(x) := \varphi(x) |x - a|$$

ist von höherer als erster Ordnung, wir schreiben

$$r(x) = o(|x - a|) \text{ für } x \to a$$

mit dem Landauschen "klein-o-Symbol", das heißt, es gilt

$$\lim_{x \to a} \frac{r(x)}{|x - a|} = 0.$$

3.3.4 Beispiele. (i)   Wir betrachten die Funktion

$$f(x, y) := \begin{cases} \dfrac{2xy}{(x^2 + y^2)^{\frac{1}{4}}} & \text{für } (x, y) \neq (0, 0) \\ 0 & \text{für } (x, y) = (0, 0). \end{cases}$$

Wegen $f(x, 0) = 0 = f(0, y)$ für alle $x, y \in \mathbb{R}$ ist f im Punkt $(0, 0)$ partiell differenzierbar und es gilt

$$f_x(0, 0) = 0 = f_y(0, 0).$$

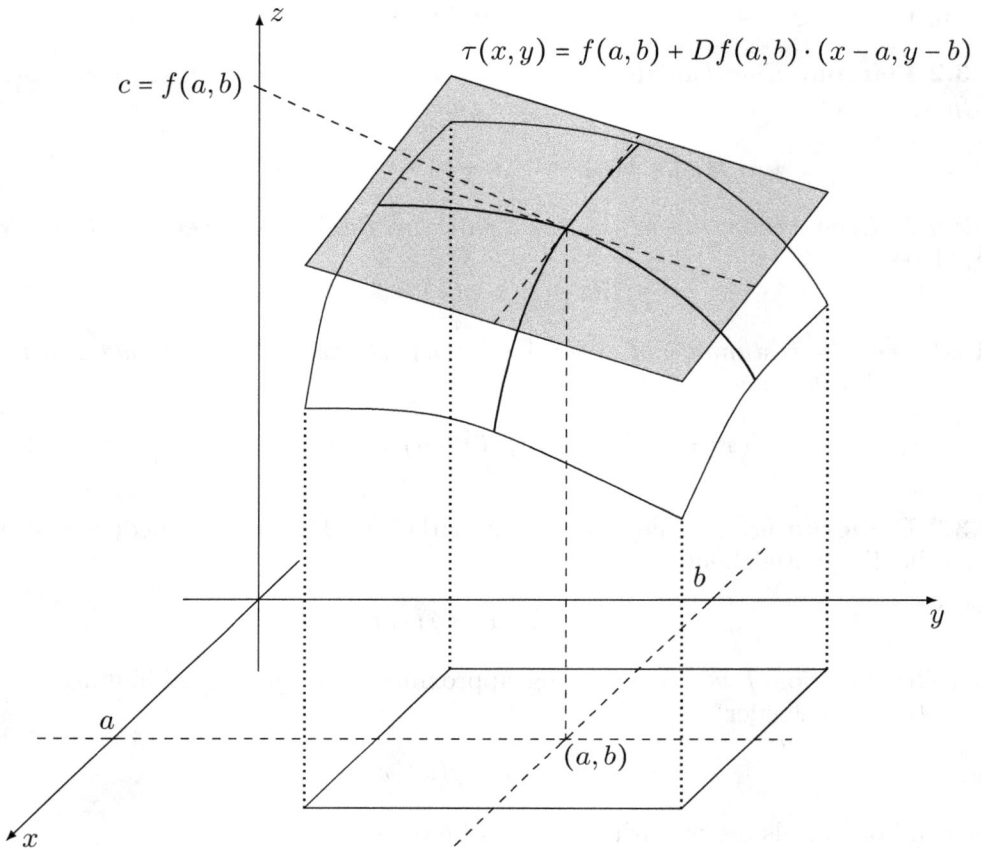

$$\tau(x,y) = f(a,b) + Df(a,b) \cdot (x-a, y-b)$$

Abbildung 3.5: *Tangentialebene*

In Polarkoordinaten gilt für $(x,y) \neq (0,0)$, dass

$$f(x,y) = \frac{2r^2 \cos\varphi \sin\varphi}{r^{\frac{1}{2}}} = 2r^{\frac{3}{2}} \cos\varphi \sin\varphi,$$

weshalb

$$\frac{f(x,y) - f(0,0) - 0 \cdot ((x,y) - (0,0))}{|(x,y) - (0,0)|} = \frac{2r^{3/2} \cos\varphi \sin\varphi}{r}$$

$$= \sqrt{r} \sin 2\varphi \to 0$$

für $(x,y) \to (0,0)$ beziehungsweise $r \to 0$. Deshalb ist f im Nullpunkt total differenzierbar und es gilt $Df(0,0) = 0 = (0,0)$.

(ii)   Betrachten wir die Funktion

$$f(x,y) := \begin{cases} \frac{2xy}{(x^2+y^2)^{\frac{1}{2}}} & \text{für } (x,y) \neq (0,0) \\ 0 & \text{für } (x,y) = (0,0), \end{cases}$$

so ist sie im Nullpunkt partiell differenzierbar und es gilt

$$f_x(0,0) = 0 = f_y(0,0).$$

Sie ist aber dort nicht total differenzierbar, denn aufgrund des folgenden Lemmas müsste die totale Ableitung sonst gleich 0 sein, aber

$$\frac{f(x,y) - f(0,0) - 0 \cdot ((x,y) - (0,0))}{|(x,y) - (0,0)|} = \sin 2\varphi \not\to 0$$

für $(x,y) \to (0,0)$ im Widerspruch zur Definition der totalen Differenzierbarkeit.

3.3.5 Lemma. *Ist $f : U \to \mathbb{R}$ im Punkt $a \in U$ total differenzierbar, so ist f im Punkt a stetig und partiell differenzierbar, das heißt, alle partiellen Ableitungen $\frac{\partial f}{\partial x_1}(a), \ldots, \frac{\partial f}{\partial x_n}(a)$ existieren und es gilt*

$$\nabla f(a) = \left(\frac{\partial f}{\partial x_1}(a), \ldots, \frac{\partial f}{\partial x_n}(a) \right)$$
$$= Df(a) = (D_1 f(a), \ldots, D_n f(a)).$$

Beweis. (I) Es gilt die Darstellung (3.2), nämlich

$$f(x) = f(a) + Df(a) \cdot (x - a) + \varphi(x) |x - a|$$

mit einer im Punkt a stetigen Funktion $\varphi : U \to \mathbb{R}$ mit $\varphi(a) = 0$. Wegen

$$\lim_{x \to a} (Df(a) \cdot (x - a) + \varphi(x) |x - a|) = 0$$

folgt also, dass

$$\lim_{x \to a} f(x) = f(a).$$

(II) Sei $i \in \{1, \ldots, n\}$. Setzen wir in der Darstellung (3.2)

$$x = (a_1, \ldots, a_{i-1}, t, a_{i+1}, \ldots, a_n),$$

dann erhalten wir

$$f(a_1, \ldots, a_{i-1}, t, a_{i+1}, \ldots, a_n) = f(a) + D_i f(a)(t - a_i)$$
$$+ \varphi(a_1, \ldots, t, \ldots, a_n) |t - a_i|.$$

Daher existiert die partielle Ableitung $\frac{\partial f}{\partial x_i}(a)$ und es gilt

$$\frac{\partial f}{\partial x_i}(a) = \lim_{t \to a_i} \frac{f(a_1, \ldots, t, \ldots, a_n) - f(a)}{t - a_i}$$

$$= \lim_{t \to a_i} \left(D_i f(a) + \varphi(a_1, \ldots, t, \ldots, a_n) \frac{|t - a_i|}{t - a_i} \right)$$

$$= D_i f(a). \qquad \square$$

3.3.6 Lemma. *Es sei $f : U \to \mathbb{R}$ in U partiell differenzierbar und alle partiellen Ableitungen $\frac{\partial f}{\partial x_1}(x), \ldots, \frac{\partial f}{\partial x_n}(x)$ seien im Punkt $a \in U$ stetig. Dann ist f im Punkt a total differenzierbar und es gilt*

$$Df(a) = \nabla f(a).$$

Beweis. Sei $U(a) = U_\varepsilon(a)$ eine offene Kugel in U und sei $x \in U(a)$. Dann gilt

$$
\begin{aligned}
f(x) - f(a) = {} & f(x_1, \ldots, x_n) - f(a_1, x_2, \ldots, x_n) \\
& + f(a_1, x_2, \ldots, x_n) - f(a_1, a_2, x_3, \ldots, x_n) \\
& + \ldots \\
& + f(a_1, \ldots, a_{n-1}, x_n) - f(a_1, \ldots, a_n).
\end{aligned}
$$

Man beachte, dass f in den Achsenrichtungen differenzierbar und stetig ist und wende den Mittelwertsatz der Differentialrechnung einer Variablen auf die Differenzen an. Es folgt, dass

$$f(x) - f(a) = \sum_{i=1}^{n} \frac{\partial f}{\partial x_i}(\xi^{(i)})(x_i - a_i),$$

mit Zwischenstellen $\xi^{(i)} \in U(a)$, für die $\left| \xi^{(i)} - a \right| < |x - a|$ für $i = 1, \ldots, n$ gilt (vergleiche auch den Beweis der Kettenregel, Satz 3.1.7). Deshalb haben wir

$$f(x) = f(a) + \nabla f(a) \cdot (x - a) + \sum_{i=1}^{n} \left(\frac{\partial f}{\partial x_i}(\xi^{(i)}) - \frac{\partial f}{\partial x_i}(a) \right)(x_i - a_i)$$

$$= f(a) + \nabla f(a) \cdot (x - a) + r(x).$$

Wegen der Stetigkeit der partiellen Ableitungen $\frac{\partial f}{\partial x_i}$ im Punkt a gilt

$$\lim_{x \to a} \frac{\partial f}{\partial x_i}(\xi^{(i)}) = \frac{\partial f}{\partial x_i}(a) \text{ für } i = 1, \ldots, n,$$

weshalb

$$\lim_{x \to a} \frac{r(x)}{|x - a|} = 0.$$

Deshalb ist f im Punkt a total differenzierbar und es gilt $Df(a) = \nabla f(a)$. $\quad\square$

3.3.7 Beispiel. Die Funktion

$$f(x,y) := \begin{cases} \frac{2xy}{x^2+y^2} & \text{für } (x,y) \neq (0,0) \\ 0 & \text{für } (x,y) = (0,0) \end{cases}$$

aus Beispiel 3.1.5 ist für alle $(x,y) \neq (0,0)$ stetig partiell differenzierbar und deshalb dort auch total differenzierbar. Sie ist aber im Nullpunkt nicht total differenzierbar, obwohl dort die partiellen Ableitungen existieren, denn sie ist im Nullpunkt nicht stetig.

Als Korollar zu Lemma 3.3.6 ergibt sich

3.3.8 Lemma und Definition. $f : U \to \mathbb{R}$ *ist genau dann stetig partiell differenzierbar in* U, *das heißt, es gilt* $f \in C^1(U)$, *wenn* f *in* U *stetig total differenzierbar ist, das heißt* $D_1 f, \ldots, D_n f \in C^0(U)$. *Deshalb heißt* f *in diesem Fall einfach* **stetig differenzierbar**.

3.3.9 Definition. Eine Abbildung $f : U \to \mathbb{R}^m$, $m \in \mathbb{N}$, mit den Komponentenfunktionen $f_1, \ldots, f_m : U \to \mathbb{R}$, heißt im Punkt $a \in U$ (**total** oder **reell**) **differenzierbar**, falls es die Komponentenfunktionen sind, das heißt, für alle $j = 1, \ldots, m$ existieren die totalen Ableitungen $Df_j(a) = (D_1 f_j(a), \ldots, D_n f_j(a))$ der Komponentenfunktionen im Punkt a.

3.3.10 Satz. *Seien* $U \subset \mathbb{R}^n$ *und* $V \subset \mathbb{R}^m$ *offene Mengen.* $f : U \to \mathbb{R}^m$ *sei im Punkt* $a \in U$ *total differenzierbar,* $g : V \to \mathbb{R}$ *sei im Punkt* $b = f(a) \in V$ *total differenzierbar. Dann ist* $h := g \circ f : U \to \mathbb{R}$ *im Punkt* a *total differenzierbar und es gilt die* **Kettenregel**

$$D_i h(a) = \sum_{j=1}^{m} D_j g(f(a)) D_i f_j(a).$$

Diese Version der Kettenregel ergibt sich direkt, indem man eine Darstellung der Form (3.2) für h herleitet unter Benutzung einer solchen für $f_1, \ldots, f_m$ und g. Dies sei dem Leser zur Übung überlassen. Anschließend kann man den Beweis des Mittelwertsatzes 3.1.9 übernnehmen und erhält so die folgende Version:

3.3.11 Mittelwertsatz. *Sei* $f : U \to \mathbb{R}$ *total differenzierbar in* U. *Seien* $x, x' \in U$ *mit* $\sigma(x, x') \subset U$. *Dann gibt es ein* $\xi \in \sigma(x, x')$, $\xi \neq x, x'$ *mit*

$$f(x') - f(x) = \sum_{i=1}^{n} D_i f(\xi)(x'_i - x_i) = Df(\xi) \cdot (x' - x)$$

$$= \sum_{i=1}^{n} \frac{\partial f}{\partial x_i}(\xi)(x'_i - x_i) = \nabla f(\xi) \cdot (x' - x).$$

3.4 Richtungsableitungen

3.4.1 Definition. Sei $U \subset \mathbb{R}^n$ eine offene Menge und sei $f : U \to \mathbb{R}$ eine Funktion auf U, $a \in U$ und $e = (e_1, \ldots, e_n) \in \mathbb{R}^n$ ein Richtungsvektor, das heißt, es gilt $|e| = 1$. Dann heißt, falls existent,

$$\frac{\partial f}{\partial e}(a) := \lim_{h \to 0^+} \frac{f(a + he) - f(a)}{h}$$

die **Ableitung** von f im Punkt a in **Richtung** e.

3.4.2 Bemerkung. Obwohl dies nicht immer erforderlich ist, nehmen wir weiterhin an, dass der Definitionsbereich von f eine offene Teilmenge $U \subset \mathbb{R}^n$ ist. Um die Richtungsableitung $\frac{\partial f}{\partial e}(a)$ definieren zu können, genügt es, dass f auf dem Segment $\{\, x \in \mathbb{R}^n \mid x = a + he,\ 0 \leq h \leq \varepsilon \,\}$ für ein $\varepsilon > 0$ erklärt ist, beziehungsweise eigentlich sogar, dass $f : D \to \mathbb{R}$ und $a \in D$ ein Häufungspunkt von $\{\, x \in D \mid x = a + he,\ h > 0 \,\}$ ist.

3.4.3 Beispiel. Die Funktion

$$f(x, y) = \sqrt{x^2 + y^2} \text{ für } (x, y) \in \mathbb{R}^2$$

besitzt für alle $e = (e_1, e_2)$, $e_1^2 + e_2^2 = 1$, die Richtungsableitung

$$\frac{\partial f}{\partial e}(0, 0) = \lim_{h \to 0^+} \frac{f(h(e_1, e_2)) - f(0, 0)}{h}$$

$$= \lim_{h \to 0^+} \frac{h\sqrt{e_1^2 + e_2^2}}{h} = 1.$$

Es gilt

$$\frac{\partial f}{\partial e}(0, 0) = 1 = \frac{\partial f}{\partial(-e)}(0, 0).$$

f ist im Nullpunkt nicht partiell differenzierbar und deshalb auch nicht total differenzierbar.

3.4.4 Lemma und Definition. *Sei $f : U \to \mathbb{R}$ und sei $a \in U$. Der Grenzwert $\lim_{h \to 0} \frac{f(a+he)-f(a)}{h}$ existiert genau dann, wenn die Richtungsableitungen $\frac{\partial f}{\partial e}(a)$ und $\frac{\partial f}{\partial(-e)}(a)$ existieren und*

$$\frac{\partial f}{\partial(-e)}(a) = -\frac{\partial f}{\partial e}(a)$$

gilt. In diesem Fall schreiben wir

$$D_e f(a) := \frac{\partial f}{\partial e}(a) = -\frac{\partial f}{\partial(-e)}(a).$$

3.4.5 Satz. *Es sei $f : U \to \mathbb{R}$ total differenzierbar im Punkt $a \in U$. Dann ist f im Punkt a in jede Richtung e differenzierbar und es gilt*

$$\frac{\partial f}{\partial e}(a) = -\frac{\partial f}{\partial(-e)}(a) = D_e f(a) = Df(a) \cdot e = \nabla f(a) \cdot e.$$

Beweis. Aus der Darstellung (3.2) folgt für $h \in \mathbb{R}$, dass

$$f(a + he) = f(a) + Df(a) \cdot eh + \varphi(a + he)\,|h|$$

mit $\lim_{h \to 0} \varphi(a + he) = 0$. Daher existiert der Grenzwert $\lim_{h \to 0} \frac{f(a+he)-f(a)}{h}$ und wir haben

$$\lim_{h \to 0} \frac{f(a + he) - f(a)}{h} = Df(a) \cdot e. \qquad \square$$

Das folgende Beispiel zeigt, dass die Umkehrung im Allgemeinen nicht richtig ist.

3.4.6 Beispiel. Wir betrachten die Funktion

$$f(x, y) := \begin{cases} \frac{xy^2}{x^2+y^2} & \text{für } (x, y) \neq (0, 0) \\ 0 & \text{für } (x, y) = (0, 0). \end{cases}$$

In Polarkoordinaten $x = r\cos\varphi$, $y = r\sin\varphi$ gilt für $(x, y) \neq (0, 0)$:

$$f(x, y) = r\cos\varphi \sin^2\varphi.$$

Für $e_\varphi := (\cos\varphi, \sin\varphi)$ haben wir

$$\frac{\partial f}{\partial e_\varphi}(0, 0) = \lim_{h \to 0^+} \frac{h\cos\varphi\sin^2\varphi - 0}{h} = \cos\varphi\sin^2\varphi,$$

insbesondere gilt für $\varphi = \frac{\pi}{4}$, dass

$$\frac{\partial f}{\partial e_{\pi/4}}(0, 0) = \frac{1}{\sqrt{2}} \cdot \frac{1}{2} = \frac{1}{(\sqrt{2})^3} \neq 0. \tag{3.3}$$

Außerdem ist

$$\frac{\partial f}{\partial(-e)} = -\frac{\partial f}{\partial e} \text{ für alle } |e| = 1.$$

Die partiellen Ableitungen von f nach x und y im Punkt $(0, 0)$ existieren und es gilt $\frac{\partial f}{\partial x}(0, 0) = 0 = \frac{\partial f}{\partial y}(0, 0)$, aber f ist im Punkt $(0, 0)$ nicht total differenzierbar, denn sonst wäre ja $\frac{\partial f}{\partial e}(0, 0) = Df(0, 0) \cdot e = 0$ für alle $|e| = 1$ im Widerspruch zu (3.3).

3.4.7 Bemerkung. Ist $f : U \to \mathbb{R}$ total differenzierbar im Punkt $a \in U$, so folgt aus der Kettenregel, Satz 3.3.10, dass

$$D_e f(a) = \frac{d}{dh} f(a + he)\Big|_{h=0} = Df(a) \cdot e = \nabla f(a) \cdot e.$$

3.4.8 Satz. *Sei* $f : U \to \mathbb{R}$ *total differenzierbar im Punkt* $a \in U$ *und sei* $Df(a) = \nabla f(a) \neq 0$. *Sei* e_∇ *die **Richtung des Gradienten** von* f *im Punkt* a,

$$e_\nabla = e_\nabla(f, a) := \frac{\nabla f(a)}{|\nabla f(a)|}.$$

Dann gilt

$$\frac{\partial f}{\partial e}(a) \le \frac{\partial f}{\partial e_\nabla}(a) = |\nabla f(a)| \ \text{für alle } |e| = 1,$$

das heißt

$$\frac{\partial f}{\partial e_\nabla}(a) = \max_{|e|=1} \frac{\partial f}{\partial e}(a) = |\nabla f(a)|,$$

mit anderen Worten zeigt der Gradient $\nabla f(a)$ *in die **Richtung des stärksten Anstiegs** der Funktion* f *im Punkt* a.

Beweis. Nach Satz 3.4.5 und der Cauchy-Schwarzschen Ungleichung gilt einerseits

$$\frac{\partial f}{\partial e}(a) = \nabla f(a) \cdot e \le |\nabla f(a)| \ \text{für } |e| = 1.$$

Wegen $\nabla f(a) \neq 0$ gilt andererseits

$$\frac{\partial f}{\partial e_\nabla}(a) = \nabla f(a) \cdot \frac{\nabla f(a)}{|\nabla f(a)|} = |\nabla f(a)|.$$

Also ist $\frac{\partial f}{\partial e}(a)$ maximal für $e = e_\nabla$ und es gilt $\frac{\partial f}{\partial e_\nabla}(a) = |\nabla f(a)|$. $\square$

Als Pendant dazu beweisen wir:

3.4.9 Lemma. *Sei* $f : U \to \mathbb{R}$ *total differenzierbar im Punkt* $a \in U$ *und* $\gamma : (-\varepsilon, \varepsilon) \to U$ *sei differenzierbar an der Stelle* 0 *mit* $\gamma(0) = a$. γ *sei eine Höhenlinie durch* a, *das heißt, es gilt*

$$f(\gamma(t)) = f(\gamma(0)) = f(a) = const$$

für $|t| < \varepsilon$. *Dann sind* $\nabla f(a)$ *und* $\gamma'(0)$ *orthogonal, das heißt, es gilt*

$$\nabla f(a) \cdot \gamma'(0) = 0,$$

mit anderen Worten steht $\nabla f(a)$ *senkrecht auf der Höhenlinie* γ *im Punkt* $\gamma(0) = a$ *(* $\gamma'(0)$ *ist eine Tangente von* γ *im Punkt* $\gamma(0) = a$*).*

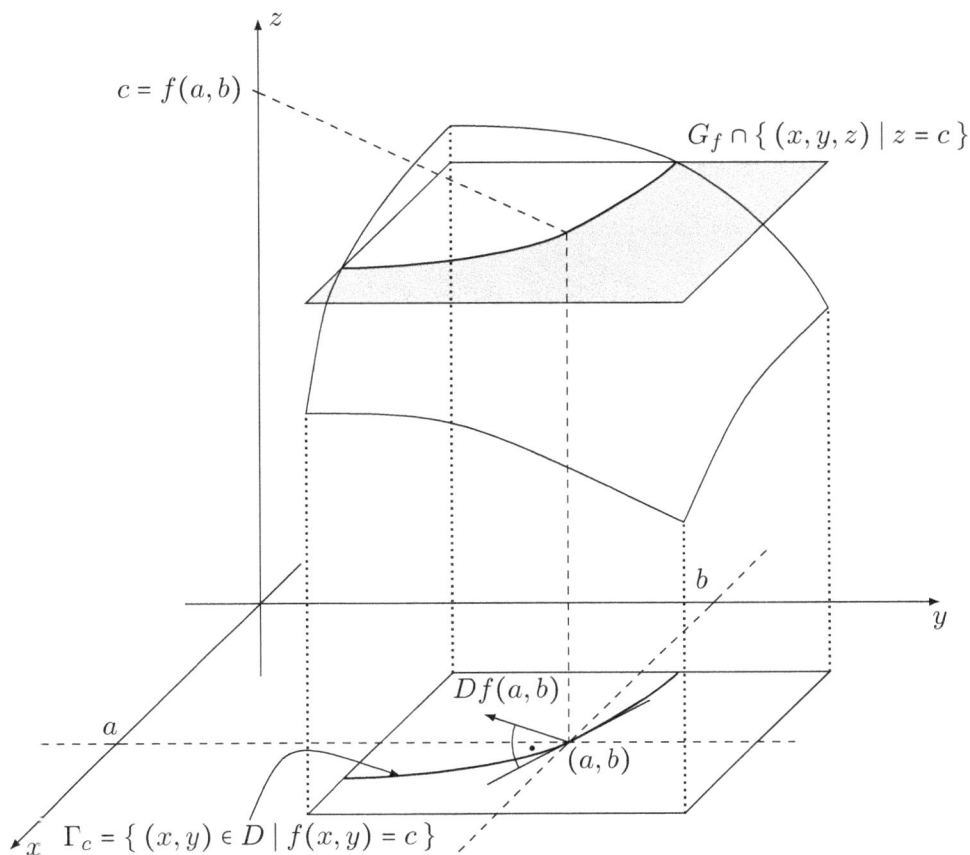

Abbildung 3.6: *Geometrische Bedeutung des Gradienten*

Beweis. Die Funktion $h(t) := f(\gamma(t))$ ist konstant für $|t| < \varepsilon$. Nach der Kettenregel 3.3.10 gilt für $t = 0$ deshalb

$$0 = h'(0) = Df(\gamma(0)) \cdot \gamma'(0) = \nabla f(a) \cdot \gamma'(0). \qquad \square$$

3.4.10 Bemerkung. Interessant ist dieses Lemma für den Fall $\gamma'(0) \neq 0$ und $\nabla f(a) \neq 0$. Ist $f \in C^1(U)$ und gilt $\nabla f(a) \neq 0$, so kann man zeigen (vergleiche Satz 4.4.7), dass die Niveaumenge

$$\Gamma_c = \{\, x \in U \mid f(x) = f(a) = c \,\}$$

in einer Umgebung $U(a)$ von $a \in U$ ein Graph ist. Es gilt dort, dass $x_k = g(x_1, \ldots, x_{k-1}, x_{k+1}, \ldots, x_n)$ für ein $k \in \{1, \ldots, n\}$. Im Fall $n = 2$ folgt hieraus, dass

$$\Gamma_c \cap U(a) = \gamma(-\varepsilon, \varepsilon)$$

mit einem differenzierbaren Weg $\gamma : (-\varepsilon, \varepsilon) \to U(a)$ mit $\gamma(0) = a$ und $\gamma'(t) \neq 0$ für alle $|t| < \varepsilon$.

3.5   Totale Differentiale und die Taylorsche Formel

3.5.1 Definition. Sei $f : U \to \mathbb{R}$ im Punkt $a \in U$ total differenzierbar. Dann versteht man unter dem **totalen Differential** $df = df(a)$ von f an der Stelle a die Linearform (lineare Funktion) $df(a) : \mathbb{R}^n \to \mathbb{R}$,

$$h = (h_1, \dots, h_n) \mapsto df(a, h) := Df(a) \cdot h = \sum_{i=1}^{n} D_i f(a) h_i.$$

Wir schreiben auch

$$df(a, h) = ((h \cdot D)f)(a) = \left(\left(\sum_{i=1}^{n} h_i D_i \right) f \right)(a).$$

3.5.2 Beispiele. (i)   Sei

$$\varphi_i = x_i : \mathbb{R}^n \to \mathbb{R}, \quad \varphi_i(x) = x_i(x) = x_i,$$

die ***i*-te Koordinatenfunktion**, $i = 1, \dots, n$. Dann gilt $D_j \varphi_i = \frac{\partial \varphi_i}{\partial x_j} = \delta_{ij}$ für $i, j = 1, \dots, n$, dabei ist

$$\delta_{ij} = \begin{cases} 1 & \text{für } i = j \\ 0 & \text{für } i \neq j. \end{cases}$$

das **Kroneckersche δ-Symbol**. Also ist

$$d\varphi_i(a, h) = dx_i(a, h) = h_i$$

oder in Kurzform

$$dx_i = h_i.$$

Es gilt also

$$df(a, h) = \sum_{i=1}^{n} D_i f(a) h_i = \sum_{i=1}^{n} D_i f(a) dx_i(a, h)$$

oder in Kurzform

$$df = \sum_{i=1}^{n} D_i f dx_i = Df \cdot dx.$$

(ii)   Wir wollen die Kettenregel auf Differentiale übertragen. Seien $U \subset \mathbb{R}^n$, $V \subset \mathbb{R}^m$ offene Mengen, seien $f : U \to \mathbb{R}^m$ im Punkt $a \in U$ total differenzierbar und $g : V \to \mathbb{R}$ im Punkt $b = f(a) \in V$ total differenzierbar. Dann gilt

$$D_i(g \circ f)(a) = \sum_{j=1}^{m} D_j g(b) D_i f_j(a),$$

also

$$d(g \circ f)(a, h) = \sum_{i=1}^{n} D_i \left(g \circ f \right)(a) h_i$$

$$= \sum_{i=1}^{n} \sum_{j=1}^{m} D_j g(b) D_i f_j(a) h_i$$

$$= \sum_{j=1}^{m} D_j g(b) \sum_{i=1}^{n} D_i f_j(a) dx_i(a, h)$$

$$= \sum_{j=1}^{m} D_j g(b) df_j(a, h)$$

$$= \sum_{j=1}^{m} D_j g(b) \cdot dy_j(a),$$

wobei wir auch $y = y(x) = f(x)$, das heißt $y_j = y_j(x) = f_j(x)$ beziehungsweise $dy_j(a, b) = df_j(a, b)$ für $j = 1, \ldots, m$ schreiben. In Kurzform

$$d(g \circ f) = \sum_{j=1}^{m} D_j g \, dy_j = Dg \cdot dy, \ dy = Df \cdot dx.$$

(iii)   Der Mittelwertsatz lautet unter den entsprechenden Voraussetzungen in der neuen Schreibweise

$$f(x') - f(x) = \sum_{i=1}^{n} D_i f(\xi)(x_i' - x_i)$$

$$= Df(\xi) \cdot (x' - x)$$

$$= df(\xi, x' - x)$$

$$= (((x' - x) \cdot D) f)(\xi).$$

3.5.3 Definition. (i)   Sei $f : U \to \mathbb{R}$ total differenzierbar in U mit der Ableitung

$$Df = (D_1 f, \ldots, D_n f) = (f_{x_1}, \ldots, f_{x_n}).$$

Existieren die totalen Ableitungen

$$D(D_1 f)(a) = Df_{x_1}(a), \ldots, D(D_n f)(a) = Df_{x_n}(a),$$

so heißt f im Punkt $a \in U$ **zweimal (total) differenzierbar**.

(ii)   Sei $k \in \mathbb{N}$, $k \geq 2$. Ist f in U $k-1$-mal total differenzierbar und existieren
die totalen Ableitungen

$$D\left(D_{i_{k-1}} \cdots D_{i_1}\right) f(a) = Df_{x_{i_1} \cdots x_{i_{k-1}}}(a)$$

für alle $k-1$-Tupel $(i_1, \ldots, i_{k-1})$ mit $i_1, \ldots, i_{k-1} \in \{1, \ldots, n\}$, dann heißt
f im Punkt a **k-mal (total) differenzierbar**.

Zur bequemen Formulierung der Taylorschen Formel definieren wir:

3.5.4 Definition. Sei $f : U \to \mathbb{R}$ k-mal total differenzierbar im Punkt $a \in U$.
Dann ist das **Differential k-ter Ordnung** $d^k f = d^k f(a)$ von f an der Stelle a
definiert durch

$$\begin{aligned}
d^k f(a, h) &:= \left((h \cdot D)^k f\right)(a) \\
&= \left(\left(\sum_{i=1}^{n} h_i D_i\right)^k f\right)(a) \\
&= \left(\left(\sum_{i_k=1}^{n} h_{i_k} D_{i_k}\right) \cdots \left(\sum_{i_1=1}^{n} h_{i_1} D_{i_1}\right) f\right)(a) \\
&= \sum_{i_1, \ldots, i_k=1}^{n} D_{i_1 \cdots i_k} f(a) h_{i_1} \cdot \ldots \cdot h_{i_k}.
\end{aligned}$$

3.5.5 Lemma. *Sei $f \in C^k(U)$. Dann gilt*

$$\begin{aligned}
d^k f(a, h) &= \sum_{\substack{\alpha_1, \ldots, \alpha_n=0 \\ \alpha_1 + \cdots + \alpha_n = k}}^{k} \frac{k!}{\alpha_1! \cdot \ldots \cdot \alpha_n!} D_n^{\alpha_n} \cdots D_1^{\alpha_1} f(a) h_1^{\alpha_1} \cdot \ldots \cdot h_n^{\alpha_n} \\
&= \sum_{|\alpha|=k} \frac{k!}{\alpha!} D^\alpha f(a) h^\alpha \\
&= \sum_{|\alpha|=k} \binom{k}{\alpha} D^\alpha f(a) h^\alpha.
\end{aligned}$$

Beweis. Wegen der Vertauschbarkeit der Differentiationsreihenfolge, Satz 3.2.5, berechnen wir

$$
\begin{aligned}
d^k f(a,h) &= \left(\left(\sum_{i=1}^{n} h_i D_i\right)^k f\right)(a) \\
&= \sum_{i_1,\ldots,i_k=1}^{n} D_{i_1\cdots i_k} f(a) h_{i_1} \cdot \ldots \cdot h_{i_k} \\
&= \sum_{\substack{\alpha_1,\ldots,\alpha_n=0 \\ \alpha_1+\cdots+\alpha_n=k}}^{k} A^k_{\alpha_1\cdots\alpha_n} D_n^{\alpha_n}\cdots D_1^{\alpha_1} f(a) h_1^{\alpha_1} \cdot \ldots \cdot h_n^{\alpha_n} \\
&= \sum_{|\alpha|=k} A^k_\alpha D^\alpha f(a) h^\alpha,
\end{aligned}
$$

dabei ist $A^k_\alpha = A^k_{\alpha_1\cdots\alpha_n}$ die Anzahl derjenigen Terme, in denen f genau α_i-fach nach x_i abgeleitet wird und der Faktor h_i genau α_i-mal auftritt, $i = 1,\ldots,n$. Wir erkennen die Analogie zur Multinomialformel aus Beispiel 3.2.7 (ii) und lassen uns von deren Beweis leiten: Wir differenzieren $d^k f(a,h)$ β_i-mal nach h_i für $i = 1,\ldots,n$ mit $\beta_1 + \cdots + \beta_n = k$ und erhalten

$$
\begin{aligned}
&k! D_n^{\beta_n}\cdots D_1^{\beta_1} f(a) \\
&= \frac{\partial^k}{\partial h_n^{\beta_n}\cdots\partial h_1^{\beta_1}}\left(\left(\sum_{i=1}^{n} h_i D_i\right)^k f\right)(a) \\
&= \sum_{\substack{\alpha_1,\ldots,\alpha_n=0 \\ \alpha+\cdots+\alpha_n=k}}^{k} A^k_{\alpha_1\cdots\alpha_n} D_n^{\alpha_n}\cdots D_1^{\alpha_1} f(a) \frac{\partial^k}{\partial h_n^{\beta_n}\cdots\partial h_1^{\beta_1}}\left(h_1^{\alpha_1} \cdot \ldots \cdot h_n^{\alpha_n}\right) \\
&= A^k_{\beta_1\cdots\beta_n} D_n^{\beta_n}\cdots D_1^{\beta_1} f(a) \beta_1! \cdot \ldots \cdot \beta_n!.
\end{aligned}
$$

Da $A^k_{\beta_1\cdots\beta_n}$ unabhängig von f ist, führt die Wahl $f(x) = x^\beta = x_1^{\beta_1} \cdot \ldots \cdot x_n^{\beta_n}$ zu

$$
A^k_\beta = A^k_{\beta_1\cdots\beta_n} = \frac{k!}{\beta_1! \cdot \ldots \cdot \beta_n!} = \frac{k!}{\beta!} = \binom{k}{\beta}
$$

beziehungsweise

$$
A^k_\alpha = A^k_{\alpha_1\cdots\alpha_n} = \frac{k!}{\alpha_1! \cdot \ldots \cdot \alpha_n!} = \frac{k!}{\alpha!} = \binom{k}{\alpha}. \qquad \square
$$

3.5.6 Der Taylorsche Satz. *Sei $f \in C^N(U, \mathbb{R})$, $N \in \mathbb{N}$. Seien $a, x \in U$, so dass das Segment $\sigma(a, x) = \{ (1 - t)a + tx \mid t \in [0, 1] \}$ zu U gehört. Dann gilt die* **Taylorsche Formel**

$$f(x) = \sum_{k=0}^{N-1} \frac{d^k f(a, x - a)}{k!} + R_N(a, x)$$

$$= \sum_{|\alpha| \leq N-1} \frac{D^\alpha f(a)}{\alpha!} (x - a)^\alpha + R_N(a, x).$$

Dabei ist

$$R_N(a, x) := \frac{d^N f(\xi, x - a)}{N!}$$

$$= \sum_{|\alpha| = N} \frac{D^\alpha f(\xi)}{\alpha!} (x - a)^\alpha$$

mit einem $\xi = (1 - t)a + tx \in \sigma(a, x)$, $\xi \neq a, x$, $t \in (0, 1)$, das **Lagrangesche Restglied**.

Beweis. Wir betrachten die Funktion

$$g(t) := f(\gamma(t)) = f(a + t(x - a)) = f((1 - t)a + tx)$$

für $t \in [0, 1]$. Dann ist $g \in C^N[0, 1]$ und nach der Kettenregel 3.1.7 gilt

$$g'(t) = Df(\gamma(t))\gamma'(t)$$

$$= \sum_{i=1}^{n} D_i f(a + t(x - a))(x_i - a_i)$$

$$= \left(\sum_{i=1}^{n} (x_i - a_i) D_i f \right) (a + t(x - a))$$

$$= (((x - a) \cdot D) f) (a + t(x - a))$$

$$= df(a + t(x - a), x - a).$$

Durch wiederholte Differentiation ergibt sich

$$g^{(k)}(t) = \left(\left(\sum_{i=1}^{n} (x_i - a_i) D_i \right)^k f \right) (a + t(x - a))$$

$$= ((x - a) \cdot D)^k f(a + t(x - a))$$

$$= d^k f(a + t(x - a), x - a)$$

für $k = 0, 1, \ldots, N$. Nach der Taylorschen Formel mit dem Lagrangeschen Restglied für Funktionen einer Variablen (vergleiche Analysis I, Abschnitte 5.6 und 8.6) folgt, dass

$$f(x) = g(1) = \sum_{k=0}^{N-1} \frac{g^{(k)}(0)}{k!} + \frac{g^{(N)}(\tau)}{N!}$$

mit einem $\tau \in (0, 1)$ und somit

$$f(x) = \sum_{k=0}^{N-1} \frac{d^k f(a, x - a)}{k!} + \frac{d^N f(\xi, x - a)}{N!}$$

mit einem $\xi \in \sigma(a, x)$, $\xi \neq a, x$. □

Wir schreiben das Restglied noch in eine handlichere Form um:

3.5.7 Satz. *Sei $f \in C^N(U, \mathbb{R})$. Seien $a, x \in U$, so dass das Segment $\sigma(a, x) = \{ (1 - t)a + tx \mid t \in [0, 1] \}$ zu U gehört. Dann gilt die Darstellung*

$$f(x) = \sum_{|\alpha| \leq N} \frac{D^\alpha f(a)}{\alpha!} (x - a)^\alpha + o(|x - a|^N), \tag{3.4}$$

*dabei ist o das **Landausche „klein-o-Symbol"**, das heißt, es gilt*

$$\lim_{x \to a} \frac{o\left(|x - a|^N\right)}{|x - a|^N} = 0.$$

Beweis. Sei $U(a) = U_\varepsilon(a) \subset U$ eine offene Kugelumgebung von a. Sei $x \in U(a)$. Nach dem Taylorschen Satz gibt es ein $\xi \in \sigma(a, x)$, $\xi \neq x, a$, also $\xi \in U(a)$ mit

$$f(x) = \sum_{|\alpha| \leq N-1} \frac{D^\alpha f(a)}{\alpha!} (x - a)^\alpha + \sum_{|\alpha| = N} \frac{D^\alpha f(\xi)}{\alpha!} (x - a)^\alpha$$

$$= \sum_{|\alpha| \leq N} \frac{D^\alpha f(a)}{\alpha!} (x - a)^\alpha + \sum_{|\alpha| = N} \frac{D^\alpha f(\xi) - D^\alpha f(a)}{\alpha!} (x - a)^\alpha.$$

Setzen wir nun

$$R_N(a, x) := \begin{cases} \sum\limits_{|\alpha| = N} \frac{D^\alpha f(\xi) - D^\alpha f(a)}{\alpha!} (x - a)^\alpha & \text{für } x \in U(a) \\ f(x) - \sum\limits_{|\alpha| \leq N} \frac{D^\alpha f(a)}{\alpha!} (x - a)^\alpha & \text{für } x \in U \smallsetminus U(a), \end{cases}$$

so gilt $R_N(a, x) = o(|x - a|)$ für $x \to a$ wegen der Stetigkeit von $D^\alpha f(x)$ für $|\alpha| = N$, und wir haben die gewünschte Darstellung für alle $x \in U$. □

3.6   Lokale Extrema

Wir wollen nun einen Aspekt der „Kurvendiskussion" von reellen Funktionen $f : U \to \mathbb{R}$ mit hinreichend guten Differenzierbarkeitseigenschaften behandeln, nämlich die Frage nach notwendigen und hinreichenden Bedingungen an die zweiten Ableitungen von f für das Vorliegen eines lokalen Extremums in einem inneren Punkt $a \in U$. Dabei ist $U \subset \mathbb{R}^n$ eine offene Menge. Zunächst formulieren wir die Taylorsche Formel (3.4) für den Fall $N = 2$ um:

3.6.1 Bemerkung und Definition. Sei $f \in C^2(U, \mathbb{R})$. Seien $a, x \in U$, so dass das Segment $\sigma(a, x) = \{ (1 - t)a + tx \mid t \in [0, 1] \}$ zu U gehört. Dann gilt die Darstellung

$$f(x) = f(a) + \sum_{i=1}^{n} D_i f(a)(x_i - a_i)$$

$$+ \frac{1}{2} \sum_{i,j=1}^{n} D_{ij} f(a)(x_i - a_i)(x_j - a_j) + o(|x - a|^2)$$

$$= f(a) + Df(a) \cdot (x - a) + \frac{1}{2}(x - a) \circ D^2 f(a) \circ (x - a)^\top$$

$$+ o(|x - a|^2)$$

$$= f(a) + \nabla f(a)(x - a) + \frac{1}{2}(x - a)D^2 f(a)(x - a)^\top + o\left(|x - a|^2\right).$$

Dabei definieren wir die **Hessesche Matrix** von f im Punkt $a \in U$ durch

$$D^2 f(a) := (D_{ij} f(a))_{i,j=1}^{n} = \begin{pmatrix} D_{11} f & \cdots & D_{1n} f \\ \vdots & & \vdots \\ D_{n1} f & \cdots & D_{nn} f \end{pmatrix}(a)$$

und für $\xi = (\xi_1, \ldots, \xi_n) \in \mathbb{R}^n$ ist

$$\xi D^2 f(a) \xi^\top = \sum_{i,j=1}^{n} D_{ij} f(a) \xi_i \xi_j$$

die **Hessesche Form**.

Dies bedeutet, dass der Paraboloid (Schmiegeparaboloid)

$$\pi(x) = f(a) + \nabla f(a)(x - a) + \frac{1}{2}(x - a)D^2 f(a)(x - a)^\top$$

den Graphen von f an der Stelle a von zweiter Ordnung approximiert.

3.6.2 Definition. Sei $f : D \to \mathbb{R}$ eine Funktion mit Definitionsbereich $D \subset \mathbb{R}^n$. Dann besitzt f ein **(absolutes) Maximum** im Punkt $a \in D$, wenn die Ungleichung

$$f(x) \le f(a) \text{ für alle } x \in D$$

gilt. f hat ein **lokales Maximum** im Punkt $a \in D$, wenn es eine offene Umgebung $U(a) \subset \mathbb{R}^n$ gibt, so dass

$$f(x) \le f(a) \text{ für alle } x \in D \cap U(a).$$

Das Maximum ist **isoliert**, falls

$$f(x) < f(a) \text{ für alle } x \in D \cap U(a), \; x \ne a$$

gilt. Entsprechend sind **absolutes**, **lokales** und **isoliertes Minimum** erklärt. In beiden Fällen hat f ein **absolutes**, **lokales** beziehungsweise **isoliertes Extremum** im Punkt $a \in D$.

3.6.3 Satz von Fermat. *Sei $U \subset \mathbb{R}^n$ eine offene Menge. Die Funktion $f : U \to \mathbb{R}$ besitze im Punkt $a \in U$ ein lokales Extremum. Außerdem sei f im Punkt a partiell differenzierbar. Dann gilt*

$$\nabla f(a) = 0,$$

das heißt

$$\frac{\partial f}{\partial x_1}(a) = \cdots = \frac{\partial f}{\partial x_n}(a) = 0.$$

Beweis. Sei $U_\varepsilon(a) \subset U$. Der Beweis ergibt sich unmittelbar aus der Differentialrechnung einer Variablen, weil die Funktionen

$$f_i(t) := f(\gamma_i(t)) = f(a_1, \ldots, a_{i-1}, t, a_{i+1}, \ldots, a_n)$$

für $|t - a_i| < \varepsilon$, $i = 1, \ldots, n$, jeweils an der Stelle $t = a_i$ ein lokales Maximum beziehungsweise Minimum haben. $\square$

3.6.4 Definition. Gilt $\nabla f(a) = 0$, so heißt f an der Stelle a beziehungsweise im Punkt $(a, f(a))$ **kritisch** oder **stationär**.

Dass f an der Stelle a kritisch ist, ist also eine notwendige Bedingung für das Vorliegen eines lokalen Extremums in einem inneren Punkt des Definitionsbereichs.

3.6.5 Notwendiges zweite-Ableitungskriterium. *Sei $f \in C^2(U)$. f besitze im Punkt $a \in U$ ein lokales Maximum beziehungsweise Minimum. Dann gilt*

$$\xi D^2 f(a)\xi^\top = \sum_{i,j=1}^{n} D_{ij} f(a)\xi_i\xi_j \leq 0 \ \textit{beziehungsweise} \ \geq 0$$

für alle $\xi \in \mathbb{R}^n$, das heißt, die Hessesche Form ist im Punkt a negativ beziehungsweise positiv semi-definit.

Beweis. Nach dem Satz 3.6.3 von Fermat ist $Df(a) = \nabla f(a) = 0$, also reduziert sich die Taylorsche Formel (3.4) auf die in 3.6.1 angegebene Form

$$f(x) = f(a) + \frac{1}{2}(x-a)D^2 f(a)(x-a)^\top + o(|x-a|^2) \tag{3.5}$$

für alle $x \in U$. Wir betrachten den Fall eines lokalen Maximums an der Stelle a. Sei $U(a) \subset U$, so dass

$$f(x) \leq f(a) \ \text{für} \ x \in U(a).$$

Sei $\xi \in \mathbb{R}^n$. Für hinreichend kleines $\varepsilon > 0$ ist dann $x := a + \varepsilon\xi \in U(a)$, so dass

$$\frac{\varepsilon^2}{2}\xi D^2 f(a)\xi^\top + o(\varepsilon^2 |\xi|^2) = f(x) - f(a) \leq 0.$$

Der Grenzübergang $\varepsilon \to 0$ liefert

$$\xi D^2 f(a)\xi^\top \leq 0. \qquad \square$$

3.6.6 Hinreichendes zweite-Ableitungskriterium. *Sei $f \in C^2(U)$ und sei $a \in U$ ein kritischer Punkt, das heißt, es gilt*

$$\nabla f(a) = 0.$$

Außerdem sei
$$\xi D^2 f(a)\xi^\top < 0 \ \textit{beziehungsweise} \ > 0$$

für alle $\xi \in \mathbb{R}^n$, $\xi \neq 0$, das heißt, die Hessesche Form ist im Punkt a negativ beziehungsweise positiv definit. Dann besitzt f an der Stelle a ein isoliertes lokales Maximum beziehungsweise Minimum.

Beweis. Die Funktion $g(\xi) := \xi D^2 f(a)\xi^\top$ ist stetig auf der (kompakten) Einheitssphäre $S^{n-1} := \{\xi \in \mathbb{R}^n \mid |\xi| = 1\}$, nimmt also nach dem Satz von Weierstraß 2.5.5 ihr Minimum

$$\lambda := \min g(S^{n-1}) = \min_{\xi \in S^{n-1}} \xi D^2 f(a)\xi^\top$$

an. Betrachten wir den Fall, dass $g(\xi) = \xi D^2 f(a)\xi^\top > 0$ für alle $\xi \in \mathbb{R}^n$, $\xi \neq 0$ ist, dann muss deshalb $\lambda > 0$ sein. Für alle $\xi \in \mathbb{R}^n$, $\xi \neq 0$ folgt, dass

$$\xi D^2 f(a)\xi^\top = |\xi|^2 \frac{\xi}{|\xi|} D^2 f(a) \left(\frac{\xi}{|\xi|}\right)^\top \geq \lambda |\xi|^2 .$$

Wegen $\nabla f(a) = 0$ ergibt sich durch Anwendung der Taylorschen Formel (3.5), dass

$$f(x) = f(a) + \frac{1}{2}(x-a)D^2 f(a)(x-a)^\top + o(|x-a|^2)$$
$$\geq f(a) + \frac{\lambda}{2}|x-a|^2 + o(|x-a|^2).$$

für alle $x \in U$. Sei $\varepsilon > 0$ so gewählt, dass

$$\left|\frac{o(|x-a|^2)}{|x-a|^2}\right| \leq \frac{\lambda}{4}$$

für alle $x \in U_\varepsilon(a)$, $x \neq a$. Dann folgt

$$f(x) \geq f(a) + \frac{\lambda}{4}|x-a|^2 > f(a)$$

für $x \in U_\varepsilon(a)$, $x \neq a$, weshalb ein isoliertes Minimum vorliegt. $\qquad\square$

3.6.7 Satz und Definition. *Sei $f \in C^2(U)$ und sei $a \in U$ ein kritischer Punkt. Ist die Hessesche Form von f im Punkt a **indefinit**, das heißt weder positiv noch negativ semidefinit, das heißt, es gibt $\xi, \eta \in \mathbb{R}^n$ mit*

$$\xi D^2 f(a)\xi^\top > 0, \quad \eta D^2 f(a)\eta^\top < 0,$$

*dann besitzt f in a kein lokales Extremum (im Fall $n = 2$ heißt a ein **Sattelpunkt**).*

Beweis. Folgt unmittelbar aus Satz 3.6.5. $\qquad\square$

3.6.8 Bemerkungen. (i)   Die Voraussetzung

$$\xi D^2 f(a)\xi^\top < 0 \text{ beziehungsweise } > 0$$

lässt sich in Satz 3.6.6 nicht durch die schwächere Voraussetzung

$$\xi D^2 f(a)\xi^\top \leq 0 \text{ beziehungsweise } \geq 0$$

ersetzen. Betrachte zum Beispiel die Funktion $f : \mathbb{R} \to \mathbb{R}$, $f(x) = x^3$. Im Punkt $x = 0$ ist $f'(0) = 0$, $f''(0) = 0$, jedoch liegt weder ein relatives Minimum noch Maximum vor.

(ii)   In Satz 3.6.5 gilt nicht die stärkere Aussage

$$\xi D^2 f(a)\xi^\top < 0 \text{ beziehungsweise } > 0.$$

Betrachte zum Beispiel die Funktion $f : \mathbb{R} \to \mathbb{R}$, $f(x) = x^4$. Im Punkt $x = 0$ ist $f'(0) = 0$, $f''(0) = 0$ und f hat ein relatives Minimum bei $x = 0$.

(iii)   Im Fall $n = 2$ gilt:

$$\sum_{i,j=1}^{2} D_{ij} f(a)\xi_i \xi_j > 0$$

für alle $\xi \in \mathbb{R}^n$, $\xi \neq 0$, genau dann, wenn

$$D_{11} f(a) > 0, \quad D_{11} f(a) D_{22} f(a) - D_{12}^2 f(a) > 0.$$

Wir behandeln noch einige Beispiele zum Satz von Fermat, wo mithilfe des Zusatzes zum Satz von Weierstraß, Satz 2.5.7, eine kritische Stelle als extremal erkannt wird:

3.6.9 Beispiel. Seien $a_1, \ldots, a_k \in \mathbb{R}^n$. Betrachte die Summe der Abstandsquadrate

$$f(x) := \sum_{\ell=1}^{k} |x - a_\ell|^2 = \sum_{\ell=1}^{k} \sum_{i=1}^{n} \left(x_i - a_i^{(\ell)} \right)^2$$

für $x \in \mathbb{R}^n$. Dann besitzt f ein Minimum im Mittelpunkt $a := \frac{1}{k} \sum_{\ell=1}^{k} a_\ell$: Dazu berechnen wir

$$\frac{\partial f}{\partial x_i}(x) = 2 \sum_{\ell=1}^{k} (x_i - a_i^{(\ell)}) = 2 \left(k x_i - \sum_{\ell=1}^{k} a_i^{(\ell)} \right) = 0$$

genau für

$$x_i = \frac{1}{k} \sum_{\ell=1}^{k} a_i^{(\ell)},$$

$i = 1, \ldots, n$. Wegen $f(x) \to +\infty$ für $|x| \to \infty$ muss im Punkt a ein globales Minimum vorliegen (vergleiche Satz 2.5.7).

3.6.10 Beispiel. Sei

$$A = (a_{jk})_{\substack{j=1\ldots m \\ k=1\ldots n}} = \begin{pmatrix} a_{11} & \cdots & a_{1n} \\ \vdots & & \vdots \\ a_{m1} & \cdots & a_{mn} \end{pmatrix}.$$

Mithilfe der **Methode der kleinsten Quadrate** wollen wir zeigen, dass das inhcmogene Gleichungssystem

$$Ax = A \circ x = \begin{pmatrix} a_{11} & \cdots & a_{1n} \\ \vdots & & \vdots \\ a_{m1} & \cdots & a_{mn} \end{pmatrix} \circ \begin{pmatrix} x_1 \\ \vdots \\ x_n \end{pmatrix}$$

$$= \begin{pmatrix} \sum\limits_{k=1}^{n} a_{1k} x_k \\ \vdots \\ \sum\limits_{k=1}^{n} a_{mk} x_k \end{pmatrix} = \begin{pmatrix} b_1 \\ \vdots \\ b_m \end{pmatrix} = b$$

für alle b lösbar ist, wenn das transponiert homogene System

$$A^\top y = A^\top \circ y = \begin{pmatrix} a_{11} & \cdots & a_{m1} \\ \vdots & & \vdots \\ a_{1n} & \cdots & a_{mn} \end{pmatrix} \circ \begin{pmatrix} y_1 \\ \vdots \\ y_m \end{pmatrix}$$

$$= \begin{pmatrix} \sum\limits_{j=1}^{m} a_{j1} y_j \\ \vdots \\ \sum\limits_{j=1}^{m} a_{jn} y_j \end{pmatrix} = \begin{pmatrix} 0 \\ \vdots \\ 0 \end{pmatrix} = 0$$

nur die Nullösung besitzt. Dazu betrachten wir die lineare Abbildung $f : \mathbb{R}^n \to \mathbb{R}^m$, $f(x) := A \circ x = Ax$, wobei wir $x = \begin{pmatrix} x_1 \\ \vdots \\ x_n \end{pmatrix} \in \mathbb{R}^n$ und $y = \begin{pmatrix} y_1 \\ \vdots \\ y_m \end{pmatrix} \in \mathbb{R}^m$ als Spaltenvektoren schreiben und betrachten das Abstandsquadrat

$$g(x) := |f(x) - b|^2 = |A x - b|^2$$

$$= \sum_{j=1}^{m} \left(\sum_{k=1}^{n} a_{jk} x_k - b_j \right)^2.$$

Die Idee ist, dass $Aa = b$ genau dann gilt, wenn $g(a) = 0 = \min\limits_{x \in \mathbb{R}^n} g(x)$. Wegen $g(x) \to +\infty$ für $|x| \to \infty$ gibt es ein $a \in \mathbb{R}^n$ mit

$$g(a) = \inf_{x \in \mathbb{R}^n} g(x) = \min_{x \in \mathbb{R}^n} g(x),$$

siehe Satz 2.5.7. Wir differenzieren: Für $i = 1, \ldots, n$ gilt

$$\frac{\partial g}{\partial x_i}(x) = 2 \sum_{j=1}^{m} \left(\sum_{k=1}^{n} a_{jk} x_k - b_j \right) a_{ji}$$

$$= 2 \sum_{j=1}^{m} a_{ij}^{\top} (Ax - b)_j$$

$$= 2 \left(A^{\top} \circ (Ax - b) \right)_i.$$

Also haben wir

$$0 = \frac{\partial g}{\partial x_i}(a) = 2 \left(A^{\top} (Aa - b) \right)_i,$$

weshalb

$$A^{\top} (Aa - b) = 0.$$

Aber aus $A^{\top} y = 0$ folgt dass $y = 0$ gilt. Deshalb muss $A \circ a = b$ sein.

Als Anwendung des Satzes von Fermat beweisen wir noch einen Satz, der in der Theorie der Hauptachsentransformation eine große Rolle spielt.

3.6.11 Satz. *Jede reelle symmetrische Matrix $A = (a_{jk})_{j,k=1}^{n}$ besitzt einen reellen Eigenwert λ, das heißt, es gibt einen Vektor $a \in \mathbb{R}^n$, $a \neq 0$, mit*

$$Aa = A \circ a = \lambda a,$$

dabei schreiben wir Vektoren im $\mathbb{R}^n$ als Spaltenvektoren.

Beweis. Wir betrachten die Funktion

$$g(x) := \frac{x^{\top} A x}{|x|^2} = \left(\frac{x}{|x|} \right)^{\top} A \frac{x}{|x|} = g \left(\frac{x}{|x|} \right)$$

für $x \in \mathbb{R}^n$, $x \neq 0$. Als stetige Funktion auf der Sphäre $S^{n-1} = \{ \xi \in \mathbb{R}^n \mid |\xi| = 1 \}$ nimmt $g|_{S^{n-1}}$ nach dem Satz von Weierstraß 2.5.5 ihr Minimum λ in einem Punkt $a \in S^{n-1}$ an. Deshalb nimmt auch g in a ihr Minimum an, das heißt, es gilt

$$g(a) = a^{\top} A a = \sum_{j,k=1}^{n} a_{jk} a_j a_k = \lambda = \min_{|\xi|=1} g(\xi) = \min_{\substack{x \in \mathbb{R}^n \\ x \neq 0}} g(x).$$

Nach dem Satz von Fermat 3.6.3 muss $\nabla g(a) = 0$ sein. Wir berechnen

$$\frac{\partial g}{\partial x_i}(a) = \frac{|x|^2 \left(\sum\limits_{j,k=1}^{n} a_{jk} x_j x_k \right)_{x_i} - \sum\limits_{j,k=1}^{n} a_{jk} x_j x_k \left(|x|^2 \right)_{x_i}}{|x|^4}$$

für $i = 1, \ldots, n$ und weiter

$$\left(|x|^2 \right)_{x_i} = \left(\sum_{j=1}^{n} x_j^2 \right)_{x_i} = 2x_i,$$

$$\left(\sum_{j,k=1}^{n} a_{jk} x_j x_k \right)_{x_i} = \sum_{j,k=1}^{n} a_{jk} \left(\delta_{ij} x_k + x_j \delta_{ik} \right)$$

$$= \sum_{k=1}^{n} a_{ik} x_k + \sum_{j=1}^{n} a_{ji} x_j = 2 \sum_{k=1}^{n} a_{ik} x_k,$$

dabei ist

$$\delta_{ij} = \begin{cases} 1 & \text{für } i = j \\ 0 & \text{für } i \neq j. \end{cases}$$

das **Kroneckersche δ-Symbol**. Daher gilt

$$\frac{\partial g}{\partial x_i}(a) = \frac{2|x|^2 \sum\limits_{k=1}^{n} a_{ik} x_k - 2x_i \sum\limits_{j,k=1}^{n} a_{jk} x_j x_k}{|x|^4}.$$

Wegen $|a| = 1$ und $\sum\limits_{j,k=1}^{n} a_{jk} a_j a_k = \lambda$ folgt also

$$0 = \frac{\partial g}{\partial x_i}(a) = 2 \left(\sum_{k=1}^{n} a_{ik} a_k - a_i \sum_{j,k=1}^{n} a_{jk} a_j a_k \right) = 2 \left(\sum_{k=1}^{n} a_{ik} a_k - \lambda a_i \right),$$

das heißt

$$\sum_{k=1}^{n} a_{ik} a_k = \lambda a_i \text{ für } i = 1, \ldots, n,$$

also $Aa = \lambda a$. $\qquad\qquad\qquad\qquad\qquad\qquad\qquad\qquad\qquad\qquad\qquad\quad\square$

3.7   Konvexe Funktionen

Wir wollen einige nützliche Kriterien für konvexe Funktionen zusammenstellen.

3.7.1 Definition. (i)   Eine Teilmenge $A \subset \mathbb{R}^n$ heißt **konvex**, falls mit $x', x'' \in A$ auch das Segment $\sigma(x', x'') = \{ (1-t)x' + tx'' \mid 0 \leq t \leq 1 \}$ zu A gehört.

(ii)   Eine in einer konvexen Menge $A \subset \mathbb{R}^n$ erklärte Funktion $f : A \to \mathbb{R}$ heißt **konvex** auf A, falls die Ungleichung

$$f((1-t)x' + tx'') \leq (1-t)f(x') + tf(x'') \tag{3.6}$$

für alle $x', x'' \in A$ und alle $t \in [0,1]$ gilt. f heißt **streng konvex**, falls die strikte Ungleichung für alle $x' \neq x''$ und alle $t \in (0,1)$ gilt.

f heißt **konkav** beziehungsweise **streng konkav**, wenn die jeweilige umgekehrte Ungleichung gilt.

3.7.2 Bemerkungen. (i)   Die Konvexitätsbedingung (3.6) braucht nur für alle $x', x'' \in A$ mit $x' \neq x''$ und alle $t \in (0,1)$ gefordert werden.

(ii)   Ist f konkav, so ist $-f$ konvex. Deshalb betrachten wir im Folgenden nur konvexe Funktionen.

(iii)   Anschaulich bedeutet die Konvexität einer Funktion f, dass kein Punkt der $P' = (x', f(x'))$ und $P'' = (x'', f(x''))$ verbindenden Sekante $\sigma_{P',P''} = \{ (1-t)P' + tP'' \mid t \in [0,1] \}$ unterhalb des Graphen von f, das heißt unterhalb von $\{ ((1-t)x' + tx''), f((1-t)x' + tx'') \mid t \in [0,1] \}$ liegt (siehe Abbildung 3.7).

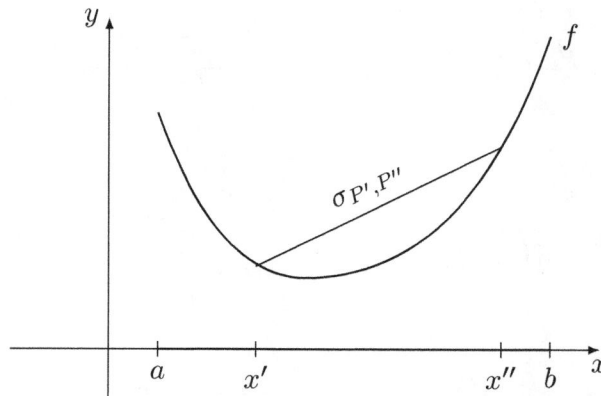

Abbildung 3.7: *Konvexe Funktion mit Sekante*

Wir betrachten nun die Steigungen von Sekanten konvexer Funktionen und zeigen unter anderem, dass für zwei aufeinanderfolgende Sekanten $\sigma_{P',P}$, $\sigma_{P,P''}$ die Steigung der zweiten stets größer oder gleich der der ersten ist. Dabei ist $P' = (x', f(x'))$, $P'' = (x'', f(x''))$, $x', x'' \in A$, $x' \neq x''$, $P = (x, f(x))$, $x \in \sigma(x', x'')$, $x \neq x', x''$ (vergleiche Abbildung 3.8).

3.7.3 Lemma. *Sei $A \subset \mathbb{R}^n$ ein konvexe Menge und sei $f : A \to \mathbb{R}$ eine konvexe Funktion. Dann gilt für alle $x', x'' \in A$, $x' \neq x''$ und alle $x \in \sigma(x', x'')$, $x \neq x', x''$:*

$$\frac{f(x) - f(x')}{|x - x'|} \leq \frac{f(x'') - f(x')}{|x'' - x'|} \leq \frac{f(x'') - f(x)}{|x'' - x|}.$$

Ist f streng konvex, so gelten die strikten Ungleichungen.

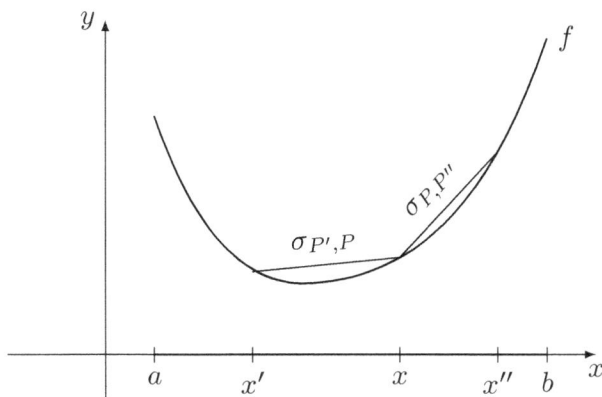

Abbildung 3.8: *Aufeinanderfolgende Sekanten einer konvexen Funktion*

Beweis. Seien $x', x'' \in A$, $x' \neq x''$, und sei $0 < t < 1$. Wir setzen $x := (1-t)x' + tx''$. Dann gilt

$$t = \frac{|x - x'|}{|x'' - x'|}, \quad 1 - t = \frac{|x'' - x|}{|x'' - x'|} \tag{3.7}$$

und

$$|x - x'| + |x'' - x| = |x'' - x'|.$$

Aus der Konvexitätsbedingung (3.6) folgt, dass

$$|x'' - x'| f(x) \leq |x'' - x| f(x') + |x - x'| f(x''), \tag{3.8}$$

also

$$|x'' - x'| (f(x) - f(x')) \leq (|x'' - x| - |x'' - x'|) f(x') + |x - x'| f(x'')$$
$$= |x - x'| (f(x'') - f(x')),$$

woraus sich die Ungleichung

$$\frac{f(x) - f(x')}{|x - x'|} \leq \frac{f(x'') - f(x')}{|x'' - x'|}$$

ergibt. Genauso folgt aus (3.8), dass

$$|x'' - x'| (f(x) - f(x'')) \leq |x'' - x| f(x') + (|x - x'| - |x'' - x'|) f(x'')$$
$$= |x'' - x| (f(x') - f(x'')),$$

also

$$\frac{f(x'') - f(x')}{|x'' - x'|} \leq \frac{f(x'') - f(x')}{|x'' - x'|}. \qquad \square$$

3.7.4 Lemma. *Sei $A \subset \mathbb{R}^n$ eine konvexe Menge. Eine Funktion $f : A \to \mathbb{R}$ ist genau dann konvex, wenn für alle $x', x'' \in A$, $x' \neq x''$, und alle $x \in \sigma(x', x'')$, $x \neq x', x''$:*

$$\frac{f(x) - f(x')}{|x - x'|} \leq \frac{f(x'') - f(x)}{|x'' - x|}. \tag{3.9}$$

f ist genau dann streng konvex, wenn die strikte Ungleichung gilt.

Beweis. „$\Rightarrow$" Diese Implikation wurde in Lemma 3.7.3 bewiesen.

„$\Leftarrow$" Aus (3.9) folgt mithilfe von (3.7), dass

$$(1 - t)(f(x) - f(x')) \leq t(f(x'') - f(x)),$$

also die behauptete Konvexitätsbedingung

$$f(x) \leq (1 - t)f(x') + tf(x'')$$

für alle $x', x'' \in A$, $x' \neq x''$, und alle $t \in (0, 1)$, dabei ist $x = (1 - t)x' + tx''$.   □

3.7.5 Monotoniekriterium. *Sei $U \subset \mathbb{R}^n$ eine konvexe, offene Menge und sei $f : U \to \mathbb{R}$ eine differenzierbare Funktion. Dann gelten die folgenden Aussagen:*

(i)   *f ist genau dann konvex auf U, wenn für alle $a \in U$ und alle $e \in \mathbb{R}^n$, $|e| = 1$, die Richtungsableitung $\frac{\partial f}{\partial e}$ auf der Geraden*

$$\sigma_{a,e} := \{\, x \in U \mid x = a + te,\ t \in \mathbb{R} \,\}$$

monoton wächst.

(ii)   *f ist genau dann streng konvex, wenn $\frac{\partial f}{\partial e}$ auf $\sigma_{a,e}$ streng monoton wachsend ist.*

Beweis. Seien $a \in U$, $e \in \mathbb{R}^n$, $|e| = 1$. Seien $x', x'' \in \sigma_{a,e}$ mit $x' = a + t'e$, $x'' = a + t''e$, $t', t'' \in \mathbb{R}$, $t' < t''$. Schließlich sei $x \in \sigma_{a,e}$ mit $x = a + te$, $t' < t < t''$. Dann gilt

$$e = \frac{x - x'}{|x - x'|} = \frac{x - x'}{t - t'}, \quad e = \frac{x'' - x}{|x'' - x|} = \frac{x'' - x}{t'' - t}.$$

(I) Sei f konvex auf U. Wegen Lemma 3.7.3 haben wir die Ungleichungen

$$\frac{f(x) - f(x')}{|x - x'|} \leq \frac{f(x'') - f(x')}{|x'' - x'|} \leq \frac{f(x'') - f(x)}{|x'' - x|}.$$

Durch Ausführen der separaten Grenzübergänge $x \to x'$ und $x \to x''$, das heißt $t \to t'$ und $t \to t''$ folgt hieraus, dass

$$\begin{aligned}
\frac{\partial f}{\partial e}(x') &= \lim_{t \to t'} \frac{f(x) - f(x')}{t - t'} \\
&\leq \frac{f(x'') - f(x')}{|x'' - x'|} \\
&\leq -\lim_{t \to t''} \frac{f(x) - f(x'')}{t - t''} \\
&= -\frac{\partial f}{\partial(-e)}(x'') \\
&= \frac{\partial f}{\partial e}(x'').
\end{aligned}$$

Dabei haben wir Satz 3.4.5 beziehungsweise Lemma 3.4.4 benutzt, obwohl dies nicht nötig ist, weil wir U als offen vorausgesetzt haben.

(II) Sei $\frac{\partial f}{\partial e}$ monoton wachsend auf $\sigma_{a,e}$. Dann besitzt die differenzierbare Funktion $g(t) := f(a + te)$ auf dem offenen Intervall $\{\, t \in \mathbb{R} \mid a + te \in U \,\}$ eine monoton wachsende Ableitung $g'(t) = \nabla f(a + te) \cdot e = \frac{\partial f}{\partial e}(a + te)$. Nach dem Mittelwertsatz gibt es deshalb Zwischenstellen $\xi_1, \xi_2 \in \sigma_{a,e}$, $\xi_1 = a + t_1 e$, $\xi_2 = a + t_2 e$, $t' < t_1 < t < t_2 < t''$, so dass

$$\frac{f(x) - f(x')}{|x - x'|} = \frac{g(t) - g(t')}{t - t'} = g'(t_1) = \frac{\partial f}{\partial e}(\xi_1),$$

$$\frac{f(x'') - f(x)}{|x'' - x|} = \frac{g(t'') - g(t)}{t'' - t} = g'(t_2) = \frac{\partial f}{\partial e}(\xi_2).$$

Aus der Monotonie der Ableitung folgt daher die Ungleichung

$$\frac{f(x) - f(x')}{|x - x'|} \leq \frac{f(x'') - f(x)}{|x'' - x|}.$$

Weil $a \in U$ und $e \in \mathbb{R}^n$, $|e| = 1$, beliebig sind, gilt diese für alle $x', x'' \in U$, $x' \neq x''$, $x = (1 - t)x' + tx''$, $t \in (0, 1)$. Aufgrund von Lemma 3.7.4 ist f daher konvex auf U.

(III) Ist f streng konvex auf U, so haben wir nach Teil (I) die Ungleichungen

$$\frac{\partial f}{\partial e}(x') \leq \frac{f(x'') - f(x')}{|x'' - x'|} \leq \frac{\partial f}{\partial e}(x''),$$

also wegen $f(x'') \neq f(x')$ die strenge Monotonie der Richtungsableitung $\frac{\partial f}{\partial e}$ auf $\sigma_{a,e}$.

(IV) Aus der strengen Monotonie von $\frac{\partial f}{\partial e}$ auf $\sigma_{a,e}$ folgt wie in Teil (II) die strikte Ungleichung

$$\frac{f(x) - f(x')}{|x - x'|} < \frac{f(x'') - f(x)}{|x'' - x|}.$$

Aus Lemma 3.7.4 folgt daher die strikte Konvexität von f auf U.   □

3.7.6 Bemerkung. Der Einfachheit halber haben wir in 3.7.5 vorausgesetzt, dass der Definitionsbereich von f eine offene Menge U und dass f in U total differenzierbar ist. Man kann mithilfe von Lemma 3.7.3 leicht zeigen, dass konvexe Funktionen in jedem Punkt a ihres Definitionsbereichs A Ableitungen $\frac{\partial f}{\partial e}(a)$ in jede Richtung $e \in \mathbb{R}^n$, $|e| = 1$, besitzen, für die $\{\, t > 0 \mid a + te \in A \,\} \neq \varnothing$ gilt. Interessant wäre es, weitere Regularitätsaussagen für konvexe Funktionen zu beweisen, wie zum Beispiel, dass konvexe Funktionen immer (lokal) Lipschitzstetig sind.

3.7.7 Tangentenkriterium. *Sei $U \subset \mathbb{R}^n$ eine konvexe, offene Menge und $f : U \to \mathbb{R}^n$ in U differenzierbar. Dann gelten die folgenden Aussagen:*

(i)   *f ist genau dann konvex auf U, wenn für alle $a \in U$ die Tangentialebene*

$$\tau_a(x) := f(a) + \nabla f(a) \cdot (x - a)$$

*eine **Stützebene** ist, mit anderen Worten in ganz U nicht oberhalb des Graphen von f liegt, das heißt, für alle $a \in U$ und alle $x \in U$ gilt die Ungleichung*

$$f(x) \geq \tau_a(x) = f(a) + \nabla f(a) \cdot (x - a).$$

(ii)   *f ist genau dann streng konvex, wenn die Tangentialebene $\tau_a(x)$ für alle $x \neq a$ unterhalb des Graphen von f liegt, das heißt, für alle $x \neq a$ gilt die strikte Ungleichung.*

Beweis. (I) Angenommen, f ist in U konvex. Dann gilt für alle $a, x \in U$ und $t \in [0, 1]$ die Ungleichung

$$f((1 - t)a + tx) \leq (1 - t)f(a) + tf(x) = f(a) + t(f(x) - f(a)),$$

weshalb

$$\frac{f(a + t(x - a)) - f(a)}{t} \leq f(x) - f(a).$$

Für $t \to 0$ erhalten wir mit der Kettenregel 3.3.10, dass

$$\nabla f(a) \cdot (x - a) = \frac{d}{dt} f(a + t(x - a)) \Big|_{t=a}$$
$$\leq f(x) - f(a),$$

also die Ungleichung $f(x) \geq \tau_a(x)$ für alle $a, x \in U$.

(II) Sei $f(x) \geq f(a) + Df(a) \cdot (x - a)$ für alle $a, x \in U$. Seien $x, x' \in U$, $x \neq x'$, $t \in (0,1)$ und sei $a = (1-t)x + tx' = x + t(x' - x) \in \sigma(x, x')$. Betrachte den Richtungsvektor

$$e := \frac{x' - a}{|x' - a|} = \frac{a - x}{|a - x|}.$$

Dann gilt $f(x') \geq \tau_a(x') = f(a) + \nabla f(a) \cdot (x' - a)$, also

$$\nabla f(a) \cdot e \leq \frac{f(x') - f(a)}{|x' - a|}$$

sowie $f(x) \geq \tau_a(x) = f(a) + \nabla f(a) \cdot (x - a)$, also

$$\nabla f(a) \cdot e \geq \frac{f(a) - f(x)}{|a - x|},$$

weshalb

$$\frac{f(a) - f(x)}{|a - x|} \leq \frac{f(x') - f(a)}{|x' - a|}.$$

Nun gilt $a - x = t(x' - x)$, $a - x' = (1-t)(x - x')$, also

$$t = \frac{|a - x|}{|x' - x|}, \quad 1 - t = \frac{|x' - a|}{|x' - x|}.$$

Hieraus folgt, dass

$$\frac{f(a) - f(x)}{t} \leq \frac{f(x') - f(a)}{1 - t}$$

und deshalb gilt

$$f((1-t)x + tx') = f(a) \leq (1-t)f(x) + tf(x')$$

für alle $x, x' \in U$, $x \neq x'$, $t \in (0,1)$, weshalb f in U konvex ist.

(III) Sei f streng konvex in U. Angenommen, es gilt die Gleichheit

$$f(x) = f(a) + \nabla f(a) \cdot (x - a)$$

für ein $x \neq a$. Dann gibt es nach dem Mittelwertsatz ein $\xi \in \sigma(a, x)$, $\xi \neq a, x$, mit

$$f(x) - f(a) = \nabla f(\xi) \cdot (x - a).$$

Daraus folgt aber, dass $(\nabla f(\xi) - \nabla f(a)) \cdot (x - a) = 0$, also

$$\frac{\partial f}{\partial e}(\xi) = \frac{\partial f}{\partial e}(a)$$

für $e = \frac{x-a}{|x-a|}$. Dies widerspricht aber der strengen Monotonie der Richtungsableitung $\frac{\partial f}{\partial e}$ auf dem Segment $\sigma(a, x)$.

(IV) Gilt die strikte Ungleichung $f(x) > \tau_a(x)$ für alle $x \neq a$, so folgt wie in Teil (II), dass f streng konvex ist. $\qquad\square$

3.7.8 Zweite-Ableitungskriterium. *Sei $U \subset \mathbb{R}^n$ eine konvexe, offene Menge und $f : U \to \mathbb{R}$ in U zweimal stetig differenzierbar. Dann gelten die folgenden Aussagen:*

(i) f ist genau dann konvex in U, wenn die Hessesche Form in U positiv semi-definit ist, das heißt, für alle $a \in U$ und $\xi \in \mathbb{R}^n$ gilt:

$$\xi D^2 f(a)\xi^\top = \sum_{i,j=1}^{n} D_{ij}f(a)\xi_i, \xi_j \geq 0.$$

(ii)   Ist die Hessesche Form in U positiv definit, das heißt gilt

$$\xi D^2 f(a)\xi^\top > 0,$$

so ist f streng konvex.

Beweis. (I) Angenommen, f ist in U konvex. Wir betrachten die Taylor-Formel zweiter Ordnung aus der Bemerkung 3.6.1

$$f(x) = f(a) + \nabla f(a) \cdot (x - a) + \frac{1}{2}(x - a) \circ D^2 f(a) \circ (x - a)^\top + o(|x - a|^2)$$

für $a, x \in U$. Wegen des Tangentenkriteriums 3.7.7 ist $f(x) \geq f(a) + \nabla f(a) \cdot (x - a)$, also

$$\frac{1}{2}(x - a)D^2 f(a)(x - a)^\top + o(|x - a|^2) \geq 0.$$

Setzen wir $x := a + \varepsilon\xi$, $\xi \in \mathbb{R}^n$ und $\varepsilon > 0$ so klein, dass $x \in U$ gilt, dann haben wir

$$\frac{\varepsilon^2}{2}\xi D^2 f(a)\xi^\top + o\left(\varepsilon^2 |\xi|^2\right) \geq 0,$$

also für $\varepsilon \to 0$, dass $\xi D^2 f(a)\xi^\top \geq 0$ für alle $a \in U$, $\xi \in \mathbb{R}^n$.

(II) Gilt umgekehrt, dass $\xi D^2 f(a)\xi^\top \geq 0$ für alle $a \in U$, $\xi \in \mathbb{R}^n$, so erinnern wir uns an die Taylor-Formel mit dem Lagrangeschen Restglied, Satz 3.5.6: Für alle $a, x \in U$ gilt

$$f(x) = f(a) + Df(a) \cdot (x - a) + \frac{1}{2}(x - a) \circ D^2 f(\xi) \circ (x - a)^\top$$

mit einem $\xi \in \sigma(a, x)$, $\xi \neq a, x$. Daraus folgt sofort, dass $f(x) \geq \tau_a(x) = f(a) + \nabla f(a) \cdot (x - a)$, weshalb f nach dem Tangentenkriterium konvex ist.

(III) Gilt die positive Definitheit von $D^2 f(a)$, so folgt wie in Teil (II) die strenge Konvexität von f. $\qquad\square$

4   Differenzierbare Abbildungen

4.1   Differenzierbare Abbildungen

In diesem Kapitel betrachten wir Abbildungen $f = (f_1, \ldots, f_m) : U \to \mathbb{R}^m$ einer offenen Teilmenge U des $\mathbb{R}^n$ in den $\mathbb{R}^m$ mit den Komponentenfunktionen $f_1, \ldots, f_m : U \to \mathbb{R}$, $n, m \in \mathbb{N}$. Es sollen Eigenschaften von Abbildungen f untersucht werden, die sich nicht ausschließlich auf ihre Komponentenfunktionen $f_1, \ldots, f_m$ beziehen und welche man deshalb als wirkliche Abbildungseigenschaften bezeichnen kann. Beim Begriff der partiellen Differenzierbarkeit einer Abbildung, welchen wir schon in Definition 3.1.6 erklärt hatten, ist das noch nicht der Fall:

4.1.1 Definition. (i)   Eine Abbildung $f = (f_1, \ldots, f_m) : U \to \mathbb{R}^m$ heißt **partiell differenzierbar** im Punkt $a = (a_1, \ldots, a_n) \in U$, falls die partiellen Ableitungen der Komponentenfunktionen $f_1, \ldots, f_m$ nach $x_1, \ldots, x_n$ im Punkt a, $\frac{\partial f_1}{\partial x_1}(a), \frac{\partial f_1}{\partial x_2}(a), \ldots, \frac{\partial f_m}{\partial x_n}(a)$, existieren.

(ii)   Die **Funktionalmatrix** oder **Jacobi-Matrix** von f im Punkt a ist die $m \times n$-Matrix

$$\left(\frac{\partial f_j}{\partial x_i}(a) \right)_{\substack{j=1,\ldots,m \\ i=1,\ldots,n}} = \begin{pmatrix} \frac{\partial f_1}{\partial x_1}(a) & \cdots & \frac{\partial f_1}{\partial x_n}(a) \\ \vdots & & \vdots \\ \frac{\partial f_m}{\partial x_1}(a) & \cdots & \frac{\partial f_m}{\partial x_n}(a) \end{pmatrix}.$$

Im Fall $n = m$ heißt

$$J f(a) = \frac{\partial(f_1, \ldots, f_n)}{\partial(x_1, \ldots, x_n)}(a) := \det \left(\frac{\partial f_j}{\partial x_i}(a) \right)_{j,i=1}^{n}$$

die **Funktionaldeterminante** oder **Jacobi-Determinante** von f im Punkt a.

(iii) f heißt **partiell differenzierbar** in U, falls alle Komponentenfunktionen $f_1, \ldots, f_m$ in U partiell differenzierbar sind. Stellen die partiellen Ableitungen $\frac{\partial f_1}{\partial x_1}(x), \frac{\partial f_1}{\partial x_2}(x), \ldots, \frac{\partial f_m}{\partial x_n}(x)$ stetige Funktionen in U dar, so heißt f **stetig (partiell) differenzierbar** in U, in Zeichen $f \in C^1(U, \mathbb{R}^m)$.

4.1.2 Definition und Lemma. (i)   Eine Abbildung $f : U \to \mathbb{R}^m$ heißt **total** oder **reell** oder einfach nur **differenzierbar** im Punkt $a \in U$, falls es eine $m \times n$-Matrix

$$A = (a_{ji})_{\substack{j=1,\dots,m \\ i=1,\dots,n}} = \begin{pmatrix} a_{11} & \cdots & a_{1n} \\ \vdots & & \vdots \\ a_{m1} & \cdots & a_{mn} \end{pmatrix} \in \mathbb{R}^{m \times n}$$

gibt, so dass für alle $x \in U$ eine Darstellung der Form

$$f(x) = f(a) + A \circ (x - a)^\top + \varphi(x)\,|x - a|$$

gilt, dabei ist $\varphi = \varphi_a : U \smallsetminus \{\, a \,\} \to \mathbb{R}^m$ eine Abbildung mit

$$\lim_{x \to a} \varphi(x) = \lim_{x \to a} \varphi_a(a) = 0.$$

(ii) A ist eindeutig bestimmt und heißt **totale Ableitung** von f. Wir bezeichnen sie durch

$$Df(a) = (D_i f_j(a))_{\substack{j=1,\dots,m \\ i=1,\dots,n}} = \begin{pmatrix} D_1 f_1(a) & \cdots & D_n f_1(a) \\ \vdots & & \vdots \\ D_1 f_m(a) & \cdots & D_n f_m(a) \end{pmatrix}$$

$$:= \begin{pmatrix} a_{11} & \cdots & a_{1n} \\ \vdots & & \vdots \\ a_{m1} & \cdots & a_{mn} \end{pmatrix} = A.$$

4.1.3 Bemerkungen. (i)   „$^\top$" ist die Transposition von Matrizen,

$$(x - a)^\top = \begin{pmatrix} x_1 - a_1 \\ \vdots \\ x_n - a_n \end{pmatrix}, \quad (x - a) = (x_1 - a_1, \dots, x_n - a_n).$$

„Identifizieren" wir Spalten- und Zeilenvektoren, so können wir statt $A \circ (x - a)^\top$ auch $A \circ (x - a)$ schreiben.

(ii) f ist stetig differenzierbar, falls

$$Df : U \to \mathbb{R}^{m \times n}, \quad x \mapsto Df(x),$$

in U stetig ist. Hierfür „identifizieren" wir den $\mathbb{R}^{m \times n}$ mit $\mathbb{R}^{nm}$.

(iii) f ist genau dann (stetig) total differenzierbar, wenn alle Komponentenfunktionen $f_1, \dots, f_m$ (stetig) total differenzierbar sind. Folglich sind viele einschlägige Aussagen über skalare Funktionen auch für Abbildungen gültig, wie zum Beispiel die Lemmata 3.3.5 und 3.3.6, aber nicht ohne weiteres der Mittelwertsatz (vergleiche hierzu die Bemerkung 3.1.12).

(iv) Ist $f : U \to \mathbb{R}^m$ im Punkt $a \in U$ total differenzierbar, so ist f im Punkt a partiell differenzierbar und es gilt (vergleiche Lemma 3.3.5)

$$Df(a) = (D_i f_j(a))_{\substack{j=1\ldots m \\ i=1\ldots n}} = \left(\frac{\partial f_j}{\partial x_i}\right)_{\substack{j=1\ldots m \\ i=1\ldots n}}.$$

Die Kettenregel für Abbildungen formulieren wir wie folgt (vergleiche Satz 3.3.10:

4.1.4 Satz. *Seien $U \subset \mathbb{R}^n$ und $V \subset \mathbb{R}^m$ offene Mengen. $f : U \to V$ sei total differenzierbar im Punkt $a \in U$ und $g : V \to \mathbb{R}^k$ total differenzierbar im Punkt $b := f(a) \in V$. Sei $h := g \circ f$. Dann gilt die* **Kettenregel**

$$Dh(a) = Dg(b) \circ Df(a),$$

das heißt

$$\begin{pmatrix} \frac{\partial h_1}{\partial x_1} & \cdots & \frac{\partial h_1}{\partial x_n} \\ \vdots & & \vdots \\ \frac{\partial h_k}{\partial x_1} & \cdots & \frac{\partial h_k}{\partial x_n} \end{pmatrix}(a) = \begin{pmatrix} \frac{\partial g_1}{\partial y_1} & \cdots & \frac{\partial g_1}{\partial y_m} \\ \vdots & & \vdots \\ \frac{\partial g_k}{\partial y_1} & \cdots & \frac{\partial g_k}{\partial y_m} \end{pmatrix}(b) \circ \begin{pmatrix} \frac{\partial f_1}{\partial x_1} & \cdots & \frac{\partial f_1}{\partial x_n} \\ \vdots & & \vdots \\ \frac{\partial f_m}{\partial x_1} & \cdots & \frac{\partial f_m}{\partial x_n} \end{pmatrix}(a),$$

beziehungsweise

$$\frac{\partial h_\ell}{\partial x_i}(a) = \sum_{j=1}^{m} \frac{\partial g_\ell}{\partial y_j}(b) \frac{\partial f_j}{\partial x_i}(a) \ \text{für } \ell = 1,\ldots,k, \ i = 1,\ldots,n.$$

4.1.5 Beispiele. (i)   Wir betrachten die **Polarkoordinatenabbildung**

$$\Phi : \left\{ (r,\varphi) \in \mathbb{R}^2 \mid r > 0, \ -\pi < \varphi < \pi \right\} \to \mathbb{R}^2 \setminus \left\{ (x,0) \in \mathbb{R}^2 \mid x \le 0 \right\},$$

$$x = r \cos\varphi$$
$$y = r \sin\varphi.$$

Φ ist bijektiv, stetig differenzierbar und es gilt

$$D\Phi(r,\varphi) = \begin{pmatrix} x_r & x_\varphi \\ y_r & y_\varphi \end{pmatrix} = \begin{pmatrix} \cos\varphi & -r\sin\varphi \\ \sin\varphi & r\cos\varphi \end{pmatrix},$$
$$J\Phi(r,\varphi) = r(\cos^2\varphi + \sin^2\varphi) = r \ne 0.$$

Ohne die Gleichungen $x = r\cos\varphi$, $y = r\sin\varphi$ explizit auflösen zu müssen, können wir unter der Annahme der Differenzierbarkeit von Φ^{-1} die Funktionalmatrix $D\Phi^{-1}$ mit Hilfe der Kettenregel 4.1.4 bestimmen. Es muss nämlich

$$D\Phi^{-1}(x,y) \circ D\Phi(r,\varphi) = D(\Phi^{-1} \circ \Phi)(r,\varphi) = D\,\mathrm{id}_{\mathbb{R}^2} = \begin{pmatrix} 1 & 0 \\ 0 & 1 \end{pmatrix}$$

gelten, also

$$\begin{pmatrix} r_x & r_y \\ \varphi_x & \varphi_y \end{pmatrix} \circ \begin{pmatrix} \cos\varphi & -r\sin\varphi \\ \sin\varphi & r\cos\varphi \end{pmatrix} = \begin{pmatrix} 1 & 0 \\ 0 & 1 \end{pmatrix},$$

weshalb

$$D\Phi^{-1} = \begin{pmatrix} r_x & r_y \\ \varphi_x & \varphi_y \end{pmatrix} = \begin{pmatrix} \cos\varphi & -r\sin\varphi \\ \sin\varphi & r\cos\varphi \end{pmatrix}^{-1} = \frac{1}{r}\begin{pmatrix} r\cos\varphi & r\sin\varphi \\ -\sin\varphi & \cos\varphi \end{pmatrix}$$

$$= \begin{pmatrix} \cos\varphi & \sin\varphi \\ -\frac{\sin\varphi}{r} & \frac{\cos\varphi}{r} \end{pmatrix} = \begin{pmatrix} \frac{x}{\sqrt{x^2+y^2}} & \frac{y}{\sqrt{x^2+y^2}} \\ -\frac{y}{x^2+y^2} & \frac{x}{x^2+y^2} \end{pmatrix}.$$

Wir prüfen dies nach: Es gilt

$$v_x = \left(\sqrt{x^2+y^2}\right)_x = \frac{x}{\sqrt{x^2+y^2}},$$

$$r_y = \left(\sqrt{x^2+y^2}\right)_y = \frac{y}{\sqrt{x^2+y^2}}.$$

Für $-\frac{\pi}{2} < \varphi < \frac{\pi}{2}$ und $x \neq 0$ haben wir $\frac{y}{x} = \tan\varphi$, also $\varphi = \arctan\frac{y}{x}$, weshalb

$$\varphi_x = \frac{1}{1+\left(\frac{y}{x}\right)^2} \cdot \left(-\frac{y}{x^2}\right) = -\frac{y}{x^2+y^2},$$

$$\varphi_y = \frac{1}{1+\left(\frac{y}{x}\right)^2} \cdot \frac{1}{x} = \frac{x}{x^2+y^2}.$$

(ii)   Die **Zylinderkoordinatenabbildung** (vergleiche Beispiel 2.1.5 (v))

$$\Phi_z : \{\,(r,\varphi,z) \mid r > 0,\ -\pi < \varphi < \pi,\ z \in \mathbb{R}\,\}$$
$$\to \mathbb{R}^3 \smallsetminus \{\,(x,0,z) \mid x \leq 0,\ z \in \mathbb{R}\,\},$$

$$x = r\cos\varphi$$
$$y = r\sin\varphi$$
$$z = z,$$

ist ebenfalls bijektiv und es gilt

$$D\Phi_z = \begin{pmatrix} x_r & x_\varphi & x_z \\ y_r & y_\varphi & y_z \\ z_r & z_\varphi & z_z \end{pmatrix} = \begin{pmatrix} \cos\varphi & -r\sin\varphi & 0 \\ \sin\varphi & r\cos\varphi & 0 \\ 0 & 0 & 1 \end{pmatrix},$$
$$J\Phi_z = J\Phi = r \neq 0.$$

(iii)   Wir betrachten **sphärische Koordinaten** (vergleiche Beispiel 2.1.5 (vi))

$$\Psi : \{\, (\rho, \varphi, \vartheta) \mid \rho > 0,\ -\pi < \varphi < \pi,\ 0 < \vartheta < \pi \,\}$$
$$\to \mathbb{R}^3 \smallsetminus \{\, (x, 0, z) \mid x \le 0,\ z \in \mathbb{R} \,\},$$

$$x = \rho \cos \varphi \sin \vartheta$$
$$y = \rho \sin \varphi \sin \vartheta$$
$$z = \rho \cos \vartheta.$$

Dann gilt

$$D\Psi = \begin{pmatrix} x_\rho & x_\varphi & x_\vartheta \\ y_\rho & y_\varphi & y_\vartheta \\ z_\rho & z_\varphi & z_\vartheta \end{pmatrix}$$
$$= \begin{pmatrix} \cos \varphi \sin \vartheta & -\rho \sin \varphi \sin \vartheta & \rho \cos \varphi \cos \vartheta \\ \sin \varphi \sin \vartheta & \rho \cos \varphi \sin \vartheta & \rho \sin \varphi \cos \vartheta \\ \cos \vartheta & 0 & -\rho \sin \vartheta \end{pmatrix}.$$

Entwicklung nach der letzten Zeile liefert

$$J\Psi = \cos \vartheta \begin{vmatrix} -\rho \sin \varphi \sin \vartheta & \rho \cos \varphi \cos \vartheta \\ \rho \cos \varphi \sin \vartheta & \rho \sin \varphi \cos \vartheta \end{vmatrix}$$
$$- \rho \sin \vartheta \begin{vmatrix} \cos \varphi \sin \vartheta & -\rho \sin \varphi \sin \vartheta \\ \sin \varphi \sin \vartheta & \rho \cos \varphi \sin \vartheta \end{vmatrix}$$
$$= -\rho^2 \cos^2 \vartheta \sin \vartheta - \rho^2 \sin^3 \vartheta$$
$$= -\rho^2 \sin \vartheta \ne 0.$$

(iv)   Wir betrachten noch einmal sphärische Koordinaten: Sei

$$\Phi_\varphi : \{\, (\rho, \varphi, \vartheta) \mid \rho > 0,\ -\pi < \varphi < \pi,\ 0 < \vartheta < \pi \,\}$$
$$\to \{\, (r, \varphi, z) \mid r > 0,\ -\pi < \varphi < \pi,\ z \in \mathbb{R} \,\},$$

$$r = \rho \sin \vartheta$$
$$\varphi = \varphi$$
$$z = \rho \cos \vartheta.$$

Dann ist Φ_φ bijektiv und es gilt

$$D\Phi_\varphi = \begin{pmatrix} r_\rho & r_\varphi & r_\vartheta \\ \varphi_\rho & \varphi_\varphi & \varphi_\vartheta \\ z_\rho & z_\varphi & z_\vartheta \end{pmatrix} = \begin{pmatrix} \sin \vartheta & 0 & \rho \cos \vartheta \\ 0 & 1 & 0 \\ \cos \vartheta & 0 & -\rho \sin \vartheta \end{pmatrix},$$
$$J\Phi_\varphi = -\rho \ne 0.$$

Schreiben wir die sphärische Koordinatenabbildung Ψ als Verknüpfung von Φ_φ und Φ_z wie in Beispiel 2.1.5 (vi), das heißt

$$\Psi = \Phi_z \circ \Phi_\varphi$$

beziehungsweise

$$x = \rho \cos\varphi \sin\vartheta \quad = r\cos\varphi\big|_{r=\rho\sin\vartheta}$$
$$y = \rho \sin\varphi \sin\vartheta \quad = r\sin\varphi\big|_{r=\rho\sin\vartheta}$$
$$z = \rho \cos\vartheta \qquad\quad = z\big|_{z=\rho\cos\vartheta},$$

dann haben wir nach der Kettenregel

$$D\Psi = D\Phi_z \circ D\Phi_\varphi$$
$$= \begin{pmatrix} \cos\varphi & -r\sin\varphi & 0 \\ \sin\varphi & r\cos\varphi & 0 \\ 0 & 0 & 1 \end{pmatrix}\Bigg|_{r=\rho\sin\vartheta} \circ \begin{pmatrix} \sin\vartheta & 0 & \rho\cos\vartheta \\ 0 & 1 & 0 \\ \cos\vartheta & 0 & -\rho\sin\vartheta \end{pmatrix}$$
$$= \begin{pmatrix} \cos\varphi\sin\vartheta & -\rho\sin\varphi\sin\vartheta & \rho\cos\varphi\cos\vartheta \\ \sin\varphi\sin\vartheta & \rho\cos\varphi\sin\vartheta & \rho\sin\varphi\cos\vartheta \\ \cos\vartheta & 0 & -\rho\sin\vartheta \end{pmatrix},$$

also

$$J\Psi = J\Phi_z \cdot J\Phi_\varphi = r\big|_{r=\rho\sin\vartheta}\cdot(-\rho) = -\rho^2\sin\vartheta \neq 0.$$

4.2 Der Satz über inverse Abbildungen

4.2.1 Vorbemerkung. Wir erinnern uns an das Umkehrproblem für Funktionen $f:[a,b] \to \mathbb{R}$, dabei ist $[a,b] \subset \mathbb{R}$, $a < b$, ein nicht-ausgeartetes, kompaktes Intervall: Jede stetige, (streng) monoton wachsende Funktion

$$f:[a,b] \to [f(a),f(b)]$$

ist bijektiv und f^{-1} ist stetig und (streng) monoton (vergleiche Analysis I, Abschnitt 4.6). Ist zusätzlich f differenzierbar im Punkt x mit $f'(x) \neq 0$, so ist auch f^{-1} differenzierbar im Bildpunkt $y = f(x)$ und es gilt die Umkehrformel (vergleiche Analysis I, Abschnitt 5.2)

$$(f^{-1})'(y) = \frac{1}{f'(x)}.$$

4.2.2 Fragestellung. In diesem Abschnitt betrachten wir den Fall $m = n$ und untersuchen die Frage der (lokalen) Umkehrbarkeit von Abbildungen $f : U \to \mathbb{R}^n$, dabei ist $U \subset \mathbb{R}^n$ eine offene Menge. Mit anderen Worten wird danach gefragt, ob es zu gegebenen Punkten $a \in U$, $b := f(a)$ offene Umgebungen $U(a), V(b) \subset \mathbb{R}^n$ gibt, so dass

$$f|_{U(a)} : U(a) \to V(b)$$

bijektiv ist. Unter der Annahme der stetigen Differenzierbarkeit und dem Nichtverschwinden der Jacobi-Determinante Jf von f werden wir diese Frage positiv beantworten. Ferner wird untersucht, ob die inverse Abbildung f^{-1} differenzierbar ist. Das Hauptproblem dabei ist die Frage der lokalen Lösbarkeit der Gleichung $f(x) = y$ beziehungsweise des nichtlinearen quadratischen Systems

$$f_1(x_1, \ldots, x_n) = y_1$$
$$\vdots$$
$$f_n(x_1, \ldots, x_n) = y_n$$

von n Gleichungen mit den n Unbekannten $x_1, \ldots, x_n$. Dabei nehmen wir an, dass das System für $y = b = (b_1, \ldots, b_n)$ durch $x = a = (a_1, \ldots, a_n)$ gelöst wird, das heißt, es gilt $f(a) = b$, und zeigen, dass es dann für alle $y = (y_1, \ldots, y_n)$ aus einer offenen Umgebung $V(b)$ eine Lösung $x = (x_1, \ldots, x_n) \in U$ besitzt. Außerdem stellt sich die Frage der eindeutigen Lösbarkeit, welche wir zuerst beantworten werden.

Das Existenzproblem lösen wir mithilfe der **Methode der kleinsten Quadrate**. Wie in Beispiel 3.6.10 betrachten wir dabei zu gegebenem y den quadratischen Abstand

$$g(x) := |f(x) - y|^2$$

von y zu allen Bildpunkten $f(x)$ für $x \in U$ (vergleiche den Beweis von Lemma 4.2.5. Die Idee dabei ist, dass die Gleichung $f(x) = y$ genau dann eine Lösung $x \in U$ besitzt, wenn

$$g(x) = 0 = \inf_{x' \in U} g(x') = \min_{x' \in U} g(x')$$

gilt. Notwendig für das Vorliegen eines lokalen Minimums ist nach dem Satz von Fermat 3.6.3 das Verschwinden des Gradienten

$$\nabla g(x) = 0$$

im Punkt $x \in U$. Dieses System diskutieren wir mit Hilfe der Cramerschen Regel. Vorab müssen wir allerdings sicherstellen, dass die Funktion $g(x)$ tatsächlich ein lokales Minimum in U annimmt. Um den Satz von Weierstraß 2.5.5 anwenden zu können, müssen wir eine kleine Hilfsbetrachtung anstellen.

4.2.3 Beispiel. Ist $f : \mathbb{R}^n \to \mathbb{R}^n$ eine lineare Abbildung, das heißt

$$f(x) = A \circ x = \begin{pmatrix} a_{11} & \cdots & a_{1n} \\ \vdots & & \vdots \\ a_{n1} & \cdots & a_{nn} \end{pmatrix} \begin{pmatrix} x_1 \\ \vdots \\ x_n \end{pmatrix}$$

beziehungsweise

$$f_j(x) = \sum_{k=1}^{n} a_{jk} x_k \text{ für } j = 1, \ldots, n,$$

dann besagt die Cramersche Regel, dass die Gleichung $f(x) = A \circ x = y$, das heißt das quadratische Gleichungssystem

$$a_{11} x_1 + \cdots + a_{1n} x_n = y_1$$
$$\vdots$$
$$a_{n1} x_1 + \cdots + a_{nn} x_n = y_n,$$

genau dann eine eindeutige Lösung $x = (x_1, \ldots, x_n)^\top$ besitzt, wenn $\det A = \det(a_{jk})_{j,k=1}^{n} \neq 0$ gilt. Die Lösung ist gegeben durch $x = A^{-1} \circ y$, das heißt

$$x_k = \frac{1}{\det A} \det \begin{pmatrix} a_{11} & \cdots & a_{1k-1} & y_1 & a_{1k+1} & \cdots & a_{1n} \\ \vdots & & \vdots & \vdots & \vdots & & \vdots \\ a_{n1} & \cdots & a_{nk-1} & y_n & a_{nk+1} & \cdots & a_{nn} \end{pmatrix}$$

$$= \frac{1}{\det A} \sum_{j=1}^{n} A_{jk} y_j,$$

dabei ist

$$A_{jk} = (-1)^{j+k} \det \begin{pmatrix} a_{11} & \cdots & a_{1k-1} & a_{1k+1} & \cdots & a_{1n} \\ \vdots & & & & & \vdots \\ a_{j-11} & \cdots & a_{j-1k-1} & a_{j-11k+1} & \cdots & a_{j-1n} \\ a_{j+11} & \cdots & a_{j+1k-1} & a_{j+11k+1} & \cdots & a_{j+1n} \\ \vdots & & & & & \vdots \\ a_{n1} & \cdots & a_{nk-1} & a_{nk+1} & \cdots & a_{nn} \end{pmatrix}.$$

Für die Abbildung $f : \mathbb{R}^n \to \mathbb{R}^n$ bedeutet dies, dass sie genau dann bijektiv ist, wenn $\det A \neq 0$. Die Inverse $f^{-1} : \mathbb{R}^n \to \mathbb{R}^n$ ist gegeben durch

$$f^{-1}(x) = A^{-1} \circ x.$$

Es gilt

$$Df(x) = \begin{pmatrix} \frac{\partial f_1}{\partial x_1} & \cdots & \frac{\partial f_1}{\partial x_n} \\ \vdots & & \vdots \\ \frac{\partial f_n}{\partial x_1} & \cdots & \frac{\partial f_n}{\partial x_n} \end{pmatrix} = \begin{pmatrix} a_{11} & \cdots & a_{1n} \\ \vdots & & \vdots \\ a_{n1} & \cdots & a_{nn} \end{pmatrix} = A,$$

das heißt, f ist genau dann bijektiv, wenn $Jf \neq 0$ gilt.

Das Nichtverschwinden der Funktionaldeterminante Jf wird auch im allgemeinen Fall von entscheidender Bedeutung sein, vergleiche den Fall $n = 1$ und die Tatsache, dass f durch die affine Abbildung

$$\tau(x) := f(a) + Df(a) \cdot (x - a)$$

approximiert wird.

Als Erstes behandeln wir die Frage der lokalen Injektivität.

4.2.4 Lemma. *Es sei $f \in C^1(U, \mathbb{R}^n)$, außerdem sei $a \in U$ mit $Jf(a) \neq 0$. Dann ist f lokal injektiv, das heißt, es gibt eine offene Umgebung $U(a) \subset U$ von a, so dass*

$$f|_{U(a)} : U(a) \to \mathbb{R}^n$$

injektiv ist.

Beweis. Seien $x, x' \in U$ zwei Punkte mit der Eigenschaft, dass das Segment $\sigma(x, x') = \{(1-t)x + tx' \mid 0 \leq t \leq 1\}$ in U liegt und sei $f(x) = f(x')$. Dann gibt es nach dem Mittelwertsatz 3.1.9 beziehungsweise 3.3.11, angewandt auf die Komponentenfunktionen $f_1, \ldots, f_m$, Zwischenstellen $\xi_1, \ldots, \xi_n \in \sigma(x, x')$, so dass

$$0 = f_j(x') - f_j(x) = Df_j(\xi_j)(x' - x) = \sum_{i=1}^{n} \frac{\partial f_j}{\partial x_i}(\xi_j)(x'_i - x_i)$$

für $j = 1, \ldots, n$, das heißt

$$\begin{pmatrix} \frac{\partial f_1}{\partial x_1}(\xi_1) & \cdots & \frac{\partial f_1}{\partial x_n}(\xi_1) \\ \vdots & & \vdots \\ \frac{\partial f_n}{\partial x_1}(\xi_n) & \cdots & \frac{\partial f_n}{\partial x_n}(\xi_n) \end{pmatrix} \begin{pmatrix} x'_1 - x_1 \\ \vdots \\ x'_n - x_n \end{pmatrix} = \begin{pmatrix} 0 \\ \vdots \\ 0 \end{pmatrix}.$$

Wegen der Stetigkeit der Ableitungen $\frac{\partial f_j}{\partial x_i}$ in U für $j = 1, \ldots, m$, $i = 1, \ldots, n$ und $Jf(a) \neq 0$ gibt es ein $\rho > 0$ mit

$$\det\left(\frac{\partial f_j}{\partial x_i}(\xi_j)\right)_{j,i=1}^{n} \neq 0$$

für alle $\xi_1, \ldots, \xi_n \in U_\rho(a)$. Nach der Cramerschen Regel folgt also für alle $x, x' \in U_\rho(a)$ mit $f(x) = f(x')$, dass $x'_i - x_i = 0$ für $i = 1, \ldots, n$, also $x = x'$, das heißt, f ist injektiv auf $U_\rho(a)$. $\qquad \square$

Mit Hilfe der Methode der kleinsten Quadrate lösen wir nun das Hauptproblem der lokalen Surjektivität.

4.2.5 Lemma. *Sei $f \in C^1(U, \mathbb{R}^n)$ injektiv, so dass $Jf(x) \neq 0$ für alle $x \in U$ gilt. Für alle $a \in U$ ist $b := f(a)$ dann ein innerer Punkt von $f(U)$, das heißt, es gibt eine offene Umgebung $V(b)$ mit*

$$V(b) \subset f(U),$$

mit anderen Worten gibt es zu jedem $y \in V(b)$ (genau) eine Lösung $x \in U$ der Gleichung $f(x) = y$.

Beweis. (I) Sei $y \in \mathbb{R}^n$. Wir betrachten die Hilfsfunktion $g : U \to \mathbb{R}$,

$$g(x) = g_y(x) := |f(x) - y|^2 = \sum_{j=1}^{n} (f_j(x) - y_j)^2$$

und nehmen zunächst an, dass g in einem Punkt $x \in U$ ein Minimum annimmt. Nach dem Satz von Fermat 3.6.3 muss $\nabla g(x) = 0$ sein, das heißt, für $i = 1, \ldots, n$ haben wir

$$0 = \frac{\partial}{\partial x_i} \left(\sum_{j=1}^{n} (f_j(x) - y_j)^2 \right) = 2 \sum_{j=1}^{n} (f_j(x) - y_j) \frac{\partial f_j}{\partial x_i}(x),$$

das heißt $(f(x) - y) \circ Df(x) = 0$, beziehungsweise

$$Df(x)^\top \circ (f(x) - y)^\top = 0.$$

Wegen $Jf(x) = \det Df(x) \neq 0$ folgt aus der Cramerschen Regel, dass $(f(x) - y)^\top = 0$ ist, das heißt $y = f(x)$.

(II) Sei $b := f(a)$, $a \in U$. Wir zeigen nun, dass es dann ein $\sigma > 0$ gibt, so dass die Funktion $g = g_y$ für alle $y \in V(b) := U_\sigma(b)$ ein Minimum in U annimmt. Zusammen mit Teil (I) ergibt sich so ein Beweis des Satzes: Sei $\rho > 0$ so klein, dass die kompakte Kugel $K_\rho(a) = \overline{U_\rho(a)} = \{ x \in \mathbb{R}^n \mid |x - a| \leq \rho \}$ noch in U liegt. Wir betrachten die Hilfsfunktion $h : \partial U_\rho(a) \to \mathbb{R}$,

$$h(x) := |f(x) - b| = \text{dist}(f(x), b),$$

dabei ist $\partial U_\rho(a) = \{ x \in \mathbb{R}^n \mid |x - a| = \rho \}$. Aus der Injektivität von f folgt, dass $h(x) > 0$ für alle $x \in \partial U_\rho(a)$. Da $\partial U_\rho(a)$ kompakt und h stetig ist, gibt es eine positive Zahl $\sigma > 0$ mit $h(x) \geq 2\sigma$ für alle $x \in \partial U_\rho(a)$, das heißt, es gilt $|f(x) - b| \geq 2\sigma > 0$.

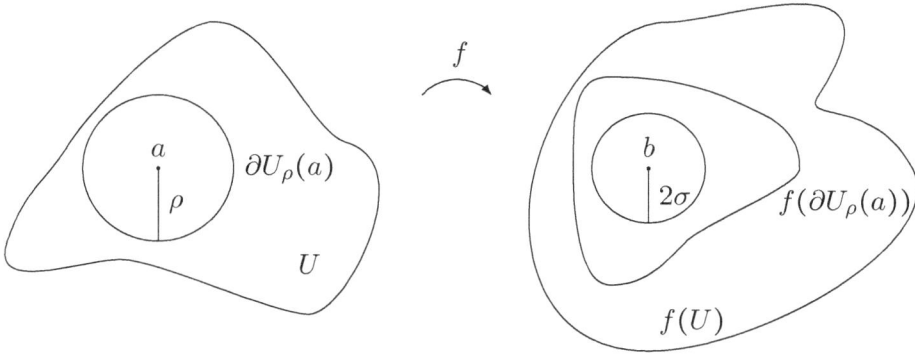

Abbildung 4.1: *Zum Beweis der lokalen Surjektivität*

Sei $y \in U_\sigma(b)$. Für $x \in \partial U_\rho(a)$ haben wir dann

$$|f(x) - y| \geq |f(x) - b| - |b - y| > 2\sigma - \sigma = \sigma,$$

das heißt, es gilt

$$g(x) > \sigma^2 \quad \text{für alle } x \in \partial U_\rho(a).$$

Andererseits ist

$$g(a) = |f(a) - y|^2 < \sigma^2.$$

Die in $K_\rho(a)$ stetige Funktion g besitzt nach dem Satz von Weierstraß 2.5.5 in $K_\rho(a)$ ein Minimum, welches also wie behauptet in einem inneren Punkt $x \in U_\rho(a)$ angenommen wird. $\square$

Als Korollar ergibt sich die folgende Aussage:

4.2.6 Lemma. *Sei $f \in C^1(U, \mathbb{R}^n)$ (global) injektiv mit $Jf(x) \neq 0$ für alle $x \in U$. Dann ist das Bild $f(U)$ eine offene Menge und*

$$f : U \to f(U)$$

*ist ein **Homöomorphismus**, das heißt, f ist bijektiv, stetig und $f^{-1} : f(U) \to U$ ist eine stetige Funktion.*

Beweis. Wegen Lemma 4.2.5 ist jeder Punkt $y \in f(U)$ ein innerer Punkt von $f(U)$, weshalb $f(U)$ offen ist. Dies gilt für beliebige offene Teilmengen von U, das heißt, für jede offene Menge $U' \subset U$ ist $f(U') = (f^{-1})^{-1}(U')$ offen. Das heißt aber gerade, dass das Urbild von U' unter f^{-1} offen ist. Nach Satz 2.3.10 ist die Inverse f^{-1} deshalb eine stetige Funktion. $\square$

Kombinieren wir nun Lemmata 4.2.4 und 4.2.6, so erhalten wir, weil die Menge $\{\, x \in U \mid Jf(x) \neq 0 \,\}$ offen ist, die folgende Aussage:

4.2.7 Lemma. *Sei $f \in C^1(U, \mathbb{R}^n)$ und sei $a \in U$ mit $Jf(a) \neq 0$. Dann gibt es offene Umgebungen $U(a) \subset U$ von a, $V(b) \subset f(U)$ von $b = f(a)$, so dass $Jf(x) \neq 0$ für alle $x \in U(a)$ und*

$$f\big|_{U(a)} : U(a) \to V(b)$$

ein **Homöomorphismus** *ist.*

Wir wenden uns nun der Frage der Differenzierbarkeit der inversen Abbildung f^{-1} zu.

4.2.8 Lemma. *Sei $f \in C^1(U, \mathbb{R}^n)$ injektiv mit $Jf(x) \neq 0$ für alle $x \in U$ wie in Lemma 4.2.6. Dann ist $f^{-1} : f(U) \to U$ stetig differenzierbar und für alle $y = f(x) \in f(U)$ gilt die* **Umkehrformel**

$$Df^{-1}(y) = \left(\frac{\partial f_k^{-1}}{\partial y_\ell} \right)^n_{k, \ell = 1} = (Df(x))^{-1} = \left(\left(\frac{\partial f_j}{\partial x_i} \right)^n_{j, i = 1} \right)^{-1}.$$

Beweis. (I) Sei $y = f(x) \in f(U)$. Seien Kugelumgebungen $V(y) = V_\sigma(y) \subset f(U)$ von y und $U(x) = U_\rho(x) \subset U$ von $x = f^{-1}(y)$ so gewählt, dass

$$f^{-1}(V(y)) \subset U(x).$$

Für $y' \in V(y)$ ist dann $x' = f^{-1}(y') \in U(x)$, also insbesondere $\sigma(x, x') \subset U(x)$. Nach dem Mittelwertsatz 3.1.9 beziehungsweise 3.3.11, angewandt auf die Komponentenfunktionen $f_1, \ldots, f_m$, folgt für $j = 1, \ldots, n$, dass

$$y'_j - y_j = f_j(x') - f_j(x) = \sum_{i=1}^n \frac{\partial f_j}{\partial x_i}(\xi_j)(x'_i - x_i) \tag{4.1}$$

mit Zwischenstellen $\xi_1, \ldots, \xi_n \in \sigma(x, x')$. Wir setzen

$$Df(\xi_1, \ldots, \xi_n) := \left(\frac{\partial f_j}{\partial x_i}(\xi_j) \right)^n_{j, i = 1},$$

$$Jf(\xi_1, \ldots, \xi_n) := \det \left(\frac{\partial f_j}{\partial x_i}(\xi_j) \right)^n_{j, i = 1}$$

und schreiben das Gleichungssystem (4.1) in der Form

$$(y' - y)^\top = Df(\xi_1, \ldots, \xi_n) \circ (x' - x)^\top.$$

Wegen der Stetigkeit der partiellen Ableitungen $\frac{\partial f_1}{\partial x_1}, \frac{\partial f_1}{\partial x_2}, \ldots, \frac{\partial f_n}{\partial x_n}$ in U und da $Jf(x) \neq 0$ ist, kann $\rho > 0$ so klein gewählt werden, dass $Jf(\xi_1, \ldots, \xi_n) \neq 0$ für alle $\xi_1, \ldots, \xi_n \in U(x) = U_\rho(x)$ gilt. Dann wählen wir $\sigma > 0$ so klein, dass

$$f^{-1}(V_\sigma(y)) = f^{-1}(V(y)) \subset U(x).$$

Nach der Cramerschen Regel wird deshalb das Gleichungssystem (4.1) für $k = 1, \ldots, n$ gelöst durch

$$x_k' - x_k = \frac{1}{Jf(\xi_1, \ldots, \xi_n)} \cdot$$
$$\cdot \det \begin{pmatrix} \frac{\partial f_1}{\partial x_1}(\xi_1) & \cdots & \frac{\partial f_1}{\partial x_{k-1}}(\xi_1) & y_1' - y_1 & \frac{\partial f_1}{\partial x_{k+1}}(\xi_1) & \cdots & \frac{\partial f_1}{\partial x_n}(\xi_1) \\ \vdots & & \vdots & \vdots & \vdots & & \vdots \\ \frac{\partial f_n}{\partial x_1}(\xi_n) & \cdots & \frac{\partial f_n}{\partial x_{k-1}}(\xi_n) & y_n' - y_n & \frac{\partial f_n}{\partial x_{k+1}}(\xi_n) & \cdots & \frac{\partial f_n}{\partial x_n}(\xi_n) \end{pmatrix}.$$

(II) Setzen wir $y' = y + he_\ell$, dabei ist $e_\ell = (0, \ldots, 0, 1, 0, \ldots, 0)$ der ℓ-te kanonische Einheitsvektor und $h \neq 0$, so folgt

$$\frac{f_k^{-1}(y') - f_k^{-1}(y)}{h} = \frac{x_k' - x_k}{h} = \frac{1}{Jf(\xi_1, \ldots, \xi_n)} \cdot$$
$$\det \begin{pmatrix} \frac{\partial f_1}{\partial x_1}(\xi_1) & \cdots & \frac{\partial f_1}{\partial x_{k-1}}(\xi_1) & 0 & \frac{\partial f_1}{\partial x_{k+1}}(\xi_1) & \cdots & \frac{\partial f_1}{\partial x_n}(\xi_1) \\ \vdots & & \vdots & 1 & \vdots & & \vdots \\ \frac{\partial f_n}{\partial x_1}(\xi_n) & \cdots & \frac{\partial f_n}{\partial x_{k-1}}(\xi_n) & 0 & \frac{\partial f_n}{\partial x_{k+1}}(\xi_n) & \cdots & \frac{\partial f_n}{\partial x_n}(\xi_n) \end{pmatrix},$$

hierbei besteht die k-te Spalte der Determinante im Zähler bis auf die 1 in der ℓ-ten Zeile aus lauter Nullen. Auflösung nach dieser Spalte liefert

$$\frac{x_k' - x_k}{h} = \frac{A_{\ell k}(\xi_1, \ldots, \xi_n)}{Jf(\xi_1, \ldots, \xi_n)},$$

dabei ist $A_{\ell k}(\xi_1, \ldots, \xi_n)$ gleich $(-1)^{\ell+k}$ mal dem algebraischen Komplement von $\frac{\partial f_\ell}{\partial x_k}(\xi_\ell)$ in der Matrix $Df(\xi_1, \ldots, \xi_n)$.

Für $h \to 0$ gilt $y' = y + he_\ell \to y$ und $x' \to x$, $\xi_1, \ldots, \xi_n \to x$. Wegen der Stetigkeit der partiellen Ableitungen $\frac{\partial f_1}{\partial x_1}, \frac{\partial f_1}{\partial x_2}, \ldots, \frac{\partial f_n}{\partial x_n}$ und $Jf(x) \neq 0$ in U folgt daher, dass

$$\frac{f_k^{-1}(y + he_\ell) - f_k^{-1}(y)}{h} = \frac{x_k' - x_k}{h} = \frac{A_{\ell k}(\xi_1, \ldots, \xi_n)}{Jf(\xi_1, \ldots, \xi_n)}$$
$$\to \frac{A_{\ell k}(x)}{Jf(x)} = \frac{A_{\ell k}(f^{-1}(y))}{Jf(f^{-1}(y))},$$

dabei ist $A_{\ell k}(x)$ gleich $(-1)^{\ell+k}$ mal dem algebraischen Komplement von $\frac{\partial f_\ell}{\partial x_k}(x)$ in der Funktionalmatrix $Df(x) = \left(\frac{\partial f_j}{\partial x_i}(x)\right)$:

$$A_{\ell k}(x) = \det \begin{pmatrix} \frac{\partial f_1}{\partial x_1} & \cdots & \frac{\partial f_1}{\partial x_{k-1}} & \frac{\partial f_1}{\partial x_{k+1}} & \cdots & \frac{\partial f_1}{\partial x_n} \\ \vdots & & \vdots & \vdots & & \vdots \\ \frac{\partial f_{\ell-1}}{\partial x_1} & \cdots & \frac{\partial f_{\ell-1}}{\partial x_{k-1}} & \frac{\partial f_{\ell-1}}{\partial x_{k+1}} & \cdots & \frac{\partial f_{\ell-1}}{\partial x_n} \\ \vdots & & \vdots & \vdots & & \vdots \\ \frac{\partial f_n}{\partial x_1} & \cdots & \frac{\partial f_n}{\partial x_{k-1}} & \frac{\partial f_n}{\partial x_{k+1}} & \cdots & \frac{\partial f_n}{\partial x_n} \end{pmatrix}(x).$$

Deshalb ist f^{-1} an der Stelle y partiell differenzierbar und es gilt

$$\frac{\partial f_k^{-1}}{\partial y_\ell}(y) = \frac{A_{\ell k}(f^{-1}(y))}{Jf(f^{-1}(y))} = \frac{A_{\ell k}(x)}{Jf(x)} = \left(\frac{\partial f_j}{\partial x_i}(x)\right)^{-1}_{k\ell}$$

für $k, \ell = 1, \ldots, n$. Die Umkehrformel lautet also

$$Df^{-1}(y) = (Df(x))^{-1}.$$

Da Zähler und Nenner stetige Funktionen in $x \in U$ beziehungsweise in $y \in f(U)$ sind, sind die partiellen Ableitungen stetig. Also gehört f^{-1} zur Klasse $C^1(f(U))$. $\qquad\square$

4.2.9 Bemerkung. Unter der Annahme, dass f^{-1} differenzierbar ist, folgt aus der Kettenregel 4.1.4, dass

$$\begin{pmatrix} 1 & & O \\ & \ddots & \\ O & & 1 \end{pmatrix} = D\,\mathrm{id}_{\mathbb{R}^n} = D((f^{-1} \circ f)(x)) = Df^{-1}(y) \circ Df(x),$$

daher ist

$$Df^{-1}(y) = (Df(x))^{-1}.$$

Die Frage der höheren Differenzierbarkeit der Inversen f^{-1} lässt sich nun folgendermaßen beantworten:

4.2.10 Lemma. *Sei $f \in C^p(U, \mathbb{R}^n)$, $p \in \mathbb{N}$, injektiv mit $Jf(x) \neq 0$ für alle $x \in U$. Dann ist auch die inverse Abbildung f^{-1} p-mal stetig differenzierbar, das heißt $f^{-1} \in C^p(f(U), \mathbb{R}^n)$.*

Beweis. (I) Für $p = 1$ ist die Behauptung schon bewiesen und es gilt

$$\frac{\partial f_k^{-1}}{\partial y_\ell}(y) = \frac{A_{\ell k}(f^{-1}(y))}{Jf(f^{-1}(y))} \text{ für } k, \ell = 1, \ldots, n.$$

(II) Die Funktionen $A_{\ell k}(x)$ und $Jf(x)$ sind Polynome in $\frac{\partial f_j}{\partial x_i}(x)$, also $p-1$-mal stetig differenzierbar in U. Da $Jf(x) \neq 0$ für $x \in U(a)$ gilt, sind die Funktionen

$$R_{k\ell}(x) := \frac{A_{\ell k}(x)}{Jf(x)} \text{ für } k, \ell = 1, \ldots, n$$

$p-1$-mal stetig differenzierbar in U und für $y \in f(U)$ gilt

$$\frac{\partial f_k^{-1}}{\partial y_\ell}(y) = R_{k\ell}(f^{-1}(y)) = \left(R_{k\ell} \circ f^{-1}\right)(y). \tag{4.2}$$

(III) Ist $f^{-1} \in C^q(f(U))$, $q \leq p-1$, so folgt aus der Kettenregel 3.1.7 beziehungsweise 3.3.10, dass $\frac{\partial f_k^{-1}}{\partial y_\ell} \in C^q(f(U))$, das heißt $f^{-1} \in C^{q+1}(f(U))$. Also schließt man durch vollständige Induktion über q für $1 \leq q \leq p-1$, dass $f^{-1} \in C^p(f(U))$. $\qquad\square$

Zusammengenommen ergeben die Lemmata 4.2.7 und 4.2.10 das folgende Hauptresultat:

4.2.11 Satz über inverse Abbildungen. *Sei $U \subset \mathbb{R}^n$ eine offene Menge und die Abbildung $f : U \to \mathbb{R}^n$ gehöre zur Klasse $C^p(U, \mathbb{R}^n)$, $p \in \mathbb{N}$, außerdem sei $a \in U$ mit $Jf(a) \neq 0$. Dann gibt es offene Umgebungen $U(a) \subset U$ von a und $V(b) \subset \mathbb{R}^n$ von $b := f(a)$, so dass*

$$f\big|_{U(a)} : U(a) \to V(b)$$

*ein **Diffeomorphismus** der Klasse $C^p(U(a), V(b))$ ist, das heißt, die Abbildung $f\big|_{U(a)} : U(a) \to V(b)$ ist bijektiv, $f\big|_{U(a)} \in C^p(U(a), V(b))$ und $f^{-1} := \left(f\big|_{U(a)}\right)^{-1} \in C^p(V(b), U(a))$, und für alle $y = f(x) \in f(U)$ gilt die **Umkehrformel***

$$Df^{-1}(y) = (Df(x))^{-1}\big|_{x=f^{-1}(y)}.$$

4.3   Lokal und global umkehrbare Abbildungen

Aus den Lemmata 4.2.6 und 4.2.10 ergibt sich die folgende Aussage:

4.3.1 Satz. *Sei $f \in C^p(U, \mathbb{R}^n)$ (global) injektiv mit $Jf(x) \neq 0$ für alle $x \in U$. Dann ist das Bild $f(U)$ eine offene Menge und*

$$f : U \to f(U)$$

ist ein Diffeomorphismus der Klasse $C^p(U, f(U))$.

4.3.2 Beispiel. Wir betrachten die Abbildung $f : \mathbb{R}^2 \to \mathbb{R}^2$,

$$u = x^2 - y^2,$$
$$v = 2xy$$

der x, y-Ebene in die u, v-Ebene. Es gilt

$$Df(x,y) = \det \begin{pmatrix} u_x & u_y \\ v_x & v_y \end{pmatrix} = \det \begin{pmatrix} 2x & -2y \\ 2y & 2x \end{pmatrix} = 4(x^2 + y^2) \neq 0$$

für $(x, y) \neq (0, 0)$. Außerhalb des Nullpunktes ist f also lokal invertierbar. f ist jedoch nicht global invertierbar, denn wegen

$$f(x, y) = (x^2 - y^2, 2xy) = f(-x, -y)$$

für alle $(x, y) \in \mathbb{R}^2$ ist f nicht injektiv. In diesem Fall kann man "die" Umkehrfunktion explizit bestimmen. Es gilt

$$x = \pm \sqrt{\frac{\sqrt{u^2 + v^2} + u}{2}},$$

$$y = \pm\varepsilon \sqrt{\frac{\sqrt{u^2 + v^2} - u}{2}} \tag{4.3}$$

mit $\varepsilon = \begin{cases} 1 & \text{für } v \geq 0 \\ -1 & \text{für } v < 0 \end{cases}$. Für $(x, y) = (a, b) = (1, 1)$ ist zum Beispiel $u = 0$, $v = 2$, also $\varepsilon = 1$ zu wählen und wegen

$$\sqrt{\frac{\sqrt{u^2 + v^2} + u}{2}} = 1 = \sqrt{\frac{\sqrt{u^2 + v^2} - u}{2}}$$

in (4.3) jeweils das Vorzeichen $+$, das heißt, die Umkehrabbildung ist in einer Umgebung von $(a, b) = (1, 1)$ gegeben durch

$$x = \sqrt{\frac{\sqrt{u^2 + v^2} + u}{2}},$$

$$y = \sqrt{\frac{\sqrt{u^2 + v^2} - u}{2}}.$$

4.3.3 Beispiel. Für die Abbildung $f : \mathbb{R}^3 \to \mathbb{R}^3$,

$$u = x + e^y$$
$$v = y + e^z$$
$$w = z + e^x$$

des x, y, z-Raumes in den u, v, w-Raum haben wir

$$Df(x,y,z) = \det \begin{pmatrix} u_x & u_y & u_z \\ v_x & v_y & v_z \\ w_x & w_y & w_z \end{pmatrix} = \det \begin{pmatrix} 1 & e^y & 0 \\ 0 & 1 & e^z \\ e^x & 0 & 1 \end{pmatrix} = 1 + e^{x+y+z} \neq 0$$

für alle $(x,y,z) \in \mathbb{R}^3$. f ist also überall lokal umkehrbar. Wir zeigen, dass f sogar global umkehrbar ist: Sei $f(x,y,z) = f(x',y',z')$. Dann haben wir

$$x - x' = e^{y'} - e^y = e^\eta (y' - y),$$
$$y - y' = e^{z'} - e^z = e^\zeta (z' - z),$$
$$z - z' = e^{x'} - e^x = e^\xi (x' - x)$$

nach dem Mittelwertsatz mit ξ, η, ζ zwischen x und x', y und y' beziehungsweise z und z'. Die Annahme $x > x'$ führt zum Widerspruch, genauso die Annahme $x' > x$. Also muss $x = x'$ sein, woraus $y = y'$ und $z = z'$ folgt. Damit ist f injektiv und deshalb global umkehrbar.

Mithilfe der **Methode der kleinsten Quadrate** (vergleiche 3.6.10) zeigen wir, dass f surjektiv ist. Dazu betrachten wir die Hilfsfunktion

$$g(x,y,z) = (x + e^y - u)^2 + (y + e^z - v)^2 + (z + e^x - w)^2$$

für einen beliebig vorgegebenen Punkt $(u,v,w) \in \mathbb{R}^3$. Man zeigt leicht, dass

$$g(x,y,z) \to +\infty \quad \text{für} \quad \sqrt{x^2 + y^2 + z^2} \to \infty,$$

deshalb besitzt g ein globales Minimum, welches in einem Punkt $(x,y,z) \in \mathbb{R}^3$ angenommen wird. Deshalb haben wir

$$0 = \frac{\partial g}{\partial x}(x,y,z) = 2(x + e^y - u) + 2(z + e^x - w)e^x,$$
$$0 = \frac{\partial g}{\partial y}(x,y,z) = 2(y + e^z - v) + 2(x + e^y - u)e^y,$$
$$0 = \frac{\partial g}{\partial z}(x,y,z) = 2(z + e^x - w) + 2(y + e^z - v)e^z.$$

Die Annahme $x + e^y - u > 0$ führt zum Widerspruch, ähnlich die Annahme $x + e^y - u < 0$. Also muss $x + e^y = u$ gelten, woraus insgesamt

$$
\begin{aligned}
u &= x + e^y, \\
v &= y + e^z, \\
w &= z + e^x
\end{aligned}
\tag{4.4}
$$

folgt, das heißt, das Gleichungssystem (4.4) besitzt für alle $(u, v, w) \in \mathbb{R}^3$ eine Lösung $(x, y, z) \in \mathbb{R}^3$. Damit ist f auch surjektiv.

4.3.4 Beispiel. Sei $U \subset \mathbb{R}^2$ eine **horizontal einfache** offene **Menge**, das heißt, es gibt ein nicht-leeres, offenes Intervall $J \subset \mathbb{R}$, so dass die Schnittmengen

$$
U_y := \{\, x \in \mathbb{R} \mid (x, y) \in U \,\}
$$

für alle $y \in J$ nicht-leere, offene Intervalle sind. Es gilt

$$
U = \bigcup_{y \in J} U_y \times \{\, y \,\}.
$$

$f : U \to \mathbb{R}^2$ sei eine **horizontal einfache Abbildung**, das heißt, sie ist von der Form

$$
\begin{aligned}
u &= \varphi(x, y), \\
v &= y
\end{aligned}
$$

(vergleiche Abbildung 4.2). Sei $\varphi \in C^1(U)$ und $\varphi_x \neq 0$ in U. Aus dem Zwischenwertsatz von Bolzano, angewandt auf die **Schnittfunktionen**

$$
\varphi^y : U_y \to \mathbb{R}, \quad \varphi^y(x) := \varphi(x, y),
$$

folgt, dass $V_y := \varphi^y(U_y) = \varphi(U_y \times \{\, y \,\})$ für alle $y \in J$ Intervalle sind, weshalb $V := f(U)$ horizontal einfach ist. Es gilt

$$
\begin{aligned}
V &= \bigcup_{y \in J} f(U_y \times \{\, y \,\}) \\
&= \bigcup_{y \in J} \varphi(U_y \times \{\, y \,\}) \times \{\, y \,\} \\
&= \bigcup_{y \in J} V_y \times \{\, y \,\}
\end{aligned}
$$

sowie

$$
Jf(x, y) = \det \begin{pmatrix} \varphi_x & \varphi_y \\ 0 & 1 \end{pmatrix} = \varphi_x(x, y) \neq 0
$$

für alle $(x, y) \in U$.

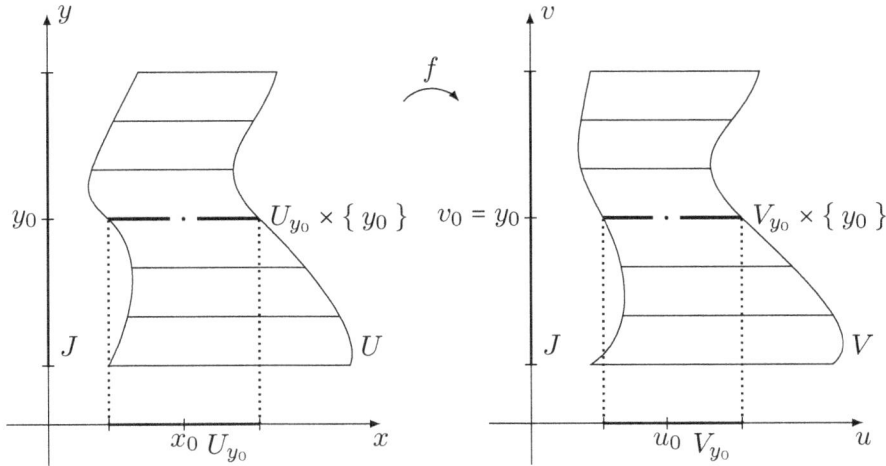

Abbildung 4.2: *Eine horizontal einfache Abbildung*

Nach dem Satz über inverse Abbildungen 4.2.11 ist f deshalb **lokal umkehrbar**, das heißt, f besitzt in einer Umgebung eines jeden Punktes von U eine Inverse, welche auch horizontal einfach, also von der Form

$$x = \xi(u, v),$$
$$y = v$$

ist. $f : U \to V$ ist sogar **global umkehrbar**, denn f ist in U injektiv. Um dies zu zeigen, seien (x, y) und (x', y') zwei verschiedene Punkte in U. Ist $y \neq y'$, so folgt sofort, dass $f(x, y) \neq f(x', y')$. Im Fall $y = y'$ ist $x \neq x'$ und aus der strengen Monotonie der Schnittfunktion $\varphi^y(x) = \varphi(x, y)$ (es gilt $\varphi_x \neq 0$) folgt, dass $\varphi(x, y) \neq \varphi(x', y)$, also in jedem Fall $f(x, y) \neq f(x', y)$. Damit ist f injektiv.

Die Existenz der Inversen $f^{-1} : V \to U$ kann hier offensichtlich ohne Benutzung des Satzes über inverse Abbildungen gezeigt werden. Dieser liefert aber sofort, dass $f^{-1} \in C^1(V)$, also die C^1-Abhängigkeit von ξ auch von v. Wir berechnen noch die Ableitung von f^{-1}:

$$Df^{-1} = \begin{pmatrix} \xi_u & \xi_v \\ 0 & 1 \end{pmatrix} = \begin{pmatrix} \frac{1}{\varphi_x} & -\frac{\varphi_y}{\varphi_x} \\ 0 & 1 \end{pmatrix}$$

4.3.5 Beispiel. Seien $U, V \subset \mathbb{R}^2$ offene Mengen und sei $f : U \to \mathbb{R}^2$,

$$u = \varphi(x, y),$$
$$v = \psi(x, y)$$

eine Abbildung der Klasse C^1 mit $\varphi_x \neq 0$ in U. Sei $g : U \to W := g(U)$ der dazugehörige horizontal einfache Diffeomorphismus

$$u = \varphi(x, y),$$
$$v = y$$

für $(x, y) \in U$. Wir nehmen an, dass $W = I \times J$, $I, J \subset \mathbb{R}$ offene Intervalle, ein Rechteck ist – sonst wählen wir ein Rechteck $W \subset g(U)$ und betrachten statt U die offene Menge $g^{-1}(W)$ (vergleiche Abbildung 4.3). Die Inverse $g^{-1} : W \to U$

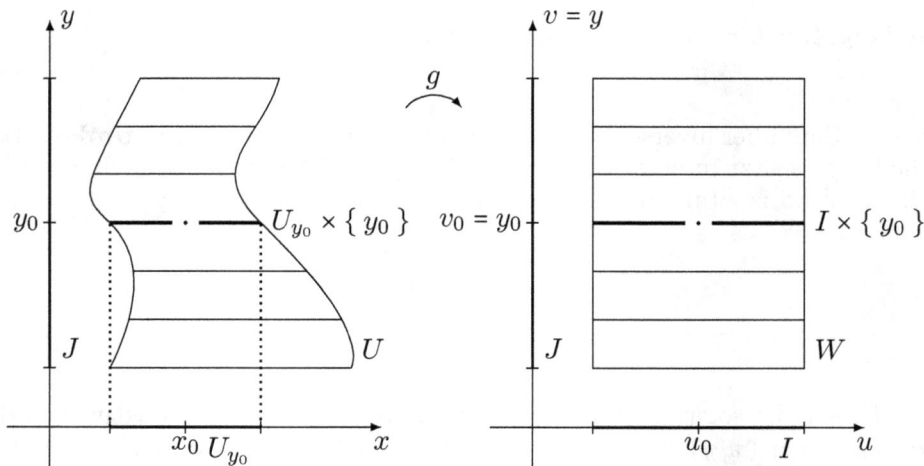

Abbildung 4.3: *Der horizontal einfache Faktor g*

sei gegeben durch

$$x = \xi(u, v),$$
$$y = v.$$

U ist dann horizontal einfach und es gilt

$$U = \bigcup_{y \in J} U_y \times \{y\},$$
$$U_y = \xi(I \times \{y\}).$$

Für $(u, v) \in W$ berechnen wir

$$
\begin{aligned}
f \circ g^{-1}(u, v) &= \left(\varphi \left(g^{-1}(u, v) \right), \psi \left(g^{-1}(u, v) \right) \right) \\
&= (u, \psi(\xi(u, v), v)) \\
&=: (u, \eta(u, v)) \\
&=: h(u, v),
\end{aligned}
$$

dabei ist $h : W \to \mathbb{R}^2$ eine **vertikal einfache Abbildung** (vergleiche Abbildung 4.4). $V := h(W)$ ist vertikal einfach und es gilt

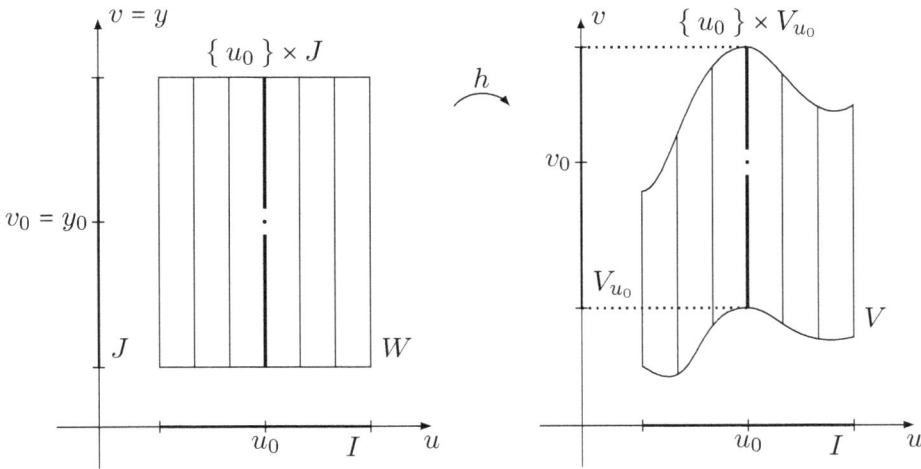

Abbildung 4.4: *Der vertikal einfache Faktor h*

$$
V = \bigcup_{u \in I} \{ u \} \times V_u,
$$
$$
V_u = \eta \left(\{ u \} \times J \right).
$$

Außerdem haben wir die Zerlegung

$$
f = h \circ g
$$

von $f : U \to V$ als Hintereinanderausführung des horizontal einfachen Diffeomorphismus $g : U \to W$ und der vertikal einfachen Abbildung $h : W \to V$ (vergleiche Abbildung 4.5). Nach der Kettenregel 4.1.4 berechnen wir für die

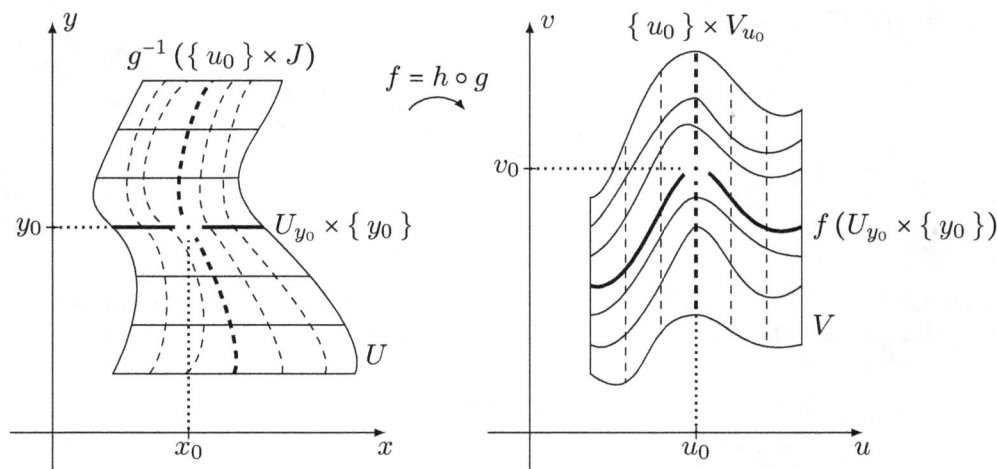

Abbildung 4.5: *Faktorisierung von f = h ∘ g*

Faktoren Dg und Dh der Ableitung Df:

$$Df = Dh \circ Dg$$

$$= \begin{pmatrix} 1 & 0 \\ \eta_u & \eta_v \end{pmatrix} \circ \begin{pmatrix} \varphi_x & \varphi_y \\ 0 & 1 \end{pmatrix}$$

$$= \begin{pmatrix} 1 & 0 \\ \psi_x \xi_u & \psi_x \xi_v + \psi_y \end{pmatrix} \circ \begin{pmatrix} \varphi_x & \varphi_y \\ 0 & 1 \end{pmatrix}$$

$$= \begin{pmatrix} 1 & 0 \\ \frac{\psi_x}{\varphi_x} & \psi_y - \frac{\varphi_y \psi_x}{\varphi_x} \end{pmatrix} \circ \begin{pmatrix} \varphi_x & \varphi_y \\ 0 & 1 \end{pmatrix}.$$

4.3.6 Faktorisierungslemma. *Sei $U \subset \mathbb{R}^n$ eine offene Menge, $f \in C^1(U, \mathbb{R}^n)$ und sei $a \in U$ mit*

$$A_{nn}(a) = \det \begin{pmatrix} \frac{\partial f_1}{\partial x_1} & \cdots & \frac{\partial f_1}{\partial x_{n-1}} \\ \vdots & & \vdots \\ \frac{\partial f_{n-1}}{\partial x_1} & \cdots & \frac{\partial f_{n-1}}{\partial x_{n-1}} \end{pmatrix}(a) \neq 0.$$

Dann gibt es eine horizontal einfache offene Umgebung $U(a) \subset U$ von a der Form

$$U(a) = \bigcup_{x_n \in J} U_{x_n} \times \{ x_n \},$$

$$U_{x_n} = \{ x' \in \mathbb{R}^{n-1} \mid (x', x_n) \in U(a) \},$$

dabei ist $J \subset \mathbb{R}$ ein offenes Intervall und $U_{x_n} \subset \mathbb{R}^{n-1}$ für $x_n \in J$ eine offene Menge und eine vertikal einfache offene Umgebung $V(b) \subset f(U)$ von $b = f(a)$ der Form

$$V(b) = \bigcup_{y' \in I} \{ y' \} \times V_{y'},$$

$$V_{y'} = \{ y_n \in \mathbb{R} \mid (y', y_n) \in V(b) \},$$

dabei ist $I \subset \mathbb{R}^{n-1}$ ein $n-1$-dimensionales und $V_{y'} \subset \mathbb{R}^n$ für $y' \in I$ ein eindimensionales Intervall, so dass die horizontal einfache Abbildung $g : U(a) \to W := I \times J$,

$$y_1 := f_1(x), \ldots, y_{n-1} := f_{n-1}(x), \ y_n := x_n$$

für $x \in U(a)$ ein Diffeomorphismus ist. Weiterhin gibt es eine vertikal einfache Abbildung $h : W \to V(b) := h(W)$ der Form

$$y_1 = x_1, \ldots, y_{n-1} = x_{n-1}, \ y_n = \varphi(x),$$

so dass sich $f : U(a) \to V(b)$ in der Form

$$f = h \circ g$$

zerlegen lässt. Ist $Jf(a) \neq 0$, so kann W so gewählt werden, dass h ein Diffeomorphismus zwischen W und $V(b)$ und $f = h \circ g$ ein Diffeomorphismus zwischen $U(a)$ und $V(b)$ ist.

Beweis. (I) Sei $g : U \to \mathbb{R}^2$ definiert durch

$$y_1 := f_1(x), \ldots, y_{n-1} := f_{n-1}(x), \ y_n := x_1.$$

Dann berechnen wir

$$Jg(a) = \det \begin{pmatrix} \frac{\partial f_1}{\partial x_1} & \cdots & \frac{\partial f_1}{\partial x_{n-1}} & \frac{\partial f_1}{\partial x_n} \\ \vdots & & \vdots & \vdots \\ \frac{\partial f_{n-1}}{\partial x_1} & \cdots & \frac{\partial f_{n-1}}{\partial x_{n-1}} & \frac{\partial f_{n-1}}{\partial x_n} \\ 0 & \cdots & 0 & 1 \end{pmatrix}(a)$$

$$= A_{nn}(a) \neq 0.$$

Nach dem Satz über inverse Abbildungen 4.2.11 gibt es offene Umgebungen $U(a) \subset U$ von a und $W \subset V$ von $(b', a_n) = g(a)$, so dass $g : U(a) \to W$ ein Diffeomorphismus der Klasse C^1 ist. Wir wählen W als n-dimensionales Intervall der Form

$$W = I \times J,$$

dabei ist $I \subset \mathbb{R}^{n-1}$ ein $n - 1$-dimensionales und $J \subset \mathbb{R}$ ein eindimensionales Intervall. Die Umkehrabbildung $g^{-1} : W \to U(a)$ ist von der Form

$$x_1 = \xi_1(y), \ldots, x_{n-1} = \xi_{n-1}(y), \ x_n = y_n.$$

$U(a)$ ist horizontal einfach und lässt sich in der behaupteten Form schreiben.

(II) Für alle $y \in W$ berechnen wir

$$f \circ g^{-1}(y) = \left(f_1\left(g^{-1}(y)\right), \ldots, f_{n-1}\left(g^{-1}(y)\right), f_n\left(g^{-1}(y)\right)\right)$$
$$= \left(y_1, \ldots, y_{n-1}, f_n \circ g^{-1}(y)\right)$$
$$=: \left(y', \varphi(y)\right)$$
$$=: h(y),$$

dabei ist

$$\varphi := f_n \circ g^{-1} : W \to \mathbb{R}, \ \ h := f \circ g^{-1} : W \to h(W) =: V(b).$$

$V(b)$ ist vertikal einfach, es gilt die Zerlegung $f = h \circ g$ und alle weiteren behaupteten Aussagen ergeben sich. $\qquad\square$

4.4   Der Satz über implizite Funktionen

4.4.1 Beispiel. Wir betrachten die Funktion $f : \mathbb{R}^2 \to \mathbb{R}$, $f(x,y) := x^2 + y^2$, und für $c = r^2$, $r > 0$, die Niveaumenge (Höhenlinie)

$$\Gamma_c := \left\{ (x,y) \in \mathbb{R}^2 \mid f(x,y) = x^2 + y^2 = r^2 \right\}.$$

Durch Auflösen der impliziten Gleichung $x^2 + y^2 = r^2$ nach y oder x haben wir

$$y = \pm\sqrt{r^2 - x^2} \text{ beziehungsweise } x = \pm\sqrt{r^2 - y^2}.$$

Genauer gilt Folgendes: Ist (a,b) ein Punkt auf der Kreislinie Γ_c, das heißt gilt $a^2 + b^2 = r^2$, so kann in einer Umgebung $U = U(a,b)$ von (a,b) der Kreisbogen $\Gamma_c \cap U$ als Graph einer Funktion $y = g(x)$ oder $x = g(y)$ geschrieben werden. Ist zum Beispiel $b > 0$, dann sei

$$U = U(a,b) := \left\{ (x,y) \in \mathbb{R}^2 \mid |x - a| < r_a, \ |y - b| < r_b \right\}$$

ein Rechteck mit

$$r_a := r - |a|, \ \ r_b := b$$

sowie

$$g(x) := +\sqrt{r^2 - x^2} \text{ für } |x - a| < r_a.$$

Dann gilt

$$\Gamma_c \cap U = \{ (x,y) \in U \mid y = g(x), \ |x - a| < r_a \}.$$

Andererseits haben wir für $a > 0$

$$\Gamma_c \cap U = \{ (x,y) \in U \mid x = g(y), \ |y - b| < r_b \},$$

wobei

$$r_a := a, \; r_b := r - |b|$$

und

$$g(y) := +\sqrt{r^2 - y^2} \text{ für } |y - b| < r_b.$$

4.4.2 Problemstellung. Allgemeiner wenden wir uns jetzt dem Problem der lokalen Lösbarkeit eines nichtlinearen impliziten Gleichungssystems von m nicht-linearen Gleichungen mit n Unbekannten

$$f_1(x_1, \ldots, x_m, x_{m+1}, \ldots, x_n) = 0$$
$$\vdots$$
$$f_m(x_1, \ldots, x_m, x_{m+1}, \ldots, x_n) = 0$$

zu, dabei nehmen wir an, dass $n > m$ ist. Es ist mit anderen Worten eine Abbildung

$$f = (f_1, \ldots, f_m) : U \to \mathbb{R}^m$$

mit $f(a) = 0$ für ein $a = (a_1, \ldots, a_n) \in U \subset \mathbb{R}^n$ gegeben. Die Auflösung der Gleichung $f(x) = 0$ bedeutet, unter einer geeigneten Bedingung zum Beispiel die ersten m Variablen $x' = (x_1, \ldots, x_m)$ als abhängig von den restlichen $n - m$ unabhängigen Variablen $x'' = (x_{m+1}, \ldots, x_n)$ so zu schreiben, dass

$$f(g(x''), x'') = 0$$

gilt. Genauer ist gesucht eine Zylinderumgebung

$$U(a) = U(a') \times U(a'')$$

von a, $U(a') \subset \mathbb{R}^m$, $U(a'') \subset \mathbb{R}^{n-m}$, $a = (a_1, \ldots, a_m, a_{m+1}, \ldots, a_n) = (a', a'')$, sowie eine auflösende Abbildung

$$g : U(a'') \to U(a'), \; x' = g(x''),$$

so dass

$$\{ x \in U(a) \mid f(x) = 0 \} = \{ x \in U(a) \mid x' = g(x''), \; x'' \in U(a'') \} .$$

Wir betrachten zunächst den linearen Fall:

4.4.3 Bemerkung. Sei

$$A = (A', A'') = \begin{pmatrix} a_{11} & \cdots & a_{1m} & a_{1m+1} & \cdots & a_{1n} \\ \vdots & & \vdots & \vdots & & \vdots \\ a_{m1} & \cdots & a_{mm} & a_{mm+1} & \cdots & a_{mn} \end{pmatrix}$$

eine $m \times n$-Matrix vom Rang m, sei

$$\det A' = \det \begin{pmatrix} a_{11} & \cdots & a_{1m} \\ \vdots & & \vdots \\ a_{m1} & \cdots & a_{mm} \end{pmatrix} \neq 0.$$

Wir betrachten das lineare homogene Gleichungssystem

$$A \circ x = (A', A'') \circ \begin{pmatrix} x' \\ x'' \end{pmatrix}$$

$$= \begin{pmatrix} a_{11} & \cdots & a_{1m} & a_{1m+1} & \cdots & a_{1n} \\ \vdots & & \vdots & \vdots & & \vdots \\ a_{m1} & \cdots & a_{mm} & a_{mm+1} & \cdots & a_{mn} \end{pmatrix} \begin{pmatrix} x_1 \\ \vdots \\ x_m \\ x_{m+1} \\ \vdots \\ x_n \end{pmatrix} = \begin{pmatrix} 0 \\ \vdots \\ 0 \end{pmatrix},$$

wobei wir Vektoren als Spaltenvektoren schreiben. Bestimmen wir die Lösungsmenge mit Hilfe des Gauß-Verfahrens, so ist

$$\begin{pmatrix} 1 & & O & \tilde{a}_{1m+1} & \cdots & \tilde{a}_{1n} \\ & \ddots & & \vdots & & \vdots \\ O & & 1 & \tilde{a}_{mm+1} & \cdots & \tilde{a}_{mn} \end{pmatrix} = (I, \tilde{A})$$

wegen der Rangbedingung die Zeilenstufenform von A. Das System $A \circ x = 0$ kann deshalb nach den ersten m Variablen $x' = (x_1, \ldots, x_m)$ aufgelöst werden und die übrigen Variablen $x'' = (x_{m+1}, \ldots, x_n)$ parametrisieren die Lösungsmenge. Genauer gilt

$$\{ x \in \mathbb{R}^n \mid A \circ x = 0 \} = \{ x \in \mathbb{R}^n \mid x' = -\tilde{A} \circ x'', \ x'' \in \mathbb{R}^{n-m} \}.$$

Ist $f : \mathbb{R}^n \to \mathbb{R}^m$, $f(x) := A \circ x$, die zugehörige lineare Abbildung, so haben wir

$$\{ x \in \mathbb{R}^n \mid f(x) = 0 \} = \{ x \in \mathbb{R}^n \mid x' = g(x''), \ x'' \in \mathbb{R}^{n-m} \},$$

dabei ist

$$g = (g_1, \ldots, g_m) : \mathbb{R}^{n-m} \to \mathbb{R}^m,$$
$$g_1(x'') := -\tilde{a}_{1m+1} x_{m+1} - \ldots - \tilde{a}_{1n} x_n$$
$$\vdots$$
$$g_m(x'') := -\tilde{a}_{mm+1} x_{m+1} - \ldots - \tilde{a}_{mn} x_n.$$

Die Rolle des Punktes a beim nichtlinearen Problem übernimmt hier der Null-vektor: Es gilt $A \circ 0 = 0$. Außerdem ist $U = \mathbb{R}^n$. Wir berechnen noch die Funktionalmatrix von f:

$$Df(x) = \begin{pmatrix} \frac{\partial f_1}{\partial x_1} & \cdots & \frac{\partial f_1}{\partial x_n} \\ \vdots & & \vdots \\ \frac{\partial f_m}{\partial x_1} & \cdots & \frac{\partial f_m}{\partial x_n} \end{pmatrix}(x) = \begin{pmatrix} a_{11} & \cdots & a_{1n} \\ \vdots & & \vdots \\ a_{m1} & \cdots & a_{mn} \end{pmatrix}.$$

Die Rangbedingung $\det A' \neq 0$ bedeutet gerade, dass

$$\det \left(\frac{\partial f_j}{\partial x_i} \right)^n_{j,i=1} \neq 0.$$

Im nichtlinearen Fall erwarten wir, dass dies hinreichend dafür ist, dass die Gleichung $f(x) = 0$ lokal, das heißt in einer Umgebung eines Punktes a mit $f(a) = 0$, nach den ersten Variablen $x' = (x_1, \ldots, x_m)$ aufgelöst werden kann.

4.4.4 Satz über implizite Funktionen. *Es sei $U \subset \mathbb{R}^n$ eine offene Menge und die Abbildung $f : U \to \mathbb{R}^m$, $m \in \mathbb{N}$, $m < n$, gehöre zur Klasse $C^p(U, \mathbb{R}^m)$, $p \in \mathbb{N}$. Ferner sei $a \in U$ mit $f(a) = 0$ und*

$$\det \left(\frac{\partial f_j}{\partial x_i}(a) \right)^m_{j,i=1} \neq 0.$$

Dann gibt es eine offene Rechtecksumgebung $U(a) = U(a') \times U(a'') \subset \mathbb{R}^n$ von a, $U(a') \subset \mathbb{R}^m$, $U(a'') \subset \mathbb{R}^{n-m}$, $a = (a_1, \ldots, a_m, a_{m+1}, \ldots, a_n) = (a', a'')$, und eine (auflösende) Abbildung $g : U(a'') \to U(a')$, $x' = g(x'')$, der Klasse C^p, so dass die Gleichung $f(x) = 0$ in $U(a)$ nach x' aufgelöst wird, das heißt, ist $x'' \in U(a'')$, so genügt $x = (g(x''), x'')$ der Gleichung $f(x) = 0$, weshalb

$$f(g(x''), x'') = 0 \ \text{für} \ x'' \in U(a'').$$

Gilt umgekehrt $f(x) = 0$ für $x \in U(a)$, so ist dort $x' = g(x'')$. Mit anderen Worten:

$$\{ x \in U(a) \mid f(x) = 0 \} = \{ x \in U(a) \mid x' = g(x'') \}.$$

Beweis. Wir betrachten die Abbildung $F : U \to \mathbb{R}^n$,

$$F_1(x) := f_1(x), \ldots, F_m(x) := f_m(x),$$
$$F_{m+1}(x) := x_{m+1}, \ldots, F_n(x, y) := x_n.$$

Dann ist $F \in C^p(U, \mathbb{R}^n)$ und es gilt

$$J_F(a) = \det \begin{pmatrix} \frac{\partial f_1}{\partial x_1} & \cdots & \frac{\partial f_1}{\partial x_m} & & \\ \vdots & & \vdots & & * \\ \frac{\partial f_m}{\partial x_1} & \cdots & \frac{\partial f_m}{\partial x_m} & & \\ & & & 1 & O \\ & O & & & \ddots \\ & & & O & 1 \end{pmatrix} (a) = \det \left(\frac{\partial f_j}{\partial x_i}(a) \right)_{j,i=1}^{m} \neq 0.$$

Nach dem Satz über inverse Abbildungen 4.2.11 gibt es offene Umgebungen $U(a) \subset U$ von a und $V(b) \subset \mathbb{R}^n$ von $b := F(a) = (0, a'')$, so dass

$$F\big|_{U(a)} : U(a) \to V(b)$$

ein Diffeomorphismus der Klasse C^p ist. Die Umkehrabbildung sei durch

$$F^{-1} : V(b) \to U(a)$$

gegeben. Dann gilt

$$F^{-1}_{m+1}(y) = y_{m+1}, \ldots, F^{-1}_n(y) = y_n \text{ für } y \in V(b).$$

Wir wählen $U(a)$ als Rechteck beziehungsweise Zylinder

$$U(a) = U(a') \times U(a''),$$

$U(a') \subset \mathbb{R}^m$, $U(a'') \subset \mathbb{R}^{n-m}$ Kugelumgebungen von a' beziehungsweise a''. Für $x \in U(a)$ gilt dann

$$f(x) = 0 \Leftrightarrow F(x) = (0, x'')$$
$$\Leftrightarrow x = F^{-1}(0, x'')$$
$$\Leftrightarrow x' = (F_1^{-1}(0, x''), \ldots, F_m^{-1}(0, x'')).$$

Setzen wir nun $g = (g_1, \ldots, g_m) : U(a'') \to U(a')$,

$$x' = g(x'') = (g_1(x''), \ldots, g_m(x')) := (F_1^{-1}(0, x''), \ldots, F_m^{-1}(0, x'')),$$

so haben wir für alle $x \in U$, dass

$$f(x) = 0 \text{ genau dann, wenn } x' = g(x''),$$

mit anderen Worten

$$\{ x \in U \mid f(x) = 0 \} = \{ x \in U \mid x' = g(x'') \}$$

wie behauptet. $\square$

4.4.5 Bemerkungen. (i)   Die Variablen, nach denen aufgelöst wurde, sind natürlich nur der Bequemlichkeit halber jeweils zuerst aufgelistet worden. Allgemeiner kann man unter der Annahme

$$\det\left(\frac{\partial f_j}{\partial x_{i_k}}(a)\right)^m_{j,k=1} \neq 0.$$

für eine Permutation $(i_1,\ldots,i_n)$ von $(1,\ldots,n)$ nach den Variablen $x' = (x_{i_1}c\ldots,x_{i_m})$ auflösen.

(ii)   Wegen

$$\{\, x \in U \mid f(x) = 0 \,\} = \{\, x \in U \mid F(x) = (0,x'') \,\}$$

nennen wir F auch eine **geradebiegende Abbildung**.

4.4.6 Implizite Differentiation. *Sei $f \in C^p(U,\mathbb{R}^m)$ wie im Satz über implizite Funktionen und sei $g \in C^p(U(a'),U(a''))$ die auflösende Abbildung. Dann gilt*

$$\sum_{i=1}^m \frac{\partial f_j}{\partial x_i}(a)\frac{\partial g_i}{\partial x_k}(a'') + \frac{\partial f_j}{\partial x_k}(a) = 0$$

für $j = 1,\ldots,m$, $k = m+1,\ldots,n$, das heißt

$$\left(\frac{\partial g_j}{\partial x_k}(a'')\right)_{\substack{j=1,\ldots,m \\ k=m+1,\ldots,n}} = -\left(\frac{\partial f_j}{\partial x_i}(a)\right)^{-1}_{j,i=1,\ldots,n} \circ \left(\frac{\partial f_j}{\partial x_k}(a)\right)_{\substack{j=1,\ldots,m \\ k=m+1,\ldots,n}}.$$

Beweis. Dies folgt sofort durch Differenzieren der Gleichungen

$$f_j(g(x''),x'') = 0 \text{ für alle } x'' \in U(a'')$$

nach x_k für $j = 1,\ldots,m$, $k = m+1,\ldots,n$ nach der Kettenregel 3.1.7 beziehungsweise 3.3.10. $\qquad\square$

Wir betrachten noch einmal Niveaumengen $\Gamma_c = \{\, x \in U \mid f(x) = c \,\}$ von Funktionen $f : U \to \mathbb{R}$ (vergleiche Lemma 3.4.9 und Bemerkung 3.4.10):

4.4.7 Satz. *Sei $U \subset \mathbb{R}^2$ eine offene Menge, $f : U \to \mathbb{R}$ stetig differenzierbar in U, $(a,b) \in U$ mit $\nabla f(a,b) \neq 0$ und sei $c := f(a,b)$. Dann gibt es eine offene Umgebung $U(a,b) \subset U$ von (a,b), ein $\varepsilon > 0$ und eine C^1-Kurve $\gamma : (-\varepsilon,\varepsilon) \to U(a,b)$ mit $\gamma(0) = (a,b)$, so dass*

$$\{\, (x,y) \in U(a,b) \mid f(x,y) = c \,\} = \{\, (x,y) \in U(a,b) \mid (x,y) = \gamma(t), |t| < \varepsilon \,\}.$$

Beweis. Ohne Beschränkung der Allgemeinheit sei $\frac{\partial f}{\partial x}(a,b) \neq 0$. Sei $g : U(b) \rightarrow U(a)$, $U(b) = (b - \varepsilon, b + \varepsilon)$, die auflösende Funktion aus dem Satz über implizite Funktionen, welchen wir auf $f - c$ anwenden. Sei

$$\gamma(t) := (g(t + b), t + b) \text{ für } |t| < \varepsilon.$$

Dann gilt

$$\{\,(x,y) \in U(a,b) \mid f(x,y) = c\,\} = \{\,(x,y) \in U(a,b) \mid x = g(y)\,\}$$
$$= \{\,(x,y) \in U(a,b) \mid (x,y) = \gamma(t), |t| < \varepsilon\,\}$$

wie behauptet. $\qquad\qquad\qquad\qquad\qquad\qquad\qquad\qquad\qquad\qquad\qquad\qquad\square$

4.5   Extrema mit Nebenbedingungen

4.5.1 Beispiele. (i)   Wir wollen die Funktion $f : \mathbb{R}^2 \rightarrow \mathbb{R}$, $f(x,y) := x^2 + y^2$ auf der Kurve $\Gamma = \{\,(x,y) \in \mathbb{R}^2 \mid g(x,y) = x^2 - y + 1 = 0\,\}$ minimieren. Zeichnet man die Niveaumengen $\Gamma_c = \{\,(x,y) \in \mathbb{R}^2 \mid f(x,y) = c\,\}$ für $c > 0$

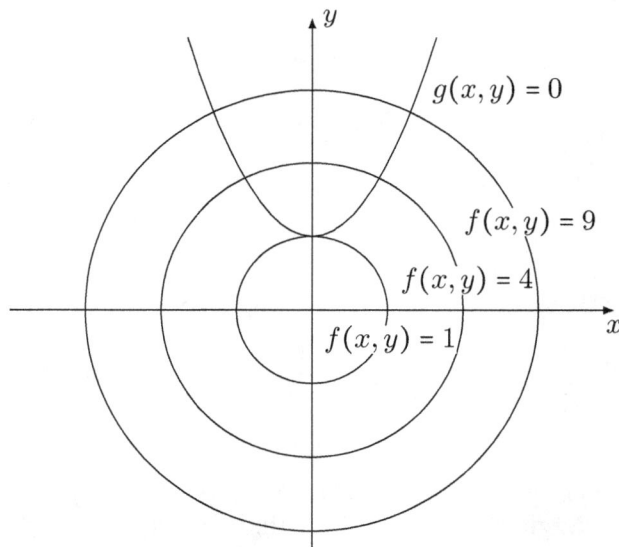

Abbildung 4.6: Extrema unter Nebenbedingungen I

und die Parabel Γ, so erkennt man, dass $f(0,1) = 1$ minimal ist (vergleiche Abbildung 4.6). Im Punkt $(0,1)$ berühren sich die Kurven $\Gamma_1 = \{\,(x,y) \in \mathbb{R}^2 \mid x^2 + y^2 = 1\,\}$ und $\Gamma = \{\,(x,y) \in \mathbb{R}^2 \mid y = x^2 + 1\,\}$. Ihre Tangenten sind im Berührungspunkt parallel, das heißt, die Gradienten $\nabla f(0,1)$

und $\nabla g(0,1)$ sind parallel. Deshalb existiert ein $\lambda \in \mathbb{R}$ mit $\nabla f(0,1) = \lambda \nabla g(0,1)$.

(ii)   Minimieren wir die Funktion $f : \mathbb{R}^2 \to \mathbb{R}$, $f(x,y) := x^2 + y^2$ auf der Kurve $\Gamma = \left\{ (x,y) \in \mathbb{R}^2 \mid g(x,y) = xy - 1 = 0 \right\}$, so erkennen wir, dass $f(1,1) = f(-1,-1) = 2$ minimal ist (vergleiche Abbildung 4.7).

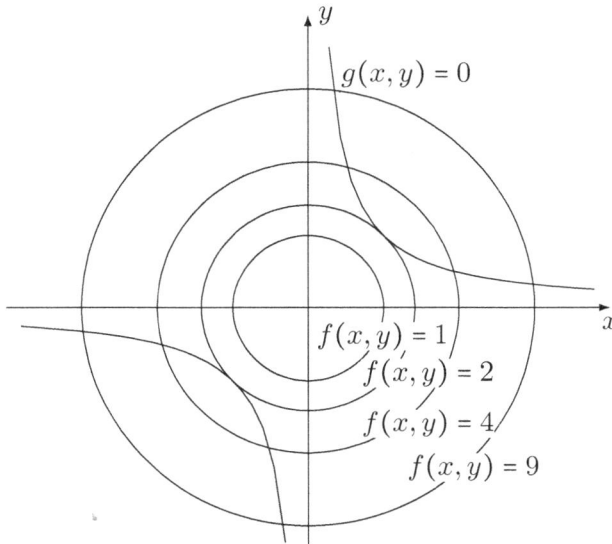

Abbildung 4.7: *Extrema unter Nebenbedingungen II*

4.5.2 Lagrangesche Multiplikatorenregel. *Sei $U \subset \mathbb{R}^n$ eine offene Menge, $f \in C^1(U, \mathbb{R})$, $g \in C^1(U, \mathbb{R}^m)$, $m < n$. Sei $a \in U$ ein Punkt mit $g(a) = 0$ und derart, dass der Rang der Matrix*

$$\left(\frac{\partial g_j}{\partial x_i}(a) \right)_{\substack{j=1,\dots,m \\ i=1,\dots,n}}$$

maximal, das heißt gleich m ist. Die Funktion f besitze im Punkt a ein lokales Extremum unter der Nebenbedingung $g(x) = 0$, das heißt, es gibt eine Umgebung $U(a)$, so dass

$f(x) \geq f(a)$ *beziehungsweise* $f(x) \leq f(a)$ *für alle* $x \in U(a)$ *mit* $g(x) = 0$.

*Dann gibt es Konstanten $\lambda_1, \dots, \lambda_m \in \mathbb{R}$ (**Lagrange-Multiplikatoren**) mit*

$$\nabla f(a) = \lambda_1 \nabla g_1(a) + \dots + \lambda_m \nabla g_m(a).$$

Beweis. (I) Ohne Beschränkung der Allgemeinheit sei

$$\det\left(\frac{\partial g_j}{\partial x_i}(a)\right)^m_{j,i=1} \neq 0.$$

Dann besitzt das Gleichungssystem

$$\sum_{k=1}^m \lambda_k \frac{\partial g_k}{\partial x_j}(a) = \frac{\partial f}{\partial x_j}(a) \tag{4.5}$$

für $j = 1, \ldots, m$ genau eine Lösung $(\lambda_1, \ldots, \lambda_m)$.

(II) Nach dem Satz über implizite Funktionen 4.4.4 kann die Gleichung $g(x) = 0$ lokal nach $x' = (x_1, \ldots, x_m)$ aufgelöst werden, das heißt, es gibt eine offene Umgebung $U(a) = U(a') \times U(a'')$, $U(a') \subset \mathbb{R}^m$, $U(a'') \subset \mathbb{R}^{n-m}$, und eine C^1-Abbildung

$$h : U(a'') \to U(a'),$$

so dass

$$\{\, x \in U(a) \mid g(x) = 0 \,\} = \{\, x \in U(a) \mid x' = h(x'') \,\}.$$

Für alle $x'' \in U(a'')$ haben wir die Relation

$$g(h(x''), x'') = 0.$$

Durch Differenzieren nach x_i erhalten wir

$$0 = \sum_{j=1}^m \frac{\partial g_k}{\partial x_j}(a) \frac{\partial h_j}{\partial x_i}(a'') + \frac{\partial g_k}{\partial x_i}(a) \tag{4.6}$$

für $k = 1, \ldots, m$, $i = m+1, \ldots, n$.

(III) Wir betrachten die Funktion

$$\tilde{f}(x'') := f(h(x''), x'') \text{ für } x'' \in U(a'').$$

Dann ist $\tilde{f} \in C^1(U(a''))$ und es gilt $\tilde{f}(x'') \geq \tilde{f}(a'')$ für alle $x'' \in U(a'')$. Aus dem Satz von Fermat 3.6.3 folgt, dass $\nabla \tilde{f}(a'') = 0$, das heißt $\frac{\partial \tilde{f}}{\partial x_i}(a'') = 0$ für $i = m+1, \ldots, n$. Nach der Kettenregel 3.1.7 beziehungsweise 3.3.10 ist für $i = m+1, \ldots, n$

$$0 = \frac{\partial \tilde{f}}{\partial x_i}(a'') = \sum_{j=1}^m \frac{\partial f}{\partial x_j}(a) \frac{\partial h_j}{\partial x_i}(a'') + \frac{\partial f}{\partial x_i}(a).$$

Unter Benutzung von (4.5) und (4.6) folgt deshalb,dass

$$\frac{\partial f}{\partial x_i}(a) = -\sum_{j=1}^{m} \frac{\partial f}{\partial x_j}(a)\frac{\partial h_j}{\partial x_i}(a'')$$

$$= -\sum_{j=1}^{m}\sum_{k=1}^{m} \lambda_k \frac{\partial g_k}{\partial x_j}(a)\frac{\partial h_j}{\partial x_i}(a'')$$

$$= \sum_{k=1}^{m} \lambda_k \frac{\partial g_k}{\partial x_i}(a)$$

für $i = m+1, \ldots, n$. Zusammen mit (4.5) bedeutet dies, dass

$$\nabla f(a) = \sum_{k=1}^{m} \lambda_k \nabla g_k(a)$$

wie behauptet. $\square$

4.5.3 Beispiel (vergleiche Satz 3.6.11). Wir zeigen noch einmal, dass jede reelle symmetrische Matrix $A = (a_{jk})_{j,k=1}^{n}$ einen reellen Eigenwert λ besitzt. Dazu betrachten wir die Funktionen

$$f(x) := xAx^\top, \ g(x) := |x|^2 - 1$$

für $x \in \mathbb{R}^n$. Nach dem Satz von Weierstraß 2.5.5 nimmt f ein Minimum in einem Punkt $a \in S^{n-1} = \left\{ x \in \mathbb{R}^n \mid |x|^2 = 1 \right\} = \left\{ x \in \mathbb{R}^n \mid g(x) = 0 \right\}$ an. Nach der Lagrangeschen Multiplikationsregel gibt es ein $\lambda \in \mathbb{R}$ mit

$$\nabla f(a) = \lambda \nabla g(a).$$

Wir berechnen

$$\frac{\partial f}{\partial x_i} = \frac{\partial}{\partial x_i} \sum_{j,k=1}^{n} a_{jk} x_j x_k = 2\sum_{j=1}^{n} a_{ik} x_k,$$

$$\frac{\partial g}{\partial x_i} = 2x_i,$$

weshalb

$$\sum_{k=1}^{n} a_{ik} a_k = \lambda a_i$$

für $i = 1, \ldots, n$, das heißt, es gilt

$$A \circ a = \lambda a.$$

Dabei schreiben wir Vektoren im $\mathbb{R}^n$ als Spaltenvektoren.

4.5.4 Beispiel. Wir wollen die Ungleichung

$$\sqrt[n]{\prod_{i=1}^{n} a_i} \le \frac{1}{n} \sum_{i=1}^{n} a_i \tag{4.7}$$

zwischen dem geometrischen und arithmetischen Mittel von n positiven reellen Zahlen $a_1, \ldots, a_n > 0$ zeigen. Zunächst bemerken wir, dass dies nur für

$$\frac{1}{n} \sum_{i=1}^{n} a_i = 1$$

gezeigt werden muss, denn für beliebige Zahlen $b_1, \ldots, b_n > 0$ setzt man

$$a_i := \frac{b_i}{\frac{1}{n} \sum_{j=1}^{n} b_j} \quad \text{für } i = 1, \ldots, n.$$

Dann hat man $\frac{1}{n} \sum_{i=1}^{n} a_i = 1$ und wenn die Ungleichung $\prod_{i=1}^{n} a_i \le 1$ gezeigt ist, dann folgt, dass

$$\frac{\sqrt[n]{\prod_{i=1}^{n} b_i}}{\frac{1}{n} \sum_{j=1}^{n} b_j} = \sqrt[n]{\prod_{i=1}^{n} \frac{b_i}{\frac{1}{n} \sum_{j=1}^{n} b_j}} = \sqrt[n]{\prod_{i=1}^{n} a_i} \le 1.$$

Deshalb betrachten wir die Funktionen

$$f(x) := \prod_{i=1}^{n} x_i, \ g(x) := \frac{1}{n} \sum_{i=1}^{n} x_i.$$

Unter der Nebenbedingung $g(x) = 1$ nimmt f auf dem Kompaktum

$$K := \{\, x \in \mathbb{R}^n \mid x_1, \ldots, x_n \ge 0, \ g(x) = 1 \,\}$$

sein Maximum in einem Punkt $a = (a_1, \ldots, a_n)$ mit $a_1, \ldots, a_n > 0$ an. Deshalb folgt aus der Lagrangeschen Multiplikatorenregel, dass $\nabla f(a) = \lambda \nabla g(a)$ ist, also

$$\frac{\partial f}{\partial x_k}(a) = \prod_{i \ne k} a_i = \frac{f(a)}{a_k} = \frac{\lambda}{n} = \lambda \frac{\partial f}{\partial x_k}(a)$$

für $k = 1, \ldots, n$ beziehungsweise

$$a_k = \frac{\lambda}{n f(a)} = \text{const.}$$

Aus der Nebenbedingung folgt, dass $a_1 = \cdots = a_n = 1$ und deshalb

$$\prod_{i=1}^{n} x_i = f(x) \le f(a) = 1$$

für alle $x_1, \ldots, x_n > 0$ mit $g(x) = 1$, das heißt

$$\sqrt[n]{\prod_{i=1}^{n} x_i} \le 1 \text{ für alle } x_1, \ldots, x_n \text{ mit } \frac{1}{n} \sum_{i=1}^{n} x_i = 1$$

wie behauptet.

4.5.5 Beispiel. Die allgemeine **Youngsche Ungleichung**

$$\frac{(ab)^r}{r} \le \frac{a^p}{p} + \frac{b^q}{q}$$

gilt für alle $a, b > 0$ und $p, q > r > 0$ mit $\frac{1}{p} + \frac{1}{q} = \frac{1}{r}$. Zum Beweis vereinfachen wir die Behauptung, indem wie die linke Seite zu Eins normieren: Division der behaupteten Ungleichung durch $\frac{(ab)^r}{r}$ liefert

$$1 \le \frac{a^{p-r}b^{-r}}{\frac{p}{r}} + \frac{b^{q-r}a^{-r}}{\frac{q}{r}}$$

$$= \frac{\left(a^{r-\frac{r^2}{p}}b^{-\frac{r^2}{p}}\right)^{\frac{p}{r}}}{\frac{p}{r}} + \frac{\left(b^{r-\frac{r^2}{q}}a^{-\frac{r^2}{q}}\right)^{\frac{q}{r}}}{\frac{q}{r}}$$

$$= \frac{x^s}{s} + \frac{y^t}{t} \tag{4.8}$$

mit $s = \frac{p}{r}$, $t = \frac{q}{r}$ sowie

$$x = a^{r\left(1-\frac{1}{s}\right)}b^{-\frac{r}{s}},$$
$$y = b^{r\left(1-\frac{1}{t}\right)}a^{-\frac{r}{t}}.$$

Es gilt $\frac{1}{s} + \frac{1}{t} = 1$ und $xy = 1$.

Die Ungleichung (4.8) beweisen wir nun durch Minimierung der Funktion

$$f(x, y) := \frac{x^s}{s} + \frac{y^t}{t} \text{ für } x, y > 0$$

unter der Nebenbedingung

$$g(x, y) := xy = 1.$$

Weil $f(x,y) \to +\infty$ für $x \to 0$ oder $y \to 0$ und $xy = 1$, gibt es $\lambda \in \mathbb{R}$, $a, b > 0$ mit $ab = 1$, so dass

$$\nabla f(a,b) = \lambda \nabla g(a,b),$$

das heißt

$$a^{s-1} = \lambda b, \quad b^{t-1} = \lambda a.$$

Hieraus folgt aber, dass $\lambda = a^s(ab)^{-1} = a^s$ und $\lambda = b^t$, also $a^s = b^t = a^{-t}$, weshalb $a = 1$ ist. Daher ist auch $\lambda = 1$ und das Minimum von $f(x,y)$ unter der Nebenbedingung $g(x,y) = 1$ ist gleich

$$\frac{a^s}{s} + \frac{b^t}{t} = \frac{\lambda ab}{s} + \frac{\lambda ab}{t} = 1.$$

4.5.6 Beispiele. (i)   Zu bestimmen sind die Extremwerte von $f(x,y) := x^2 + 4y^3$ auf der Ellipse $g(x,y) := x^2 + 2y^2 - 1 = 0$: Zu lösen ist dann

$$\nabla f(x,y) = \lambda \nabla g(x,y), \ g(x,y) = 0,$$

das heißt, zu lösen ist das System

$$2x = 2\lambda x$$
$$12y^2 = 4\lambda y$$
$$x^2 + 2y^2 = 1.$$

Angefangen mit der Fallunterscheidung $x = 0$ oder $x \neq 0$, in welchem Fall $\lambda = 1$ gilt, rechnet man leicht aus, dass das Maximum $\sqrt{2}$ im Punkt $\left(0, \frac{1}{\sqrt{2}}\right)$ und das Minimum $-\sqrt{2}$ im Punkt $\left(0, -\frac{1}{\sqrt{2}}\right)$ angenommen wird.

(ii)   Zu bestimmen sind die Extremwerte von $f(x,y) := 3x^2 + 2y^2 - 4y + 1$ auf der Kreisscheibe $x^2 + y^2 \leq 16$: Wegen

$$f_x(x,y) = 6x = 0$$
$$f_y(x,y) = 4y - 4 = 0$$

gibt es im Inneren der Kreisscheibe höchstens im Punkt $(0,1)$ einen Extremwert

$$f(0,1) = -1.$$

Auf der Kreislinie $x^2 + y^2 = 16$ bestimmen wir die Lösungen von

$$\nabla f(x,y) = \lambda \nabla g(x,y),$$

das heißt von

$$6x = 2\lambda x$$
$$4y - 4 = 2\lambda y$$
$$x^2 + y^2 = 16.$$

Angefangen mit der Fallunterscheidung $x = 0$ oder $x \neq 0$ ergeben sich als Lösungen die Punkte $(0, 4)$, $(0, -4)$, $(\sqrt{12}, -2)$ und $(-\sqrt{12}, -2)$. Man rechnet aus, dass das Maximum 53 in den Punkten $(\sqrt{12}, -2)$ und $(-\sqrt{12}, -2)$ und das Minimum -1 im Punkt $(0, 1)$ angenommen wird.

(iii) Zu bestimmen ist das Maximum von $f(x, y, z) := xyz$ auf der Ebene $g(x, y, z) := 2x + 2y + z - 108 = 0$ für $x \geq 0$, $y \geq 0$, $z \geq 0$: Zu lösen sind dann die Gleichungen

$$yz = 2\lambda$$
$$xz = 2\lambda$$
$$xy = \lambda$$
$$2x + 2y + z = 108.$$

Da $x, y, z > 0$ in einem Punkt gilt, wo $f(x, y, z)$ ein Maximum hat, folgt $y = x$, $z = 2x$, und weiter, dass das Maximum 11664 im Punkt $(18, 18, 36)$ angenommen wird.

(iv) Gesucht ist der Abstand des Ursprungs $(0, 0, 0)$ von der Fläche $g(x, y, z) := xy + 2xz - 5\sqrt{5} = 0$: Dazu minimieren wir die Funktion

$$f(x, y, z) := x^2 + y^2 + z^2$$

unter der Nebenbedingung $g(x, y, z) = 0$. Zu lösen sind die Gleichungen

$$2x = \lambda(y + 2z)$$
$$2y = \lambda x$$
$$2z = 2\lambda x$$
$$xy + 2xz = 5\sqrt{5}.$$

Weil $\lambda \neq 0$ gilt, folgt $z = 2y$. Hieraus folgt $y \neq 0$, und man rechnet leicht nach, dass der Abstand $\sqrt{10}$ in den Punkten $(\sqrt{5}, 1, 2)$ und $(-\sqrt{5}, -1, -2)$ angenommen wird.

(v) Zu minimieren ist die Funktion $f(x, y, z) := z - x^2 - y^2$ auf dem Kreis

$$g_1(x, y, z) := x^2 + y^2 - 4 = 0,$$
$$g_2(x, y, z) := z - x - y = 0.$$

Dazu sind diese Gleichungen, zusammen mit den Gleichungen

$$-2x = 2\lambda_1 x - \lambda_2$$
$$-2y = 2\lambda_1 y - \lambda_2$$
$$1 = \lambda_2$$

zu lösen. Es folgt

$$2(\lambda_1 + 1)x = 1 = 2(\lambda_1 + 1)y,$$

also

$$x = y.$$

Also ergeben sich als Lösungen die Punkte $\pm(\sqrt{2}, \sqrt{2}, 2\sqrt{2})$. Das Minimum $-2\sqrt{2} - 4$ wird im Punkt $(-\sqrt{2}, -\sqrt{2}, -2\sqrt{2})$ angenommen.

5 Das Riemannsche Integral

5.1 Definition des Integrals

In diesem Kapitel soll das mehrdimensionale Riemannsche Integral vorgestellt werden. Für die Darstellung sind die Bezeichnungen so gewählt, dass die Integrationstheorie für Funktionen von nur einer reellen Variablen zum Teil übernommen werden kann. So nennen wir zum Beispiel, wie schon in Definition 1.2.2 (ii), einen mehrdimensionalen Quader (oder Rechteck) ein n-dimensionales Intervall oder auch einfach nur ein Intervall (vergleiche Definition 5.1.2) und nicht ein Rechtflach, wie dies manchmal üblich ist. Bei der Definition einer Zerlegung oder Partition eines Intervalls (vergleiche Definition 5.1.3) verwenden wir jedoch die schon bei der Bezeichnung von Polynomen und Multireihen in 2.1.3 und von höheren Ableitungen in der Taylorschen Formel 3.5.6 benutzte Multiindexschreibweise.

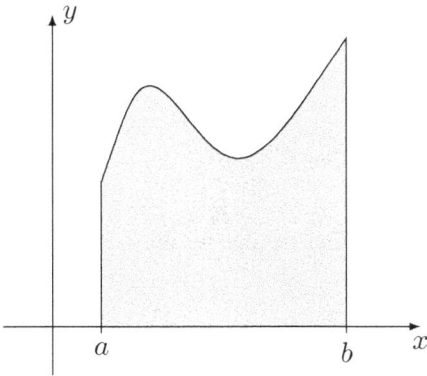

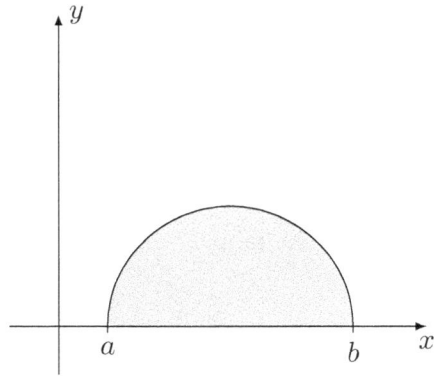

Abbildung 5.1: *Integral als Flächeninhalt* **Abbildung 5.2:** *Flächeninhalt des Halbkreises*

5.1.1 Vorbemerkung. Ähnlich wie in der Analysis I wollen wir die Integrationstheorie unter dem Aspekt der Berechnung von **Flächeninhalt** und **Volumen** sehen. Dazu erinnern wir uns an die folgende Situation: Ist $[a,b] \subset \mathbb{R}$, $a < b$, ein kompaktes Intervall und $f : [a,b] \to [0,+\infty)$ eine stetige, nicht-negative Funktion, dann ist das Riemannsche Integral $\int_a^b f(x)\,dx$ anschaulich der Inhalt der Fläche zwischen der x-Achse und dem Graphen von f.

Um diesen Flächeninhalt zu berechnen, wird das Intervall $[a,b]$ in p Teilintervalle aufgeteilt:

$$a = x_0 < x_1 < \cdots < x_p = b.$$

Jedem Intervall $[x_{k-1}, x_k]$ für $k = 1, \ldots, p$ wird eine Zwischenstelle $\xi_k \in [x_{k-1}, x_k]$ entnommen, der dazugehörige Zwischenwert $f(\xi_k)$ bestimmt und dann die Riemannsche Näherungssumme

$$\sum_{k=1}^{p} f(\xi_k)(x_k - x_{k-1})$$

gebildet, das heißt, es wird der elementargeometrische Flächeninhalt einer Rechtecksvereinigung berechnet. Bei unbegrenzter Verfeinerung der Einteilung von $[a,b]$ konvergieren die Näherungssummen gegen den gesuchten Flächeninhalt.

Bei einem Rechteck $[a,b] \times [c,d] \subset \mathbb{R}^2$, $a < b$, $c < d$, wird das Intervall $[a,b]$ in p Teilintervalle

$$a = x_0 < x_1 < \cdots < x_p = b$$

und das Intervall $[c,d]$ in q Teilintervalle

$$c = y_0 < y_1 < \cdots < y_q = d$$

aufgeteilt. Ist $f : [a,b] \times [c,d] \to [0, +\infty)$ eine stetige, nicht-negative Funktion, so erwarten wir analog, dass der Inhalt des Volumens zwischen dem Graphen von f und dem Rechteck $[a,b] \times [c,d]$ angenähert wird durch die Summe

$$\sum_{k=1}^{p} \sum_{\ell=1}^{q} f(\xi_k, \eta_\ell)(x_k - x_{k-1})(y_\ell - y_{\ell-1})$$

mit Zwischenstellen $(\xi_k, \eta_\ell) \in [x_{k-1}, x_k] \times [y_{\ell-1}, y_\ell]$ und den dazugehörigen Zwischenwerten $f(\xi_k, \eta_\ell)$.

Unter diesem **Inhaltsaspekt** wollen wir Integrale für Funktionen im $\mathbb{R}^n$ definieren.

5.1.2 Definition. In diesem Kapitel ist ein **Intervall** $I = I^{(1)} \times \cdots \times I^{(n)}$ immer ein **kompaktes, nicht-ausgeartetes n-dimensionales Intervall** (im Fall $n = 2$ ein **Rechteck**, für $n = 3$ ein **Quader**), das heißt, es gilt

$$I^{(i)} = [a_i, b_i] = \{\, t \in \mathbb{R} \mid a_i \le t \le b_i \,\}$$

mit $a_i < b_i$, $i = 1, \ldots, n$, beziehungsweise

$$I = \{\, x = (x_1, \ldots, x_n) \in \mathbb{R}^n \mid a_i \le x_i \le b_i \,\}.$$

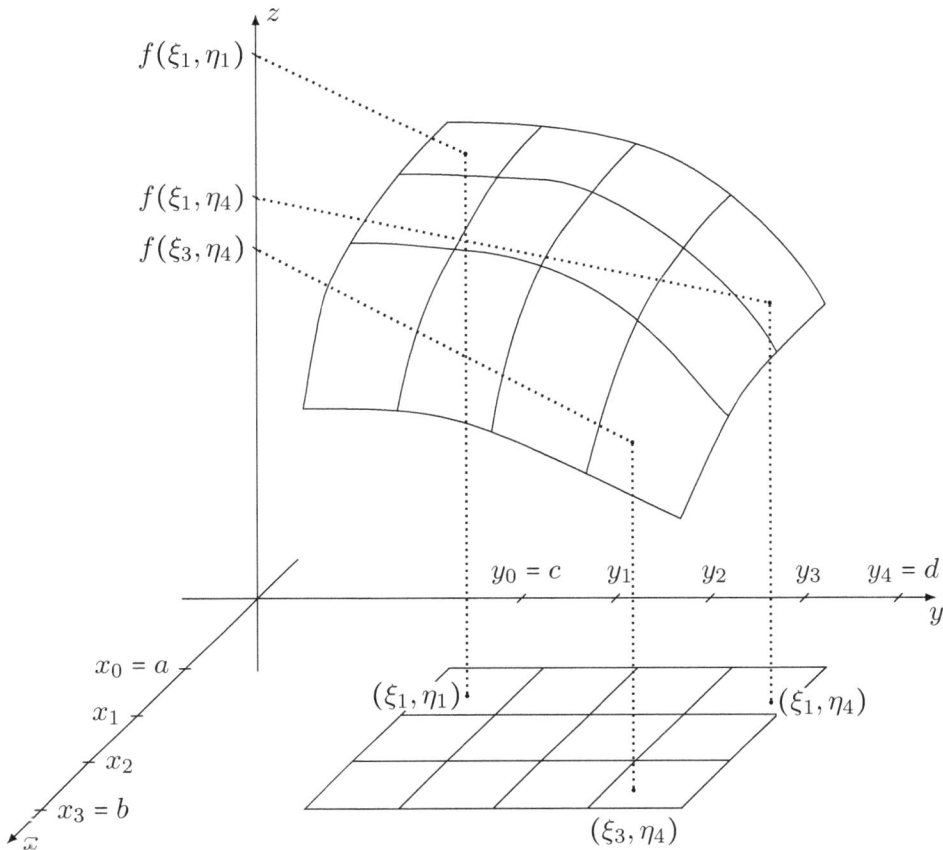

Abbildung 5.3: *Bildung einer Riemannschen Näherungssumme*

Der elementargeometrische **Inhalt** von I ist definiert durch

$$|I| := \prod_{i=1}^{n}(b_i - a_i) = \prod_{i=1}^{n}\left|I^{(i)}\right|.$$

Der **Durchmesser** von I ist die Länge der räumlichen Diagonalen

$$\delta(I) := \sqrt{\sum_{i=1}^{n}(b_i - a_i)^2}.$$

5.1.3 Definition. Sei $I = I^{(1)} \times \cdots \times I^{(n)}$ ein Intervall, $I^{(i)} = [a_i, b_i]$ mit $a_i < b_i$ für $i = 1, \ldots, n$. Seien die Intervalle $I^{(i)}$ aufgeteilt in p_i Teilintervalle

$$I_{\alpha_i}^{(i)} := \left[x_i^{(\alpha_i - 1)}, x_i^{(\alpha_i)}\right],$$

$1 \leq \alpha_i \leq p_i$, so dass

$$a_i = x_i^{(0)} < x_i^{(1)} < \cdots < x_i^{(p_i-1)} < x_i^{(p_i)} = b_i$$

für $i = 1, \ldots, n$. Dann definieren wir eine **Partition** oder **Zerlegung** π von I durch die Menge der n-dimensionalen Teilintervalle $\left\{ I_\alpha \,\middle|\, \alpha \in \mathbb{N}_p^n \right\}$,

$$I_\alpha := I_{\alpha_1}^{(1)} \times \cdots \times I_{\alpha_n}^{(n)} = \left\{ x = (x_1, \ldots, x_n) \in I \,\middle|\, x_i \in [x_i^{(\alpha_i-1)}, x_i^{(\alpha_i)}],\ i = 1, \ldots, n \right\}$$

für $\alpha = (\alpha_1, \ldots, \alpha_n) \in \mathbb{N}_p^n = \mathbb{N}_{p_1} \times \cdots \times \mathbb{N}_{p_n}$, das heißt $1 \leq \alpha_i \leq p_i$ für $i = 1, \ldots, n$, hierbei bezeichnet $\mathbb{N}_p^n$ den **p-ten Abschnitt** von $\mathbb{N}^n$.

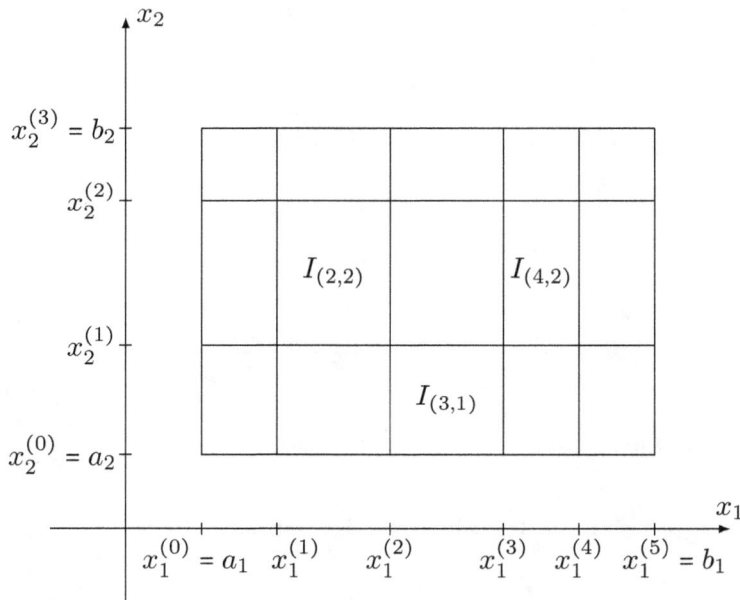

Abbildung 5.4: *Partition eines Rechtecks*

5.1.4 Bemerkungen. (i)   Es ist äquivalent, die Menge der Zerlegungspunkte (Gitterpunkte) $x_\alpha = (x_1^{(\alpha_1)}, \ldots, x_n^{(\alpha_n)})$ für $\alpha = (\alpha_1, \ldots, \alpha_n)$, $0 \leq \alpha_i \leq p_i$, $i = 1, \ldots, n$, als Partition π zu bezeichnen.

(ii)   Die Anzahl der Teilintervalle ist gleich der Anzahl der Gitterpunkte x_α für $1 \leq \alpha_i \leq p_i$, $i = 1, \ldots, n$, beziehungsweise Elemente der Menge $\mathbb{N}_p^n = \mathbb{N}_{p_1} \times \cdots \times \mathbb{N}_{p_n}$, also gleich $p_1 \cdot \ldots \cdot p_n$.

(iii)   Der Inhalt eines Teilintervalls I_α ist

$$|I_\alpha| = \prod_{i=1}^{n} (x_i^{(\alpha_i)} - x_i^{(\alpha_i-1)}).$$

5.1.5 Definition. Ist $\pi = \left\{ I_\alpha \mid \alpha \in \mathbb{N}_p^n \right\}$ eine Partition von I, dann heißt

$$\delta(\pi) := \max_{\alpha \in \mathbb{N}_p^n} \delta(I_\alpha) = \max_{\alpha \in \mathbb{N}_p^n} \sqrt{\sum_{i=1}^{n} (x_i^{(\alpha_i)} - x_i^{(\alpha_i-1)})^2}$$

der **Durchmesser** oder die **Feinheit** der Partition π.

5.1.6 Lemma. *Es sei $\pi = \left\{ I_\alpha \mid \alpha \in \mathbb{N}_p^n \right\}$ eine Partition von $I \subset \mathbb{R}^n$. Dann sind die Teilintervalle **nicht-überlappend**, das heißt, je zwei Teilintervalle I_α und I_β haben für $\alpha \neq \beta$ höchstens Randpunkte gemeinsam, das heißt, es ist $\mathring{I}_\alpha \cap \mathring{I}_\beta = \varnothing$ für $\alpha \neq \beta$. Weiterhin gilt*

$$I = \bigcup_{\alpha \in \mathbb{N}_p^n} I_\alpha, \quad |I| = \sum_{\alpha \in \mathbb{N}_p^n} |I_\alpha|.$$

Beweis. Wegen $\alpha = (\alpha_1, \dots, \alpha_n) \neq \beta = (\beta_1, \dots, \beta_n)$ gibt es ein $k \in \{ 1, \dots, n \}$, so dass $\alpha_k \neq \beta_k$. Dann ist

$$I_{\alpha_k}^{(k)} \neq I_{\beta_k}^{(k)}$$

und nach Konstruktion können die Intervalle $I_{\alpha_k}^{(k)}$, $I_{\beta_k}^{(k)}$ höchstens Randpunkte gemeinsam haben. Es sei nun $x = (x_1, \dots, x_n) \in \mathring{I}_\alpha$ ein innerer Punkt von I_α. Dann gilt $x_k \in \mathring{I}_{\alpha_k}^{(k)}$, also $x_k \notin \mathring{I}_{\beta_k}^{(k)}$, weshalb $x \notin \mathring{I}_\beta$. Nach Definition 5.1.2 ist deshalb

$$|I| = \prod_{i=1}^{n} (b_i - a_i) = \prod_{i=1}^{n} |I^{(i)}| = \prod_{i=1}^{n} \sum_{\alpha_i=1}^{p_i} |I_{\alpha_i}^{(i)}|$$

$$= \sum_{\alpha = (\alpha_1, \dots, \alpha_n) \in \mathbb{N}_p^n} |I_{\alpha_1}^{(1)}| \cdot \dots \cdot |I_{\alpha_n}^{(n)}| = \sum_{\alpha \in \mathbb{N}_p^n} |I_\alpha|. \qquad \square$$

5.1.7 Definition. Es sei $\pi = \left\{ I_\alpha \mid \alpha \in \mathbb{N}_p^n \right\}$ eine Partition des Intervalls I, und $f : I \to \mathbb{R}$ sei eine beschränkte Funktion, das heißt, es gibt ein $M \geq 0$, so dass $|f(x)| \leq M$ für alle $x \in I$. Wir setzen

$$M_\alpha := \sup_{x \in I_\alpha} f(x), \quad m_\alpha := \inf_{x \in I_\alpha} f(x)$$

für $\alpha \in \mathbb{N}_p^n$ und definieren wir die **Riemannsche** oder **Riemann-Darbouxsche Ober-** und **Untersumme** von f bezüglich π (vergleiche Abbildung 5.5) durch

$$S(\pi, f) := \sum_{\alpha \in \mathbb{N}_p^n} M_\alpha |I_\alpha|, \quad s(\pi, f) := \sum_{\alpha \in \mathbb{N}_p^n} m_\alpha |I_\alpha|.$$

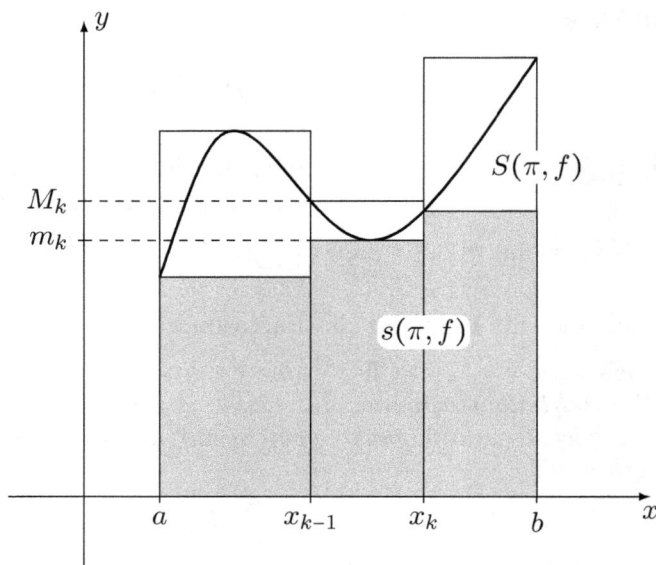

Abbildung 5.5: *Ober- und Untersummen*

5.1.8 Bemerkungen. (i)   Für alle $\alpha \in \mathbb{N}_p^n$ gilt $m_\alpha \le M_\alpha$, weshalb

$$s(\pi, f) \le S(\pi, f).$$

(ii)   Sei $m \le f(x) \le M$ für alle $x \in I$, zum Beispiel sei

$$M := \sup_I f(x), \ m := \inf_I f(x).$$

Dann ist $m \le m_\alpha \le M_\alpha \le M$ für alle $\alpha \in \mathbb{N}_p^n$ und daher

$$S(\pi, f) = \sum_\alpha M_\alpha |I_\alpha| \le M \sum_\alpha |I_\alpha| = M |I|,$$
$$s(\pi, f) = \sum_\alpha m_\alpha |I_\alpha| \ge m \sum_\alpha |I_\alpha| = m |I|,$$

weshalb

$$m |I| \le s(\pi, f) \le S(\pi, f) \le M |I|.$$

(iii)   Wir suchen einen Zusammenhang zwischen Ober- und Untersummen und berechnen

$$s(\pi, -f) = \sum_\alpha \inf_{x \in I_\alpha} (-f(x)) |I_\alpha| = \sum_\alpha (-\sup_{x \in I_\alpha} (f(x))) |I_\alpha|$$
$$= -\sum_\alpha M_\alpha |I_\alpha| = -S(\pi, f).$$

Deshalb können wir uns bei den folgenden Überlegungen auf Obersummen beschränken.

5.1.9 Heuristik. Wir wollen die Änderung der Obersumme $S(\pi, f)$ beim Übergang zu einer anderen, feineren Partition π', das heißt, es gilt $\delta(\pi') < \delta(\pi)$, untersuchen (vergleiche Abbildung 5.6). Es ist

$$S(\pi, f) = \sum_\alpha M_\alpha |I_\alpha|, \; S(\pi', f) = \sum_\beta M'_\beta |I'_\beta|.$$

Anschaulich ist klar, dass für diejenigen Teilintervalle I'_β von π', die in einem Teilintervall I_α von π liegen

$$\sum M'_\beta |I'_\beta| \le M_\alpha |I_\alpha|$$

gilt. Diejenigen Teilintervalle von π', die nicht ganz in einem Teilintervall von π liegen, ergeben einen Störterm, der klein gemacht werden kann, wenn nur $\delta(\pi')$ klein genug ist. Im folgenden Hilfssatz ist π' ist nicht notwendig feiner als π!

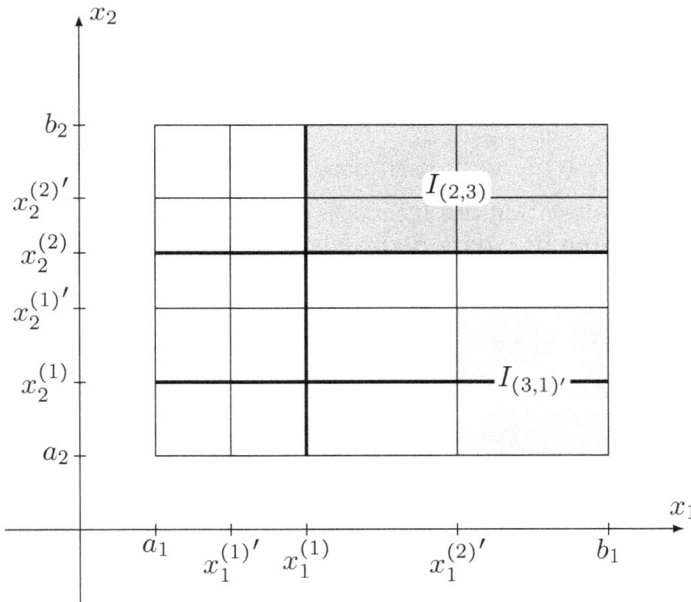

Abbildung 5.6: *Zwei Partitionen eines Rechtecks*

5.1.10 Lemma. *Sei $f : I \to \mathbb{R}$ eine beschränkte Funktion mit $m \le f \le M$ und seien π, π' zwei Partitionen von I. Dann gilt*

$$S(\pi', f) \le S(\pi, f) + \kappa(\pi)(M - m)\delta(\pi'),$$

wobei $\kappa(\pi)$ eine nur von der Partition π abhängige Konstante ist.

Beweis. (I) Ohne Beschränkung der Allgemeinheit sei $m = 0$, denn sonst gehen wir zu der Funktion $g(x) := f(x) - m$, $x \in I$, über. Seien $\pi = \left\{ I_\alpha \mid \alpha \in \mathbb{N}_p^n \right\}$, $\pi' = \left\{ I'_\beta \mid \beta \in \mathbb{N}_{p'}^n \right\}$ zwei Partitionen von I. Außerdem sei

$$M_\alpha := \sup_{x \in I_\alpha} f(x), \ M'_\beta := \sup_{x \in I'_\beta} f(x)$$

und

$$S(\pi, f) = \sum_\alpha M_\alpha |I_\alpha|, \ S(\pi', f) = \sum_\beta M'_\beta |I'_\beta|.$$

(II) Sei $\beta \in \mathbb{N}_{p'}^n$. Dann können zwei Fälle eintreten:

1. Fall: Es gibt ein eindeutig bestimmtes Intervall I_α, $\alpha \in \mathbb{N}_p^n$, mit $I'_\beta \subset I_\alpha$, das heißt $I'^{(i)}_{\beta_i} \subset I^{(i)}_{\alpha_i}$ für $i = 1, \ldots, n$. In diesem Fall sagen wir, dass β zur Klasse $\mathcal{A}$ gehört, das heißt

$$\mathcal{A} := \left\{ \beta \in \mathbb{N}_{p'}^n \mid \exists \alpha \in \mathbb{N}_p^n : I'_\beta \subset I_\alpha \right\}.$$

2. Fall: Es gibt ein $k \in \{ 1, \ldots, n \}$, so dass das Intervall $I'^{(k)}_{\beta_k}$ einen der Punkte $x_k^{(1)}, \ldots, x_k^{(p_k-1)}$ der Partition des Intervalls $[a_k, b_k] = I^{(k)}$ im Inneren enthält. In diesem Fall vereinbaren wir, dass β zur Klasse $\mathcal{B}$ gehört, das heißt

$$\mathcal{B} := \left\{ \beta \in \mathbb{N}_{p'}^n \mid \exists k \in \{ 1, \ldots, n \}, \ \exists \alpha_k \in \{ 1, \ldots, p_k - 1 \} : x_k^{(\alpha_k)} \in \mathring{I}'^{(k)}_{\beta_k} \right\}.$$

(III) Wir betrachten zunächst die Klasse $\mathcal{B}$ und setzen für $k = 1, \ldots, n$

$$\mathcal{B}_k := \left\{ \beta \in \mathbb{N}_p^n \mid \exists \alpha_k \in \{ 1, \ldots, p_k - 1 \} : x_k^{(\alpha_k)} \in \mathring{I}'^{(k)}_{\beta_k} \right\}.$$

Dann ist $\mathcal{B} = \bigcup_{k=1}^n \mathcal{B}_k$ und für die Anzahl der Elemente von $\mathcal{B}_k$ gilt: $\#(\mathcal{B}_k) \leq p_k - 1$. Weiterhin haben wir

$$\bigcup_{\beta \in \mathcal{B}} I'_\beta = \bigcup_{k=1}^n \bigcup_{\beta \in \mathcal{B}_k} I'_\beta = \bigcup_{k=1}^n \bigcup_{\substack{\beta_k : \beta \in \mathcal{B}_k \\ \beta_i = 1, \ldots, p'_i \\ i \neq k}} I'^{(1)}_{\beta_1} \times \cdots \times I'^{(k)}_{\beta_k} \times \cdots \times I'^{(n)}_{\beta_n},$$

weshalb

$$\sum_{\beta \in \mathcal{B}} |I'_\beta| \le \sum_{k=1}^{n} \sum_{\substack{\beta_k : \beta \in \mathcal{B}_k \\ \beta_i = 1, \dots, p'_i \\ i \ne k}} \left|I'^{(1)}_{\beta_1}\right| \cdot \ldots \cdot \left|I'^{(k)}_{\beta_k}\right| \cdot \ldots \cdot \left|I'^{(n)}_{\beta_n}\right|$$

$$= \sum_{k=1}^{n} \prod_{\substack{i=1 \\ i \ne k}}^{n} (b_i - a_i) \cdot \sum_{\beta_k : \beta \in \mathcal{B}_k} \left|I'^{(k)}_{\beta_k}\right|$$

$$\le \sum_{k=1}^{n} \frac{|I|}{b_k - a_k} \cdot \#(\mathcal{B}_k) \cdot \delta(\pi')$$

$$\le \sum_{k=1}^{n} \frac{|I|}{b_k - a_k} (p_k - 1) \delta(\pi') =: \kappa(\pi) \delta(\pi').$$

(IV) Nun wollen wir die Klasse $\mathcal{A}$ untersuchen. Zunächst sei $\alpha \in \mathbb{N}_p^n$ fest gewählt. Für alle $\beta \in \mathbb{N}_{p'}^n$ mit $I'_\beta \subset I_\alpha$ haben wir

$$\sum_{I'_\beta \subset I_\alpha} |I'_\beta| = \sum_{\substack{i=1,\dots,n \\ I'^{(i)}_{\beta_i} \subset I^{(i)}_{\alpha_i}}} \left|I'^{(1)}_{\beta_1}\right| \cdot \ldots \cdot \left|I'^{(n)}_{\beta_n}\right|$$

$$= \left(\sum_{I'^{(1)}_{\beta_1} \subset I^{(1)}_{\alpha_1}} \left|I'^{(1)}_{\beta_1}\right| \right) \cdot \ldots \cdot \left(\sum_{I'^{(n)}_{\beta_n} \subset I^{(n)}_{\alpha_n}} \left|I'^{(n)}_{\beta_n}\right| \right)$$

$$\le \left|I^{(1)}_{\alpha_1}\right| \cdot \ldots \cdot \left|I^{(n)}_{\alpha_n}\right| = |I_\alpha|.$$

Weil $M'_\beta \le M_\alpha$ für $I'_\beta \subset I_\alpha$ gilt, haben wir deshalb

$$\sum_{\beta \in \mathcal{A}} M'_\beta |I'_\beta| = \sum_{\alpha \in \mathbb{N}_p^n} \sum_{I'_\beta \subset I_\alpha} M'_\beta |I'_\beta|$$

$$\le \sum_{\alpha \in \mathbb{N}_p^n} M_\alpha \sum_{I'_\beta \subset I_\alpha} |I'_\alpha| \le \sum_{\alpha \in \mathbb{N}_p^n} M_\alpha |I'_\alpha|.$$

(V) Zusammengenommen erhalten wir die zu beweisende Ungleichung: Es ist

$$S(\pi', f) = \sum_{\beta \in \mathbb{N}_{p'}^n} M'_\beta |I'_\beta|$$

$$= \sum_{\beta \in \mathcal{A}} M'_\beta |I'_\beta| + \sum_{\beta \in \mathcal{B}} M'_\beta |I'_\beta|$$

$$\le \sum_{\alpha \in \mathbb{N}_p^n} M_\alpha |I_\alpha| + M \kappa(\pi) \delta(\pi')$$

$$= S(\pi, f) + M \kappa(\pi) \delta(\pi'),$$

weil $M'_\beta \le M$ für alle $\beta \in \mathbb{N}_{p'}^n$. $\qquad\square$

5.1.11 Definition. Sei $f : I \to \mathbb{R}$ eine beschränkte Funktion. Dann setzen wir

$$S(f) = \overline{\int_I} f(x)\,dx := \inf_\pi S(\pi, f),$$

$$s(f) = \underline{\int}_I f(x)\,dx := \sup_\pi s(\pi, f),$$

und nennen $\overline{\int_I} f(x)dx$ beziehungsweise $\underline{\int}_I f(x)dx$ das **obere** beziehungsweise **untere Riemann-** oder **Riemann-Darboux-Integral** von f über I.

5.1.12 Bemerkungen. (i) $S(f)$, $s(f)$ existieren immer, denn für jede Partition π von I gilt

$$m\,|I| \le s(\pi, f) \le S(\pi, f) \le M\,|I|.$$

(ii)   Die noch zu beweisende Ungleichung $s(f) \le S(f)$ ist nicht offensichtlich! Sie ist äquivalent dazu, dass jede Obersumme größer oder gleich jeder Untersumme ist: $s(\pi, f) \le S(\pi', f)$ für alle Partitionen π, π'.

(iii)   Wegen $s(-f) = -S(f)$ brauchen wir uns nur mit $S(f)$ beschäftigen.

5.1.13 Satz und Definition. *Sei $f : I \to \mathbb{R}$ eine beschränkte Funktion und $(\pi_k)_{k \in \mathbb{N}}$ eine **ausgezeichnete Partitionsfolge**, das heißt, es gilt*

$$\delta(\pi_k) \to 0 \ \text{für } k \to \infty.$$

Dann ist
$$S(f) = \lim_{k \to \infty} S(\pi_k, f), \ \ s(f) = \lim_{k \to \infty} s(\pi_k, f).$$

Beweis. Wir brauchen nur die Gleichheit für S zu beweisen. Nach Definition von $S(f) := \inf_\pi S(\pi, f)$ gibt es eine Partitionsfolge $(\pi'_k)_{k \in \mathbb{N}}$ mit $\lim_{k \to \infty} S(\pi'_k, f) = S(f)$. Nach Lemma 5.1.10 gilt für $k, \ell \in \mathbb{N}$ die Ungleichung

$$S(\pi_k, f) \le S(\pi'_\ell, f) + \kappa(\pi'_\ell)(M - m)\delta(\pi_k).$$

Für $k \to \infty$, $\ell \in \mathbb{N}$ fest folgt hieraus, dass

$$\limsup_{k \to \infty} S(\pi_k, f) \le S(\pi'_\ell, f),$$

also für $\ell \to \infty$, dass

$$\limsup_{k \to \infty} S(\pi_k, f) \le S(f).$$

Nach Definition von $S(f)$ gilt $S(\pi_k, f) \geq S(f)$ für alle $k \in \mathbb{N}$, also gilt auch, dass

$$\liminf_{k \to \infty} S(\pi_k, f) \leq S(f).$$

Es folgt die Existenz des Grenzwertes $\lim_{k \to \infty} S(\pi_k, f) = S(f)$. $\qquad\qquad$ □

5.1.14 Satz. *Sei $f : I \to \mathbb{R}$ eine beschränkte Funktion. Dann gilt für zwei Partitionen π, π' von I, dass*

$$s(\pi, f) \leq s(f) \leq S(f) \leq S(\pi', f).$$

Beweis. Es ist nur die mittlere Ungleichung zu zeigen: Sei also $(\pi_k)_{k \in \mathbb{N}}$ eine ausgezeichnete Partitionsfolge. Wegen Satz 5.1.13 ist dann

$$S(f) = \lim_{k \to \infty} S(\pi_k, f), \quad s(f) = \lim_{k \to \infty} s(\pi_k, f).$$

Für jedes $k \in \mathbb{N}$ gilt $s(\pi_k, f) \leq S(\pi_k, f)$. Der Grenzübergang $k \to \infty$ liefert dann die Behauptung $s(f) \leq S(f)$. $\qquad\qquad$ □

5.1.15 Definition. Sei $f : I \to \mathbb{R}$ eine beschränkte Funktion. Dann heißt f über oder in I **Riemann-integrierbar**, wenn

$$s(f) = \underline{\int_I} f(x)\,dx = \overline{\int_I} f(x)\,dx = S(f).$$

In diesem Fall heißt der gemeinsame Wert

$$\int_I f(x)\,dx := s(f) = S(f)$$

das **Riemann-Integral** oder einfach **Integral** von f über I.

5.1.16 Bemerkung. Es stellt sich die Frage nach praktischen Integrabilitätskriterien, beziehungsweise Klassen von integrierbaren Funktionen zu finden, denn nicht jede beschränkte Funktion ist Riemann-integrierbar, wie das Beispiel der **Dirichletschen Sprungfunktion** zeigt.

5.2   Die Riemannsche Definition

5.2.1 Definition. Sei $f : I \to \mathbb{R}$ eine beschränkte Funktion und π eine Partition von I, $\pi = \left\{ I_\alpha \mid \alpha \in \mathbb{N}_p^n \right\}$. Dann ist

$$\omega(I, f) := \sup_{x, x' \in I} |f(x) - f(x')|$$

die **Oszillation** oder **Schwankung** von f über I und

$$\omega(\pi) = \omega(\pi, f) := \sum_{\alpha \in \mathbb{N}_p^n} \omega(I_\alpha, f)\,|I_\alpha|$$

die **Oszillations-** oder **Schwankungssumme** von f über I bezüglich π.

5.2.2 Lemma. *Ist $f : I \to \mathbb{R}$ eine beschränkte Funktion, so gilt*

$$\omega(I, f) = M - m = \sup_I f - \inf_I f$$

und

$$\omega(\pi, f) = \sum_{\alpha \in \mathbb{N}_p^n} (M_\alpha - m_\alpha)\,|I_\alpha| = S(\pi, f) - s(\pi, f).$$

5.2.3 Riemannsches Integrabilitätskriterium. *Die Funktion $f : I \to \mathbb{R}$ sei beschränkt. Dann ist f genau dann Riemann-integrierbar, wenn es zu jedem $\varepsilon > 0$ eine Partition π_ε von I gibt mit*

$$\omega(\pi_\varepsilon, f) = S(\pi_\varepsilon, f) - s(\pi_\varepsilon, f) < \varepsilon.$$

Beweis. „⇐" Angenommen, zu jedem $\varepsilon > 0$ gibt es eine Partition π_ε, so dass $S(\pi_\varepsilon, f) - s(\pi_\varepsilon, f) < \varepsilon$. Wegen

$$s(\pi_\varepsilon, f) \le \underline{\int_I} f(x)\,dx \le \overline{\int_I} f(x)\,dx \le S(\pi_\varepsilon, f)$$

folgt dann

$$0 \le \overline{\int_I} f(x)\,dx - \underline{\int_I} f(x)\,dx < \varepsilon$$

für alle $\varepsilon > 0$, also die Gleichheit

$$\overline{\int_I} f(x)\,dx = \underline{\int_I} f(x)\,dx,$$

das heißt, f ist Riemann-integrierbar.

„⇒" Sei f über I Riemann-integrierbar, und $(\pi_k)_{k \in \mathbb{N}}$ sei eine ausgezeichnete Partitionsfolge, das heißt, es gilt $\delta(\pi_k) \to 0$ für $k \to 0$. Dann gilt nach Satz 5.1.13, dass

$$\int_I f(x)\,dx = \lim_{k \to \infty} s(\pi_k, f) = \lim_{k \to \infty} S(\pi_k, f),$$

also

$$\lim_{k \to \infty} \left(S(\pi_k, f) - s(\pi_k, f) \right) = 0.$$

Zu jedem $\varepsilon > 0$ gibt es deshalb ein $k = k(\varepsilon)$ und eine Partition $\pi_\varepsilon := \pi_{k(\varepsilon)}$ mit

$$0 \le S(\pi_\varepsilon, f) - s(\pi_\varepsilon, f) < \varepsilon. \qquad \square$$

Aus dem Beweis ergibt sich die folgende Verschärfung des Riemannschen Integrabilitätskriteriums:

5.2.4 Satz. *Sei $f : I \to \mathbb{R}$ eine beschränkte Funktion. Wenn für eine ausgezeichnete Partitionsfolge $(\pi_k)_{k \in \mathbb{N}}$ von I die Relation*

$$\lim_{k \to \infty} \omega(\pi_k, f) = 0 \qquad (5.1)$$

gilt, dann ist f Riemann-integrierbar. Ist umgekehrt f Riemann-integrierbar, dann gilt die Limesrelation (5.1) für jede ausgezeichnete Partitionsfolge $(\pi_k)_{k \in \mathbb{N}}$.

5.2.5 Definition. Sei $f : I \to \mathbb{R}$ eine beschränkte Funktion und π eine Partition von I, $\pi = \{ I_\alpha \mid \alpha \in \mathbb{N}_p^n \}$. Seien ferner Zwischenstellen $\xi_\alpha \in I_\alpha$ für $\alpha \in \mathbb{N}_p^n$ gewählt. Dann heißt $\xi = (\xi_\alpha)_{\alpha \in \mathbb{N}_p^n}$ ein **Zwischenstellenvektor** und

$$\sigma(\pi, f) = \sigma(\pi, f, \xi) := \sum_{\alpha \in \mathbb{N}_p^n} f(\xi_\alpha) |I_\alpha|$$

eine **Riemannsche Approximations-** oder **Zwischensumme.**

5.2.6 Riemannsche Definition des Integrals. *Sei $f : I \to \mathbb{R}$ eine beschränkte Funktion. Dann ist f genau dann über I Riemann-integrierbar, wenn für jede ausgezeichnete Partitionsfolge $(\pi_k)_{k \in \mathbb{N}}$ und jede Wahl der Zwischenstellen $\xi^{(k)} = (\xi_\alpha^{(k)})_{\alpha \in \mathbb{N}_p^n}$, $\xi_\alpha^{(k)} \in I_\alpha^{(k)}$, $p = p(k)$, $k \in \mathbb{N}$, die Riemannsche Summenfolge*

$$\sigma(\pi_k, f) = \sigma(\pi_k, f, \xi^{(k)}) = \sum_{\alpha \in \mathbb{N}_p^n} f(\xi_\alpha^{(k)}) \left| I_\alpha^{(k)} \right|$$

konvergiert. In diesem Fall haben alle Summenfolgen denselben Grenzwert und es gilt

$$\lim_{k \to \infty} \sigma(\pi_k, f) = \int_I f(x) \, dx.$$

Beweis. „$\Rightarrow$" Sei f Riemann-integrierbar, $(\pi_k)_{k \in \mathbb{N}}$ eine ausgezeichnete Partitionsfolge und $\xi^{(k)} = (\xi_\alpha^{(k)})_{\alpha \in \mathbb{N}_p^n}$, $\xi_\alpha^{(k)} \in I_\alpha^{(k)}$, $p = p(k)$, $k \in \mathbb{N}$. Dann gilt

$$m_\alpha^{(k)} \leq f(\xi_\alpha^{(k)}) \leq M_\alpha^{(k)}, \quad m_\alpha^{(k)} = \inf_{I_\alpha} f, \quad M_\alpha^{(k)} = \sup_{I_\alpha} f,$$

also

$$s(\pi_k, f) \leq \sigma(\pi_k, f) \leq S(\pi_k, f).$$

Wegen

$$\int_I f(x) \, dx = \lim_{k \to \infty} s(\pi_k, f) = \lim_{k \to \infty} S(\pi_k, f)$$

folgt

$$\lim_{k\to\infty} \sigma(\pi_k, f) = \int_I f(x)\, dx$$

aus dem Vergleichsprinzip.

„⇐" Sei $(\sigma(\pi_k, f))_{k\in\mathbb{N}}$ konvergent für jede Wahl der Zwischenstellen $\xi^{(k)} = (\xi_\alpha^{(k)})_{\alpha\in\mathbb{N}_p^n}$, $\xi_\alpha^{(k)} \in I_\alpha^{(k)}$, $p = p(k)$, $k \in \mathbb{N}$. Wegen

$$m_\alpha^{(k)} = \inf_{I_\alpha^{(k)}} f, \quad M_\alpha^{(k)} = \sup_{I_\alpha^{(k)}} f$$

gibt es dann $\xi_\alpha^{(k)}, \xi'^{(k)}_\alpha \in I_\alpha^{(k)}$ mit

$$0 \le M_\alpha^{(k)} - f(\xi_\alpha^{(k)}) < \frac{1}{k}, \quad 0 \le f(\xi'^{(k)}_\alpha) - m_\alpha^{(k)} < \frac{1}{k}.$$

Also gibt es zu jedem $k \in \mathbb{N}$ Zwischensummen $\sigma(\pi_k, f, \xi^{(k)})$, $\sigma(\pi_k, f, \xi'^{(k)})$ mit

$$0 \le S(\pi_k, f) - \sigma(\pi_k, f, \xi^{(k)}) \le \frac{|I|}{k}, \quad 0 \le \sigma(\pi_k, f, \xi'^{(k)}) - s(\pi_k, f) \le \frac{|I|}{k}.$$

Wegen

$$\lim_{k\to\infty} S(\pi_k, f) = \overline{\int_I} f(x)\, dx, \quad \lim_{k\to\infty} s(\pi_k, f) = \underline{\int_I} f(x)\, dx$$

folgt daraus durch Grenzübergang $k \to \infty$:

$$\lim_{k\to\infty} \sigma(\pi_k, f, \xi^{(k)}) = \overline{\int_I} f(x)\, dx, \quad \lim_{k\to\infty} \sigma(\pi_k, f, \xi'^{(k)}) = \underline{\int_I} f(x)\, dx.$$

Laut Annahme ist die gemischte Folge

$$\sigma(\pi_1, f, \xi^{(1)}), \ \sigma(\pi_1, f, \xi'^{(1)}), \ \sigma(\pi_2, f, \xi^{(2)}), \ \sigma(\pi_2, f, \xi'^{(2)}), \ldots$$

aber konvergent. Somit gilt

$$\underline{\int_I} f(x)\, dx = \overline{\int_I} f(x)\, dx. \qquad\qquad \square$$

5.2.7 Bemerkungen. (i)   Sei $f : I \to \mathbb{C}$ eine beschränkte, das heißt es gilt $|f(x)| \le M < +\infty$ für alle $x \in I$, komplex-wertige Funktion. Dann heißt f **Riemann-integrierbar** über I falls $\operatorname{Re} f$ und $\operatorname{Im} f$ Riemann-integrierbar sind und wir setzen

$$\int_I f(x)\, dx := \int_I \operatorname{Re} f(x)\, dx + i \int_I \operatorname{Im} f(x)\, dx.$$

(ii)   Ist $f(x) = f(x_1, \ldots, x_n)$, dann schreiben wir auch

$$\int_I f(x)\,dx = \int_I f(x_1, \ldots, x_n)\,dx_1 \cdots dx_n,$$

im Fall $n = 2$ auch

$$\int_I f(x, y)\,dxdy = \iint_I f(x, y)\,dxdy,$$

und für $n = 3$ auch

$$\int_I f(x, y, z)\,dxdydz = \iiint_I f(x, y, z)\,dxdydz.$$

5.3   Eigenschaften integrierbarer Funktionen

5.3.1 Satz. *Jede stetige Funktion $f : I \to \mathbb{R}$ ist Riemann-integrierbar.*

Beweis. Als stetige Funktion auf einem kompakten Intervall I ist f beschränkt und gleichmäßig stetig. Daher gibt es für $\varepsilon > 0$ ein $\delta > 0$, so dass

$$|f(x') - f(x'')| < \varepsilon \text{ für alle } |x' - x''| < \delta.$$

Ist π eine Partition von I mit $\delta(\pi) < \delta$, so folgt

$$\omega(\pi, f) = \sum_{\alpha \in \mathbb{N}_p^n} \omega(I_\alpha, f)\,|I_\alpha| \leq \varepsilon \sum_{\alpha \in \mathbb{N}_p^n} |I_\alpha| = \varepsilon\,|I|.$$

Ist also $(\pi_k)_{k \in \mathbb{N}}$ eine ausgezeichnete Partitionsfolge, so gilt $\lim\limits_{k \to \infty} \omega(\pi_k, f) = 0$ und deshalb ist f Riemann-integrierbar. $\square$

5.3.2 Satz. *Sind $f, g : I \to \mathbb{R}$ beschränkt und Riemann-integrierbar, dann sind es auch die Funktionen*

$$f + g,\ \ f \cdot g,\ \ |f|,\ \ f^+ := \frac{1}{2}(f + |f|),\ \ f^- := \frac{1}{2}(|f| - f).$$

Ist $|f(x)| \geq c > 0$ für alle $x \in I$, dann ist auch $\frac{1}{f}$ Riemann-integrierbar.

*Ferner gilt für $\alpha, \beta \in \mathbb{R}$ die **Linearitätsrelation***

$$\int_I (\alpha f(x) + \beta g(x))\,dx = \alpha \int_I f(x)\,dx + \beta \int_I g(x)\,dx.$$

Beweis. (I) Wir zeigen die Riemann-Integrierbarkeit von $f \cdot g$: Sei $|f|, |g| \le M < +\infty$. Dann gilt für $x, x' \in I$:

$$|(f \cdot g)(x) - (f \cdot g)(x')| \le |f(x)g(x) - f(x')g(x)| + |f(x')g(x) - f(x')g(x')|$$
$$\le M(|f(x) - f(x')| + |g(x) - g(x')|),$$

Ist $\pi = \left\{ I_\alpha \mid \alpha \in \mathbb{N}_p^n \right\}$ eine Partition von I, dann folgt, dass

$$\omega(I_\alpha, f \cdot g) \le M(\omega(I_\alpha, f) + \omega(I_\alpha, g)),$$

und daher

$$\omega(\pi, f \cdot g) \le M(\omega(\pi, f) + \omega(\pi, g)).$$

Ist $(\pi_k)_{k \in \mathbb{N}}$ eine ausgezeichnete Partitionsfolge, dann folgt aus dem Riemannschen Integrabilitätskriterium 5.2.3, dass

$$\omega(\pi_k, f \cdot g) \le M(\omega(\pi_k, f) + \omega(\pi_k, g)) \to 0 \text{ für } k \to \infty.$$

Aus Satz 5.2.3 folgt, dass $f \cdot g$ Riemann-integrierbar ist.

(II) Für $x, x' \in I$ gilt

$$\left| \frac{1}{f(x)} - \frac{1}{f(x')} \right| = \frac{|f(x') - f(x)|}{|f(x)f(x')|} \le \frac{1}{c^2} |f(x) - f(x')|,$$

also folgt die Riemann-Integrierbarkeit von $\frac{1}{f}$.

(III) Wir zeigen die Linearität des Integrals: Die Integrierbarkeit der Funktion $\alpha f + \beta g$ ist klar. Sei $(\pi_k)_{k \in \mathbb{N}}$ eine ausgezeichnete Partitionsfolge und seien $\xi^{(k)} = (\xi_\alpha^{(k)})_{\alpha \in \mathbb{N}_p^n}$, $\xi_\alpha^{(k)} \in I_\alpha^{(k)}$, $p = p(k)$, $k \in \mathbb{N}$, beliebig gewählte Zwischenstellen. Dann gilt

$$\int_I (\alpha f(x) + \beta g(x))\, dx = \lim_{k \to \infty} \sum_{\alpha \in \mathbb{N}_p^n} (\alpha f(\xi_\alpha^{(k)}) + \beta g(\xi_\alpha^{(k)})) \left| I_\alpha^{(k)} \right|$$

$$= \alpha \lim_{k \to \infty} \sum_{\alpha \in \mathbb{N}_p^n} f(\xi_\alpha^{(k)}) \left| I_\alpha^{(k)} \right| + \beta \lim_{k \to \infty} \sum_{\alpha \in \mathbb{N}_p^n} g(\xi_\alpha^{(k)}) \left| I_\alpha^{(k)} \right|$$

$$= \alpha \int_I f(x)\, dx + \beta \int_I g(x)\, dx$$

wegen der Riemannschen Definition des Integrals, Satz 5.2.6. $\qquad\qquad\Box$

5.3.3 Satz. *Ist $f : I \to \mathbb{R}$ beschränkt und Riemann-integrierbar, $g : f(I) \to \mathbb{R}$ Lipschitz-stetig, das heißt, es gilt*

$$|g(y) - g(y')| \le L |y - y'|$$

für alle $y, y' \in f(I)$, so ist auch $g \circ f : I \to \mathbb{R}$ Riemann-integrierbar.

Beweis. Für alle $x, x' \in I$ gilt

$$|g(f(x)) - g(f(x'))| \le L\,|f(x) - f(x')|.$$

Ist $\pi = \left\{\, I_\alpha \mid \alpha \in \mathbb{N}_p^n \,\right\}$ eine Partition von I, so folgt daher, dass

$$\omega(I_\alpha, g \circ f) \le L\,\omega(I_\alpha, f)$$

für alle $\alpha \in \mathbb{N}_p^n$ und daher

$$\omega(\pi, g \circ f) \le L\,\omega(\pi, f).$$

Ist $(\pi_k)_{k \in \mathbb{N}}$ eine ausgezeichnete Partitionsfolge, so folgt die Behauptung unmittelbar wie im Beweis von Satz 5.3.1. $\qquad\square$

5.3.4 Bemerkung. Satz 5.3.3 gilt auch, wenn g gleichmäßig stetig auf $f(I)$ ist.

5.3.5 Satz. *Für jede beschränkte und Riemann-integrierbare Funktion $f : I \to \mathbb{R}$ gilt die* **Dreiecksungleichung für Integrale**

$$\left| \int_I f(x)\,dx \right| \le \int_I |f(x)|\,dx.$$

Beweis. Es sei $(\pi_k)_{k \in \mathbb{N}}$ eine ausgezeichnete Partitionsfolge von I und $\xi^{(k)} = (\xi_\alpha^{(k)})_{\alpha \in \mathbb{N}_p^n}$, $\xi_\alpha^k \in I_\alpha^{(k)}$, $\alpha \in \mathbb{N}_p^n$, $p = p(k)$, $k \in \mathbb{N}$, seien beliebig gewählte Zwischenstellen. Dann gilt

$$\begin{aligned}
|\sigma(\pi_k, f, \xi^{(k)})| &= \left| \sum_{\alpha \in \mathbb{N}_p^n} f(\xi_\alpha^{(k)})\,\big|I_\alpha^{(k)}\big| \right| \\
&\le \sum_{\alpha \in \mathbb{N}_p^n} \big|f(\xi_\alpha^{(k)})\big|\,\big|I_\alpha^{(k)}\big| = \sigma(\pi_k, |f|, \xi^{(k)}).
\end{aligned}$$

Durch Grenzübergang $k \to \infty$ folgt die Behauptung. $\qquad\square$

5.3.6 Mittelwertsatz der Integralrechnung. *Sei $f : I \to \mathbb{R}$ beschränkt und Riemann-integrierbar mit $m \le f(x) \le M$ für alle $x \in I$. Dann genügt das* **Integralmittel**

$$\mu := \frac{1}{|I|} \int_I f(x)\,dx$$

den Ungleichungen

$$m \le \mu \le M,$$

das heißt, es gilt

$$m\,|I| \le \int_I f(x)\,dx \le M\,|I|.$$

Ist f stetig, so gibt es ein $\xi \in I$ mit $\mu = f(\xi)$, das heißt, es gilt

$$\int_I f(x)\,dx = f(\xi)\,|I|.$$

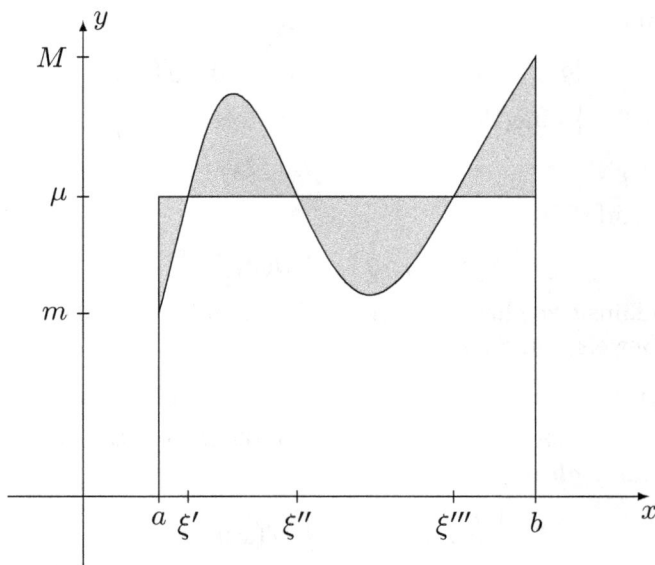

Abbildung 5.7: *Mittelwertsatz für Integrale, in diesem Beispiel ist $f(\xi') = f(\xi'') = f(\xi''') = \mu$*

5.3.7 Erweiterter Mittelwertsatz der Integralrechnung. *Die Funktionen $f, p : I \to \mathbb{R}$ seien beschränkt und Riemann-integrierbar, p sei nicht-negativ, $p(x) \ge 0$ für $x \in I$, und $m \le f(x) \le M$ für alle $x \in I$. Dann gilt*

$$m \int_I p(x)\, dx \le \int_I f(x)p(x)\, dx \le M \int_I p(x)\, dx,$$

das heißt, es gibt ein $\mu \in [m, M]$ mit

$$\int_I f(x)p(x)\, dx = \mu \int_I p(x)\, dx.$$

Beweis. Es sei $(\pi_k)_{k \in \mathbb{N}}$ eine ausgezeichnete Partitionsfolge von I und $\xi^{(k)} = (\xi^{(k)}_\alpha)_{\alpha \in \mathbb{N}^n_p}$, $\xi^{(k)}_\alpha \in I^{(k)}_\alpha$, $p = p(k)$, $k \in \mathbb{N}$, seien beliebig gewählte Zwischenstellen. Dann gilt

$$m \sum_{\alpha \in \mathbb{N}^n_p} p(\xi^{(k)}_\alpha) \left| I^{(k)}_\alpha \right| \le \sum_{\alpha \in \mathbb{N}^n_p} f(\xi^{(k)}_\alpha) p(\xi^{(k)}_\alpha) \left| I^{(k)}_\alpha \right|$$

$$\le M \sum_{\alpha \in \mathbb{N}^n_p} p(\xi^{(k)}_\alpha) \left| I^{(k)}_\alpha \right|,$$

das heißt

$$m\sigma(\pi_k, p, \xi^{(k)}) \le \sigma(\pi_k, f \cdot p, \xi^{(k)}) \le M\sigma(\pi_k, p, \xi^{(k)}).$$

Für $k \to \infty$ folgt daraus

$$m \int_I p(x)\,dx \leq \int_I f(x)p(x)\,dx \leq M \int_I p(x)\,dx. \qquad \square$$

5.3.8 Zusatz. *Ist $f \in C^0(I)$, dann gibt es ein $\xi \in I$ mit*

$$\int_I f(x)p(x)\,dx = f(\xi) \int_I p(x)\,dx.$$

Beweis. Da I kompakt ist, gibt es $x^+, x^- \in I$ mit

$$f(x^+) = \sup_I f, \ \ f(x^-) = \inf_I f.$$

Also gibt es $\xi \in I$, $\xi = (1-t)x^- + tx^+$, $t \in [0,1]$ mit

$$f(\xi) = \mu \in [\inf_I f, \sup_I f] \subset [m, M]. \qquad \square$$

5.4 Jordansche Nullmengen

5.4.1 Definition. Eine Punktmenge $N \subset \mathbb{R}^n$ heißt **Jordansche Nullmenge**, wenn es zu jedem $\varepsilon > 0$ eine endliche Anzahl $p = p(\varepsilon)$ von n-dimensionalen Intervallen $I_1, \ldots, I_p$ gibt, so dass

(i) $\quad N \subset \bigcup_{k=1}^{p} I_k,$

(ii) $\quad \sum_{k=1}^{p} |I_k| < \varepsilon.$

Mit anderen Worten, N lässt sich durch **endlich** viele Intervalle mit beliebig kleiner Intervallsumme überdecken.

5.4.2 Bemerkungen. (i)   Jede Teilmenge $N' \subset N$ einer Jordanschen Nullmenge N ist wieder eine Jordansche Nullmenge.

(ii)   Sind $N_1, \ldots, N_p$ Jordansche Nullmengen, so ist auch die Vereinigung $\bigcup_{k=1}^{p} N_k$ eine Jordansche Nullmenge.

(iii)   Die Intervalle $I_1, \ldots, I_p$ können beliebig, also offen, abgeschlossen oder halboffen gewählt werden.

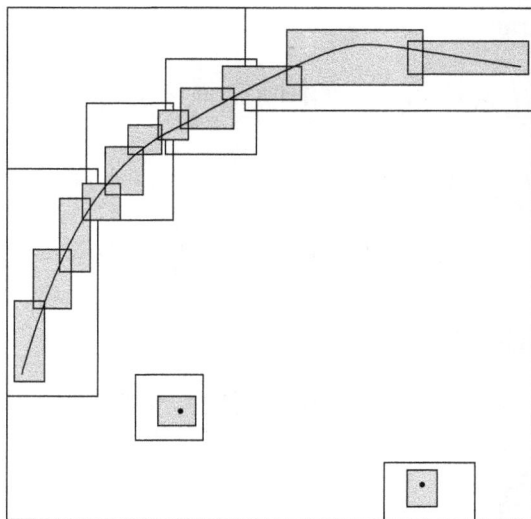

Abbildung 5.8: *Jordansche Nullmenge, bestehend aus einer Kurve und zwei isolierten Punkten*

(iv) $[0, 1] \cap \mathbb{Q}$ ist keine Jordansche Nullmenge, aber eine Lebesguesche Nullmenge.

5.4.3 Satz. *Es sei $N \subset \mathbb{R}^n$ eine kompakte Teilmenge des $\mathbb{R}^n$. Zu jedem Punkt $a \in N$ gebe es ein $k \in \{1, \dots, n\}$, ein kompaktes, nicht-ausgeartetes n-dimensionales Intervall*

$$I = I_a = \{\, x \in \mathbb{R}^n \mid |x_i - a_i| \le r_i,\ i = 1, \dots, n \,\}$$

und eine stetige Funktion

$$\varphi = \varphi_a : I' \to \mathbb{R},$$
$$I' := \{\, x' = (x_1, \dots, x_{k-1}, x_{k+1}, \dots, x_n) \in \mathbb{R}^n \mid |x_i - a_i| \le r_i,\ i = 1, \dots, n,\ i \ne k \,\},$$

so dass

$$N \cap I_a \subset G_\varphi := \{\, x \in I_a \mid x_k = \varphi(x'),\ x' \in I' \,\}.$$

Dann ist N eine Jordansche Nullmenge, mit anderen Worten $N \subset \mathbb{R}^n$, N kompakt, ist eine Jordansche Nullmenge, falls sie in der Umgebung eines jeden ihrer Punkte in einem stetigen Graphen enthalten ist.

Beweis. (I) Das Mengensystem $\{\, \mathring{I}_a \mid a \in N \,\}$ ist eine offene Überdeckung von N. Da N kompakt ist, gibt es nach dem Satz von Heine-Borel 1.4.14, endlich viele Punkte $a_1, \ldots, a_p \in N$ mit $N \subset \bigcup\limits_{k=1}^{p} I_{a_k}$. Deshalb ist

$$N \subset \bigcup_{k=1}^{p} (N \cap I_{a_k}) \subset G_{\varphi_{a_k}},$$

und der Beweis des Satzes ist erbracht, wenn wir zeigen, dass G_φ, $\varphi = \varphi_{a_k}$, eine Jordansche Nullmenge ist.

(II) Sei $\varphi \in C^0(I', \mathbb{R})$. Sei $\varepsilon > 0$. Weil φ gleichmäßig stetig auf I' ist, gibt es eine Partition $\pi' = \left\{ I'_\alpha \mid \alpha \in \mathbb{N}_p^{n-1} \right\}$ von I' mit

$$\omega(I'_{\alpha'}, \varphi) = M_\alpha - m_\alpha < \varepsilon$$

für alle $\alpha \in \mathbb{N}_p^{n-1}$, dabei ist

$$M_\alpha := \max_{I'_\alpha} \varphi, \quad m_\alpha := \min_{I'_\alpha} \varphi.$$

Setzen wir $I''_\alpha := [m_\alpha, M_\alpha]$, dann haben wir

$$G_\varphi = \left\{ x \in I' \times \mathbb{R} \mid x_k = \varphi(x') \right\} \subset \bigcup_{\alpha \in \mathbb{N}_p^{n-1}} I'_\alpha \times I''_\alpha,$$

und es gilt

$$\sum_{\alpha \in \mathbb{N}_p^{n-1}} |I'_\alpha \times I''_\alpha| = \sum_{\alpha \in \mathbb{N}_p^{n-1}} |I'_\alpha| \cdot |I''_\alpha| < \varepsilon \sum_{\alpha \in \mathbb{N}_p^{n-1}} |I'_\alpha| = \varepsilon |I'|.$$

Also ist G_φ eine Jordansche Nullmenge. $\qquad\square$

5.4.4 Beispiele. (i) $\quad S^{n-1} := \left\{ x \in \mathbb{R}^n \mid |x| = 1 \right\}$ **(Einheitssphäre)**

(ii) $\quad \left\{ x \in \mathbb{R}^n \mid \left(\frac{x_1 - a_1}{r_1} \right)^2 + \ldots + \left(\frac{x_n - a_n}{r_n} \right)^2 = 1 \right\}$ **(Ellipse)**

5.4.5 Satz. *Sei $f : I \to \mathbb{R}$ eine beschränkte Funktion, die bis auf eine Jordansche Nullmenge $N \subset I$ stetig ist. Dann ist f Riemann-integrierbar.*

Beweis. (I) Es sei $\varepsilon > 0$ vorgegeben. Dann gibt es $p = p(\varepsilon)$ relativ offene Intervalle $I_1, \ldots, I_p \subset I$ mit

$$N \subset I' := \bigcup_{k=1}^{p} I_k, \quad \sum_{k=1}^{p} |I_k| < \varepsilon.$$

Außerdem ist $I \smallsetminus I'$ abgeschlossen und es gilt $(I \smallsetminus I') \cap N = \varnothing$. Für $k = 1, \ldots, p$ sei

$$I_k = I_k^{(1)} \times \cdots \times I_k^{(n)} = [a_1^{(k)}, b_1^{(k)}] \times \cdots \times [a_n^{(k)}, b_n^{(k)}].$$

(II) Sei $\pi = \left\{ I_\alpha \mid \alpha \in \mathbb{N}_p^n \right\}$, $p = (p_1, \ldots, p_n) \in \mathbb{N}^n$, eine Partition von I mit

$$I_\alpha = I_{\alpha_1}^{(1)} \times \cdots \times I_{\alpha_n}^{(n)}, \ \ I_{\alpha_i}^{(i)} = [x_i^{(\alpha_i - 1)}, x_i^{(\alpha_i)}],$$

$1 \le \alpha_i \le p_i$ für $i = 1, \ldots, n$. Wir betrachten die Partition π', die dadurch entsteht, dass für $i = 1, \ldots, n$ den Teilungspunkten

$$x_i^{(0)} = a_i, \ x_i^{(1)}, \ldots, \ x_i^{(p_i)} = b_i$$

die Punkte $a_i^{(k)}, b_i^{(k)}$, $k = 1, \ldots, p$, $p = p(\varepsilon)$, hinzugefügt werden. π' heißt **Verfeinerung** von π. Es sei $\pi' = \left\{ I_\alpha' \mid \alpha \in \mathbb{N}_{p'}^n \right\}$, $p' = (p_1', \ldots, p_n') \in \mathbb{N}^n$,

$$I_\alpha' = I'^{(1)}_{\alpha_1} \times \cdots \times I'^{(n)}_{\alpha_n}, \ \ I'^{(i)}_{\alpha_i} = [x_i'^{(\alpha_i - 1)}, x_i'^{(\alpha_i)}],$$

$1 \le \alpha_i \le p_i'$ für $i = 1, \ldots, n$. Die Partition π' hat folgende Eigenschaften: Es gilt $p_i' \le p_i + 2p$ für $i = 1, \ldots, n$, $\delta(\pi') \le \delta(\pi)$ und

$$\mathring{I}'_\alpha \cap \partial I_k = \varnothing \ \text{für alle } \alpha \in \mathbb{N}_p^n \text{ und alle } k = 1, \ldots, p(\varepsilon).$$

Also gilt entweder $I_\alpha' \subset I_k$ für ein $k = 1, \ldots, p$ oder $I_\alpha' \subset I \smallsetminus I_k$ für alle $k = 1, \ldots, p$, das heißt entweder ist

$$I_\alpha' \subset I' = \bigcup_{k=1}^{p} I_k \ \text{oder } I_\alpha' \subset I \smallsetminus I'.$$

(III) Für die Oszillationssumme ergibt sich nun

$$\omega(\pi', f) = \sum_{\alpha \in \mathbb{N}_{p'}^n} \omega(I_\alpha', f) \, |I_\alpha'|$$

$$= \sum_{\alpha : I_\alpha' \subset I'} \omega(I_\alpha', f) \, |I_\alpha'| + \sum_{\alpha : I_\alpha' \subset I \smallsetminus I'} \omega(I_\alpha', f) \, |I_\alpha'|.$$

Wegen $|f(x)| \le M$ für $x \in I$ folgt, dass $\omega(I_\alpha', f) \le 2M$ für alle $\alpha \in \mathbb{N}_{p'}^n$, also

$$\sum_{\alpha : I_\alpha' \subset I'} \omega(I_\alpha', f) \, |I_\alpha'| \le 2M \sum_{\alpha : I_\alpha' \subset I'} |I_\alpha'|$$

$$\le 2M \, |I'| \le 2M\varepsilon.$$

Zur Abschätzung des zweiten Terms: Wegen $(I \smallsetminus I') \cap N = \varnothing$ ist f stetig auf $I \smallsetminus I'$. Außerdem ist $I \smallsetminus I'$ kompakt, weshalb f sogar gleichmäßig stetig auf $I \smallsetminus I'$ ist. Daher gibt es ein $\delta = \delta(\varepsilon) > 0$, so dass

$$|f(x') - f(x'')| < \varepsilon \ \text{für alle } x', x'' \in I \smallsetminus I', \ |x' - x''| < \delta.$$

Wählt man π so, dass $\delta(\pi) < \delta(\varepsilon)$ gilt, dann ist auch $\delta(\pi') < \delta(\varepsilon)$, also

$$\omega(I'_\alpha, f) \le \varepsilon \text{ für alle } \alpha : I'_\alpha \subset I \smallsetminus I'.$$

Folglich gilt

$$\sum_{\alpha : I'_\alpha \subset I \smallsetminus I'} \omega(I'_\alpha, f) |I'_\alpha| \le \varepsilon \sum_{\alpha : I'_\alpha \subset I \smallsetminus I'} |I'_\alpha| = \varepsilon |I \smallsetminus I'| \le \varepsilon |I|.$$

Zusammenfassend ergibt sich also, dass

$$\omega(\pi', f) \le 2M\varepsilon + \varepsilon |I|.$$

Daher gibt es eine ausgezeichnete Partitionsfolge $(\pi_k)_{k \in \mathbb{N}}$ mit

$$\lim_{k \to \infty} \omega(\pi_k, f) = 0$$

und deshalb ist f Riemann-integrierbar. $\qquad\square$

5.4.6 Satz. *Sei $f : I \to \mathbb{R}$ eine beschränkte Funktion, die bis auf eine Jordansche Nullmenge N identisch gleich 0 ist. Dann ist f Riemann-integrierbar und es gilt*

$$\int_I f(x)\, dx = 0.$$

Beweis. Die Integrierbarkeit von f folgt aus Satz 5.4.5. Um die zweite Behauptung zu zeigen, betrachtet man die im Beweis von Satz 5.4.5 konstruierte Partition π' und wählt Zwischenstellen $\xi' = (\xi'_\alpha)_{\alpha \in \mathbb{N}^n_{p'}}$, $\xi'_\alpha \in I'_\alpha$. Für die Riemannsche Approximationssumme $\sigma(\pi', f, \xi')$ ergibt sich dann

$$\begin{aligned}
\sigma(\pi', f, \xi') &= \sum_{\alpha \in \mathbb{N}^n_{p'}} f(\xi'_\alpha) |I'_\alpha| \\
&= \sum_{\alpha : I'_\alpha \subset I'} f(\xi'_\alpha) |I'_\alpha| + \sum_{\alpha : I'_\alpha \subset I \smallsetminus I'} f(\xi'_\alpha) |I'_\alpha| \\
&= \sum_{\alpha : I'_\alpha \subset I'} f(\xi'_\alpha) |I'_\alpha|,
\end{aligned}$$

also

$$|\sigma(\pi', f, \xi')| \le M |I'| \le M\varepsilon.$$

Daher gibt es eine ausgezeichnete Partitionsfolge $(\pi_k)_{k \in \mathbb{N}}$ mit $\lim\limits_{k \to \infty} \sigma(\pi_k, f, \xi_k) = 0$, und nach der Riemannschen Definition des Integrals 5.2.6 ist deshalb

$$\int_I f(x)\, dx = 0. \qquad\square$$

5.5   Integration über Jordansche Bereiche

5.5.1 Definition. Eine kompakte Menge $J \subset \mathbb{R}^n$ heißt ein **Jordanscher Bereich**, wenn die Menge ∂J aller Randpunkte von J eine Jordansche Nullmenge ist.

5.5.2 Bemerkung. Endliche Vereinigungen und endliche Durchschnitte von Jordanbereichen sind wieder Jordanbereiche.

5.5.3 Beispiele. (i) $I = \{\, x \in \mathbb{R}^n \mid a_i \leq x_i \leq b_i,\ i = 1, \ldots, n \,\}$ **(Intervall)**.

(ii) $K = \{\, x \in \mathbb{R}^n \mid |x - a| \leq r \,\}$ **(Kugel beziehungsweise Hyperkugel)**.

(iii) $K' = \{\, x \in \mathbb{R}^n \mid r_1 \leq |x - a| \leq r_2 \,\}$ **(Kugelschale)**.

(iv) $K'' = \{\, x \in \mathbb{R}^n \mid |x| \leq r,\ x_n \geq 0 \,\}$ **(Halbkugel)**.

Wegen Satz 5.4.5 läßt sich das Riemann-Integral einer auf einem Jordanbereich J stetigen Funktion f erklären:

5.5.4 Definition. Es sei f eine in einem Jordanbereich J erklärte beschränkte Funktion. Ferner sei $I \subset \mathbb{R}^n$ ein n-dimensionales Intervall mit $I \supset J$, und sei

$$f_J(x) := \begin{cases} f(x) & \text{falls } x \in J \\ 0 & \text{falls } x \in I \smallsetminus J. \end{cases}$$

Ist f_J über I Riemann-integrierbar, so heißt f über J **integrierbar** und

$$\int_J f(x)\,dx := \int_I f_J(x)\,dx$$

das über J erstreckte **Integral** von f.

5.5.5 Lemma. *Sei* $f : J \to \mathbb{R}$ *eine stetige Funktion. Dann ist* $f_J : I \to \mathbb{R}$ *über* I *Riemann-integrierbar.*

Beweis. Die Menge der Unstetigkeitspunkte von f_J ist in ∂J enthalten und daher eine Nullmenge. Ferner ist f_J beschränkt, da J kompakt und f stetig auf J ist. Aufgrund von Satz 5.4.5 ist f_J deshalb Riemann-integrierbar. $\square$

5.5.6 Additivität des Integrationsbereiches. *Es seien* $J_1, \ldots, J_p$ *nicht-überlappende Jordanbereiche, das heißt, es gilt* $\mathring{J}_k \cap \mathring{J}_\ell = \emptyset$ *für* $k \neq \ell$, *und sei* $J := \bigcup_{k=1}^{p} J_k$. *Dann ist eine beschränkte Funktion* $f : J \to \mathbb{R}$ *genau dann über* J *integrierbar, wenn sie über alle* J_k *integrierbar ist. In diesem Fall gilt*

$$\int_J f(x)\,dx = \sum_{k=1}^{p} \int_{J_k} f(x)\,dx.$$

Beweis. Sei I ein Intervall mit $I \supset J$. Zu zeigen ist nur, dass

$$\int_I f_J(x)\,dx = \sum_{k=1}^{p} \int_I f_{J_k}(x)\,dx.$$

Für $x \in I \smallsetminus \bigcup_{k=1}^{p} \partial J_k$ gilt

$$g(x) := f_J(x) - \sum_{k=1}^{p} f_{J_k}(x) = 0.$$

Da $\bigcup_{k=1}^{p} \partial J_k$ eine Nullmenge und g in I beschränkt ist, folgt aus Satz 5.4.6, dass

$$\int_I g(x)\,dx = 0,$$

also

$$\int_I f_J(x)\,dx = \sum_{k=1}^{p} \int_I f_{J_k}(x)\,dx. \qquad \square$$

5.5.7 Bemerkung. Die Sätze 5.3.2 (Linearität des Integrals), 5.3.5 (Dreiecksungleichung), 5.3.6 und 5.3.7 (Mittelwertsätze der Integralrechnung) bleiben für Jordanbereiche J gültig.

5.5.8 Definition. Ist J ein Jordanbereich, so heißt

$$|J| = \int_J dx := \int_J \chi_J(x)\,dx$$

der **Inhalt** von J, dabei ist

$$\chi_J(x) := \begin{cases} 1 & \text{falls } x \in J \\ 0 & \text{falls } x \notin J \end{cases}$$

die zu J gehörige **charakteristische Funktion**.

Aus Satz 5.5.6 folgt unmittelbar:

5.5.9 Additivität des Inhalts. *Seien $J_1, \ldots, J_p$ nicht-überlappende Jordanbereiche, das heißt, es gilt $\mathring{J}_k \cap \mathring{J}_\ell = \varnothing$ für $k \neq \ell$, und sei $J := \bigcup_{k=1}^{p} J_k$. Dann gilt*

$$|J| = \sum_{k=1}^{p} |J_k|.$$

5.6   Uneigentliche Integrale

Unser nächstes Ziel besteht darin, Integrale der Form

$$\int_U f(x)\, dx$$

zu erklären, wobei U eine offene Menge im $\mathbb{R}^n$ ist. Die Idee ist, U durch eine Folge von Jordanbereichen $(J_k)_{k \in \mathbb{N}}$ auszuschöpfen.

5.6.1 Definition. Es sei $U \subset \mathbb{R}^n$ eine offene Menge. Eine Folge $(J_k)_{k\in\mathbb{N}}$ von Jordanbereichen mit $J_k \subset U$ **schöpft U aus**, in Zeichen

$$J_k \to U \text{ für } k \to \infty,$$

wenn es zu jeder kompakten Teilmenge $K \subset U$ ein $N = N(K) \in \mathbb{N}$ gibt mit $J_k \supset K$ für alle $k \in \mathbb{N}$, $k \geq N$. Wir schreiben

$$J_k \uparrow U \text{ für } k \to \infty,$$

falls die Folge $(J_k)_{k\in\mathbb{N}}$ monoton wächst, das heißt, falls $J_1 \subset J_2 \subset J_3 \subset \cdots$ gilt.

5.6.2 Lemma. *Zu jeder offenen Menge $U \subset \mathbb{R}^n$ gibt es eine Folge $(J_k)_{k\in\mathbb{N}}$ von Jordanbereichen $J_k \subset U$ mit $J_k \uparrow U$ für $k \to \infty$.*

Beweis. Für $k \in \mathbb{N}$ betrachten wir die Intervalle

$$I_k := \left\{ x \in \mathbb{R}^n \mid |x_i| \leq k,\ i = 1, \ldots, n \right\}$$

und konstruieren eine Partition π_k von I_k in $(2k^2)^n$ Teilintervalle $I_\alpha^{(k)} = I_{\alpha_1 \cdots \alpha_n}^{(k)}$ mit den Kantenlängen $\frac{1}{k}$ und Durchmesser $\delta(I_\alpha^{(k)}) = \frac{\sqrt{n}}{k}$, dabei ist $\alpha_1, \ldots, \alpha_n \in \left\{ -k^2, \ldots, -1, 1, \ldots, k^2 \right\}$. Die Folge $(J_k)_{k\in\mathbb{N}}$ der Jordanbereiche

$$J_k := \bigcup_{\alpha : I_\alpha^{(k)} \subset U} I_\alpha^{(k)}$$

ist offensichtlich monoton wachsend. Wir zeigen, dass sie die in Definition 5.6.1 verlangte Konvergenzeigenschaft besitzt (vergleiche die Abbildungen 5.9 und 5.10):   Sei $K \subset U$ eine kompakte Teilmenge. Dann gibt es ein $N \in \mathbb{N}$ mit $K \subset I_N$. Weil K kompakt und ∂U abgeschlossen ist, gilt nach Lemma 1.4.5, dass $d(K, \partial U) > 0$. Deswegen kann $N \in \mathbb{N}$ so groß gewählt werden, dass $d(K, \partial U) > \frac{\sqrt{n}}{N}$ gilt. Sei $k \geq N$. Zu zeigen ist, dass $K \subset J_k$. Sei also $x \in K$. Wegen $K \subset I_N \subset I_k$ gibt es ein α, so dass $x \in I_\alpha^{(k)}$. Wegen $\delta(\pi_k) = \frac{\sqrt{n}}{k}$ und $d(K, \partial U) > \frac{\sqrt{n}}{N}$ haben wir

$$I_\alpha^{(k)} \subset K_{\frac{\sqrt{n}}{k}}(x) = \left\{ y \in \mathbb{R}^n \ \middle|\ |y - x| \leq \frac{\sqrt{n}}{k} \right\} \subset U.$$

Deshalb ist $x \in J_k$. $\square$

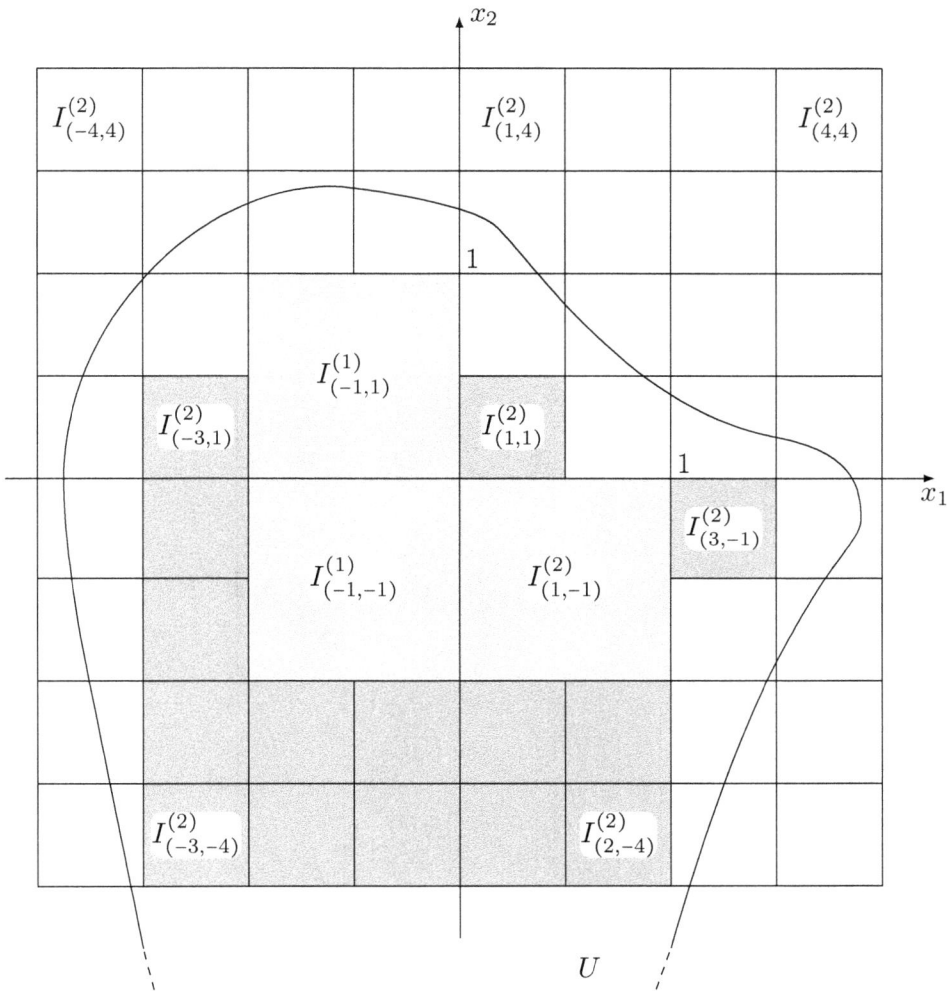

Abbildung 5.9: *Ausschöpfung einer offenen Menge durch Jordanbereiche, erste und zweite Approximation:* $J_1 = I^{(1)}_{(-1,-1)} \cup I^{(1)}_{(-1,1)} \cup I^{(1)}_{(1,-1)}$, $J_2 = J_1 \cup I^{(2)}_{(-3,-4)} \cup \cdots \cup I^{(2)}_{(-3,1)} \cup \cdots \cup I^{(2)}_{(1,1)} \cup \cdots \cup I^{(2)}_{(2,-4)} \cup I^{(2)}_{(3,-1)}$

Aus dem Beweis ergibt sich auch die folgende Aussage:

5.6.3 Lemma. *Für jede offene Menge $U \subset \mathbb{R}^n$ gibt es eine Folge $(I_k)_{k \in \mathbb{N}}$ von nicht-überlappenden, nicht-ausgearteten kompakten Intervallen $I_k \subset U$ mit*

$$U = \bigcup_{k=1}^{\infty} I_k.$$

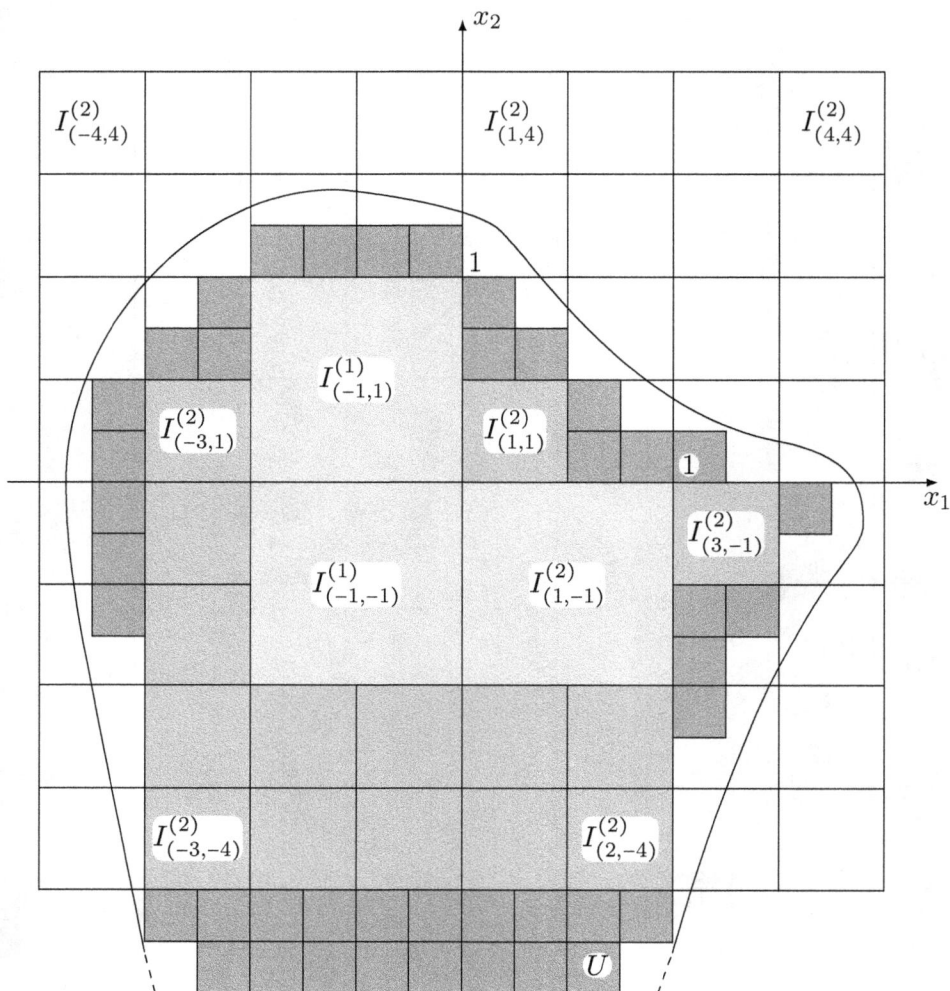

Abbildung 5.10: *Dritte Approximation*

5.6.4 Definition. Es sei $U \subset \mathbb{R}^n$ eine offene Menge und f eine auf U erklärte Funktion, welche über jedem Jordanbereich $J \subset U$ beschränkt und integrierbar ist. Wenn die Folge $\left(\int_{J_k} f(x)\, dx \right)_{k \in \mathbb{N}}$ für jede beliebige Folge $(J_k)_{k \in \mathbb{N}}$ von Jordanbereichen $J_k \subset U$ mit $J_k \to U$ für $k \to \infty$ konvergiert, so heißt f über U **integrierbar** und wir erklären das **uneigentliche Integral** von f über U durch

$$\int_U f(x)\, dx := \lim_{k \to \infty} \int_{J_k} f(x)\, dx.$$

Beweis der Wohldefiniertheit. Der Grenzwert ist unabhängig von der Wahl der Folge $(J_k)_{k \in \mathbb{N}}$, wie man für eine beliebige weitere U ausschöpfende Folge $(J'_k)_{k \in \mathbb{N}}$ durch Betrachten der gemischten Folge $J_1, J'_1, J_2, J'_2, \ldots$ erkennt. $\qquad\square$

5.6.5 Beispiel. Sei $f(x) := \frac{1}{x}$ für $x \in U = \{\, 0 < |x| < 1 \,\}$. Dann ist das unbestimmte Integral $\int_U f(x)\,dx$ nicht definiert: Je nach Wahl von $(J_k)_{k \in \mathbb{N}}$ ist $\lim\limits_{k \to \infty} \int_{J_k} f(x)\,dx \in \overline{\mathbb{R}}$ beliebig, denn ist $J_k = [-1, -c_k] \cup [c'_k, 1]$, $0 < c_k, c'_k < 1$, dann ist

$$\int_{J_k} \frac{1}{x}\,dx = \int_{c'_k}^{1} \frac{1}{x}\,dx - \int_{c_k}^{1} \frac{1}{x}\,dx = \log \frac{c_k}{c'_k}.$$

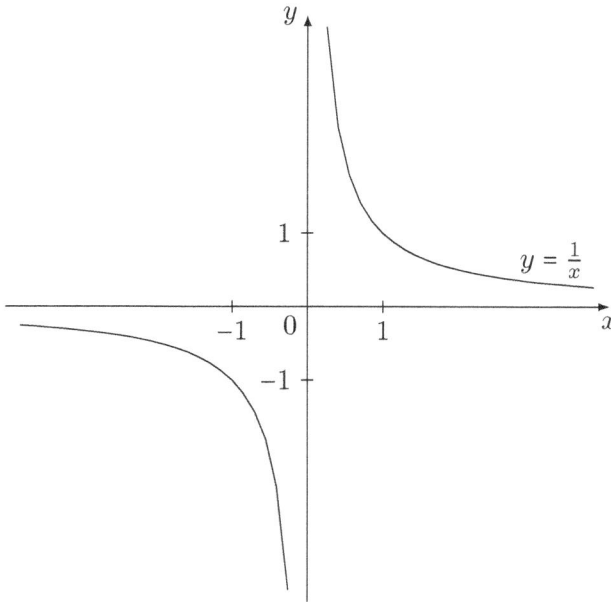

Abbildung 5.11: Uneigentliches Integral

5.6.6 Satz. *Es sei $f : U \to \mathbb{R}$ über jedem Jordanbereich $J \subset U$ (beschränkt und) integrierbar. Ferner gelte für jeden Jordanbereich $J \subset U$ die Ungleichung*

$$\int_J |f(x)|\,dx \le M < +\infty$$

mit einer festen, von J unabhängigen Konstanten M. Dann ist f über U (beschränkt und) integrierbar.

Beweis. Aufgrund von Lemma 5.6.2 gibt es eine Folge von Jordanbereichen $(J_k)_{k\in\mathbb{N}}$ mit $J_k \subset U$ und $J_k \to U$. Ersetzen wir J_k durch $J_1 \cup \cdots \cup J_k$, so können wir ohne Beschränkung der Allgemeinheit annehmen, dass $J_1 \subset J_2 \subset \cdots$ gilt. Die Folge $\left(\int_{J_k} |f(x)|\, dx \right)_{k\in\mathbb{N}}$ ist also monoton wachsend und beschränkt und deshalb konvergent. Daher existiert zu jedem $\varepsilon > 0$ ein $N = N(\varepsilon)$, so dass

$$0 \le \int_{J_k} |f(x)|\, dx - \int_{J_N} |f(x)|\, dx < \varepsilon \text{ für alle } k \ge N.$$

Sei $(J'_\ell)_{\ell\in\mathbb{N}}$ eine beliebige Folge von Jordanbereichen mit $J'_\ell \subset U$, $J'_\ell \to U$. Da $J_N \subset U$ kompakt ist, gibt es ein $N' \in \mathbb{N}$, so dass $J_N \subset J'_\ell$ für alle $\ell \ge N'$. Da J'_ℓ kompakt ist, gibt es zu jedem $\ell \ge N'$ ein $k = k(\ell) \ge N$ mit

$$J_N \subset J'_\ell \subset J_k.$$

Daraus ergibt sich die Ungleichung

$$\left| f_{J'_\ell}(x) - f_{J_N}(x) \right| = \left| f_{J'_\ell \smallsetminus J_N}(x) \right| \le \left| f_{J_k \smallsetminus J_N}(x) \right| = \left| f_{J_k}(x) \right| - \left| f_{J_N}(x) \right|$$

und, insbesondere für $\ell = N'$,

$$\left| f_{J'_{N'}}(x) - f_{J_N}(x) \right| \le \left| f_{J_k}(x) \right| - \left| f_{J_N}(x) \right|,$$

also

$$\left| f_{J'_\ell}(x) - f_{J'_{N'}}(x) \right| \le 2 (|f_{J_k}(x)| - |f_{J_N}(x)|)$$

für alle $\ell \ge N'$. Durch Integration folgt

$$\left| \int_{J'_\ell} f(x)\, dx - \int_{J'_{N'}} f(x)\, dx \right| \le \int_{\mathbb{R}^n} \left| f_{J'_\ell}(x) - f_{J'_{N'}}(x) \right|\, dx$$

$$\le 2 \left(\int_{J_k} |f(x)|\, dx - \int_{J_N} |f(x)|\, dx \right) < 2\varepsilon$$

für alle $\ell \ge N'$. Daher ist $\left(\int_{J'_\ell} f(x)\, dx \right)_{\ell\in\mathbb{N}}$ eine Cauchy-Folge, also konvergent. Somit ist f über U integrierbar und das uneigentliche Integral $\int_U f(x)\, dx$ existiert. $\qquad\square$

5.7 Grenzwertsätze

In diesem Abschnitt behandeln wir das Problem der Vertauschung von Integration und Grenzübergang:

5.7.1 Satz. *Sei $(f_k)_{k\in\mathbb{N}}$ eine Folge beschränkter, Riemann-integrierbarer Funktionen auf einem (nicht-ausgearteten, kompakten, n-dimensionalen) Intervall I. Außerdem gelte die Relation*

$$f(x) := \lim_{k\to\infty} f_k(x)$$

gleichmäßig auf I, das heißt, für alle $\varepsilon > 0$ gibt es ein $N \in \mathbb{N}$ mit

$$|f(x) - f_k(x)| < \varepsilon \text{ für alle } k \geq N \text{ und alle } x \in I.$$

Dann ist f beschränkt und Riemann-integrierbar auf I und es gilt

$$\int_I f(x)\,dx = \lim_{k\to\infty} \int_I f_k(x)\,dx.$$

Beweis. (I) f ist beschränkt, denn für $\varepsilon = 1$ ist

$$|f(x) - f_N(x)| < 1$$

für alle $x \in I$ und $N = N(1) \in \mathbb{N}$.

(II) Sei $\varepsilon > 0$. Dann gibt es ein $N \in \mathbb{N}$ mit

$$f_k(x) - \varepsilon \leq f(x) \leq f_k(x) + \varepsilon \text{ für alle } x \in I, \ k \geq N.$$

Ist $\pi = \left\{ I_\alpha \mid \alpha \in \mathbb{N}_p^n \right\}$ eine Partition von I, dann folgt

$$m_\alpha^{(k)} - \varepsilon \leq m_\alpha \leq m_\alpha^{(k)} + \varepsilon,$$

dabei ist $m_\alpha = \inf_{I_\alpha} f$, $m_\alpha^{(k)} = \inf_{I_\alpha} f_k$, also auch

$$s(\pi, f_k) - \varepsilon \leq s(\pi, f) \leq s(\pi, f_k) + \varepsilon$$

sowie

$$s(f_k) - \varepsilon \leq s(f) \leq s(f_k) + \varepsilon.$$

Deshalb ist

$$s(f) = \lim_{k\to\infty} s(f_k) = \lim_{k\to\infty} \int_I f_k(x)\,dx.$$

Genauso ist

$$S(f) = \lim_{k\to\infty} S(f_k) = \lim_{k\to\infty} \int_I f_k(x)\,dx.$$

Also gilt $s(f) = S(f)$, das heißt, f ist Riemann-integrierbar und es gilt

$$\int_I f(x)\,dx = \lim_{k\to\infty} \int_I f_k(x)\,dx. \qquad \square$$

Als Korollar erhalten wir:

5.7.2 Gliedweise Integration von Reihen. *Es sei* $\sum\limits_{k=0}^{\infty} f_k(x)$ *eine gleichmäßig konvergente Reihe beschränkter, Riemann-integrierbarer Funktionen über* $I \subset \mathbb{R}^n$. *Dann stellt die Reihe* $\sum\limits_{k=0}^{\infty} f_k(x)$ *eine über* I *beschränkte, Riemann-integrierbare Funktion dar und es gilt*

$$\int_I \sum_{k=0}^{\infty} f_k(x)\, dx = \sum_{k=0}^{\infty} \int_I f_k(x)\, dx.$$

5.7.3 Bemerkung. Es gilt der **Satz von Arzelà.** Ist $(f_k)_{k \in \mathbb{N}}$ eine Folge gleichmäßig beschränkter, Riemann-integrierbarer Funktionen über I, das heißt

$$|f_k(x)| \le M < +\infty \text{ für alle } k \in \mathbb{N} \text{ und alle } x \in I,$$

und gilt

$$f(x) := \lim_{k \to \infty} f_k(x)$$

punktweise für alle $x \in I$, und ist f Riemann-integrierbar in I, so gilt

$$\int_I f(x)\, dx = \lim_{k \to \infty} \int_I f_k(x)\, dx.$$

Der Beweis ist elementar, das heißt ohne Zuhilfenahme des Lebesgue-Integrals durchführbar.

Als weiteres Korollar ergibt sich:

5.7.4 Satz. *Es sei* $(f_k)_{k \in \mathbb{N}}$ *eine Folge von Funktionen, die in einem Jordanbereich* J *(beschränkt und) integrierbar sind und dort gleichmäßig gegen eine Grenzfunktion* f *konvergieren. Dann ist* f *(beschränkt und) integrierbar über* J *und es gilt*

$$\int_J f(x)\, dx = \lim_{k \to \infty} \int_J f_k(x)\, dx.$$

5.7.5 Beispiel. Das folgende Beispiel zeigt, dass der Satz 5.7.1 über die Vertauschbarkeit von Integral und Grenzwert einer Funktionenfolge im Allgemeinen falsch ist, wenn nur die punktweise Konvergenz der Folge $(f_k)_{k \in \mathbb{N}}$ vorausgesetzt wird: Sei

$$f_k(x) := \begin{cases} k^2 x & \text{für } 0 \le x \le \frac{1}{2k} \\ k^2(\frac{1}{k} - x) & \text{für } \frac{1}{2k} \le x \le \frac{1}{k} \\ 0 & \text{für } \frac{1}{k} \le x \le 1 \end{cases}.$$

Dann gilt für festes $x \in [0,1]$ die punktweise Konvergenz $\lim\limits_{k \to \infty} f_k(x) = 0 := f(x)$, jedoch ist $\int_I f_k(x)\, dx = \frac{1}{4}$ für alle $k \in \mathbb{N}$, wogegen $\int_I f(x)\, dx = 0$.

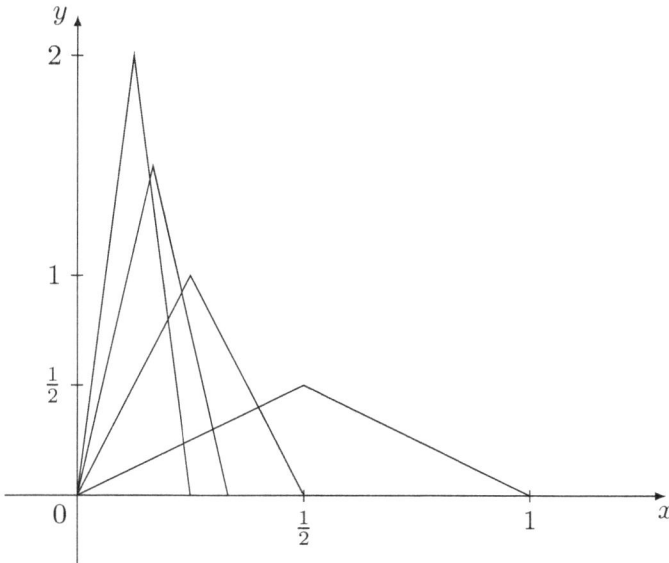

Abbildung 5.12: *Zur Vertauschung von Integral und Limes*

5.7.6 Satz von der majorisierten Konvergenz. *Es sei* $U \subset \mathbb{R}^n$ *eine offene Menge und* $(f_k)_{k\in\mathbb{N}}$ *eine Folge von Funktionen, die über* U *integrierbar sind und auf jedem kompakten Teilbereich* $K \subset U$ *gleichmäßig gegen eine Funktion* f *konvergieren. Außerdem gelte für alle* $x \in U$ *und alle* $k \in \mathbb{N}$

$$|f_k(x)| \le F(x), \quad \int_U F(x)\,dx < +\infty$$

mit einer in U *integrierbaren Funktion* F. *Dann ist* f *über* K *integrierbar und es gilt die Limesrelation*

$$\int_U f(x)\,dx = \lim_{k\to\infty} \int_U f_k(x)\,dx.$$

Beweis. Offensichtlich ist f über jedem Jordanbereich $J \subset U$ beschränkt und integrierbar. Wegen $|f_k(x)| \le F(x)$ gilt auch $|f(x)| \le F(x)$ für $x \in U$. Somit existiert laut Satz 5.6.6 das uneigentliche Integral $\int_U f(x)\,dx$. Es sei $(J_\ell)_{\ell\in\mathbb{N}}$ eine Folge von Jordanbereichen mit $J_1 \subset J_2 \subset \cdots \subset J_\ell \subset \cdots \subset U$, $J_\ell \to U$ für $\ell \to \infty$. Für $m \ge \ell$ gilt dann

$$\left|(f_k(x))_{J_m} - (f_k(x))_{J_\ell}\right| = \left|(f_k(x))_{J_m \smallsetminus J_\ell}\right| \le \left|F_{J_m \smallsetminus J_\ell}(x)\right| \le F_{J_m}(x) - F_{J_\ell}(x)$$

für alle $k \in \mathbb{N}$, $x \in U$, weshalb

$$\left| \int_{J_m} f_k(x)\,dx - \int_{J_\ell} f_k(x)\,dx \right| \leq \int_{J_m} F(x)\,dx - \int_{J_\ell} F(x)\,dx$$
$$\leq \int_U F(x)\,dx - \int_{J_\ell} F(x)\,dx.$$

Sei $\varepsilon > 0$ vorgegeben, dann wähle man $N = N(\varepsilon)$, so dass

$$\int_U F(x)\,dx - \int_{J_\ell} F(x)\,dx < \varepsilon$$

für alle $\ell \geq N$. Dann ist

$$\left| \int_{J_m} f_k(x)\,dx - \int_{J_\ell} f_k(x)\,dx \right| < \varepsilon$$

für alle $m \geq \ell \geq N$ und alle $k \in \mathbb{N}$. Der Grenzübergang $m \to \infty$ ergibt insbesondere, dass

$$\left| \int_U f_k(x)\,dx - \int_{J_N} f_k(x)\,dx \right| \leq \varepsilon.$$

Genauso gilt

$$\left| \int_U f(x)\,dx - \int_{J_N} f(x)\,dx \right| \leq \varepsilon.$$

Wegen Satz 5.7.4 gibt es ein $N' \in \mathbb{N}$ mit

$$\left| \int_{J_N} f_k(x)\,dx - \int_{J_N} f(x)\,dx \right| < \varepsilon$$

für alle $k \geq N'$. Zusammengenommen haben wir

$$\left| \int_U f_k(x)\,dx - \int_U f(x)\,dx \right| \leq \left| \int_U f_k(x)\,dx - \int_{J_N} f_k(x)\,dx \right|$$
$$+ \left| \int_{J_N} f_k(x)\,dx - \int_{J_N} f(x)\,dx \right|$$
$$+ \left| \int_{J_N} f(x)\,dx - \int_U f(x)\,dx \right|$$
$$< 3\varepsilon$$

für alle $k \geq N'$ und somit

$$\lim_{k \to \infty} \int_U f_k(x)\,dx = \int_U f(x)\,dx. \qquad \square$$

5.7.7 Korollar. *Es sei $U \subset \mathbb{R}^n$ eine offene Menge und $(f_k)_{k \in \mathbb{N}}$ eine Folge von Funktionen, die über U integrierbar sind und auf jedem kompakten Teilbereich $K \subset U$ gleichmäßig gegen eine Funktion f konvergieren. Außerdem gelte für alle $x \in U$ und alle $k \in \mathbb{N}$*

$$0 \le f_k(x) \le f(x), \quad \int_U f_k(x)\,dx \le M < +\infty.$$

Dann ist f über U integrierbar und es gilt

$$\lim_{k \to \infty} \int_U f_k(x)\,dx = \int_U f(x)\,dx.$$

Beweis. Es sei $J \subset U$ ein Jordanbereich. Dann gilt wegen Satz 5.7.4, dass

$$\lim_{k \to \infty} \int_J f_k(x)\,dx = \int_J f(x)\,dx,$$

und wegen

$$\int_J f_k(x)\,dx \le \int_U f_k(x)\,dx \le M$$

für alle $k \in \mathbb{N}$ haben wir

$$\int_J f(x)\,dx \le M.$$

Wegen $0 \le f_k(x) \le f(x)$ folgt aus dem Satz von der majorisierten Konvergenz 5.7.6 auch, dass

$$\lim_{k \to \infty} \int_U f_k(x)\,dx = \int_U f(x)\,dx. \qquad \square$$

5.8 Parameterabhängige Integrale

5.8.1 Satz und Definition. *Es sei $D \subset \mathbb{R}^m$ eine beliebige Menge und $J \subset \mathbb{R}^n$ ein Jordanbereich. Die Funktion $f : D \times J \to \mathbb{R}$ sei für jedes feste $x \in D$ beschränkt und integrierbar über J, weshalb das **Parameterintegral***

$$F(x) := \int_J f(x,y)\,dy \text{ für } x \in D$$

*exitiert. f sei **gleichgradig stetig** in D, das heißt, für alle $a \in D$ und alle $\varepsilon > 0$ gibt es ein $\delta = \delta(\varepsilon, a) > 0$, so dass*

$$|f(x,y) - f(a,y)| < \varepsilon \text{ für alle } x \in D,\ |x - a| < \delta \text{ und alle } y \in J.$$

Dann ist $F : D \to \mathbb{R}$ eine stetige Funktion.

Beweis. Sei $a \in D$ und $\varepsilon > 0$. Sei $\delta > 0$ wie oben gewählt. Dann ist

$$|F(x) - F(a)| \le \int_J |f(x,y) - f(a,y)| \, dy < \varepsilon \, |J|$$

für alle $x \in D$, $|x - a| < \delta$, weshalb F stetig im Punkt a ist. $\square$

5.8.2 Satz. *Es sei $U \subset \mathbb{R}^m$ eine offene Menge und $J \subset \mathbb{R}^n$ ein Jordanbereich. Die Funktion $f : U \times J \to \mathbb{R}$ sei für jedes feste $x \in U$ (beschränkt und) integrierbar über J und für jedes feste $y \in J$ sei f partiell differenzierbar in U. Sind die partiellen Ableitungen $\frac{\partial f}{\partial x_i}(x,y)$ gleichgradig stetig in U für $i = 1, \ldots, m$, dann sind sie für jedes feste $x \in U$ (beschränkt und) integrierbar über J, die Funktion $F : U \to \mathbb{R}$ ist stetig partiell differenzierbar und es gilt*

$$\frac{\partial F}{\partial x_i}(x) = \int_J \frac{\partial f}{\partial x_i}(x,y) \, dy$$

für alle $x \in U$, $i = 1, \ldots, m$.

Beweis. Es genügt, den Fall $U = I$ zu betrachten, wobei $I \subset \mathbb{R}$ ein offenes Intervall ist. Sei $\varepsilon > 0$ vorgegeben und sei $a \in I$.

(I) Sei $x \in I$, $x \ne a$. Dann ist

$$\frac{F(x) - F(a)}{x - a} = \int_J \frac{f(x,y) - f(a,y)}{x - a} \, dy$$

und für alle $y \in J$ gibt es nach dem Mittelwertsatz der Differentialrechnung einer Variablen ein $\tilde{x} = \tilde{x}(x,a,y) \in I$, welches zwischen x und a liegt, so dass

$$\frac{f(x,y) - f(a,y)}{x - a} = \frac{\partial f}{\partial x}(\tilde{x}, y).$$

Außerdem gibt es aufgrund der gleichgradigen Stetigkeit der partiellen Ableitung $\frac{\partial f}{\partial x}(x,y)$ in U ein $\delta = \delta(\varepsilon, a) > 0$, so dass

$$\left| \frac{\partial f}{\partial x}(x,y) - \frac{\partial f}{\partial x}(a,y) \right| < \min\left(\varepsilon, \frac{\varepsilon}{|J|} \right) \text{ für alle } x \in U, \, |x - a| < \delta, \, y \in J. \qquad (5.2)$$

(II) Wir zeigen die Beschränktheit und Integrierbarkeit der partiellen Ableitung $\frac{\partial f}{\partial x}(a,y)$ über J: Ist $(x_k)_{k \in \mathbb{N}}$ eine Folge in I mit $x_k \ne a$ und $x_k \to a$ für $k \to \infty$, so gibt es ein $N = N(\varepsilon, a) \in \mathbb{N}$, so dass $|x_k - a| < \delta$ für alle $k \in \mathbb{N}$, $k \ge \mathbb{N}$, und nach Teil (I) gibt es eine Folge $(\tilde{x}_k)_{k \in \mathbb{N}}$ in I mit $\tilde{x}_k$ zwischen x_k und a, so dass

$$\frac{f(x_k, y) - f(a, y)}{x_k - a} = \frac{\partial f}{\partial x}(\tilde{x}_k, y).$$

Wegen $|\tilde{x}_k - a| < \delta$ für alle $k \in \mathbb{N}$, $k \geq \mathbb{N}$, folgt aus (5.2), dass

$$\left| \frac{\partial f}{\partial x}(\tilde{x}_k, y) - \frac{\partial f}{\partial x}(a, y) \right| < \varepsilon \quad \text{für alle } k \in \mathbb{N}, \ k \geq N, \text{ und alle } y \in J.$$

Zusammengenommen haben wir also gezeigt, dass $\left(\frac{\partial f}{\partial x}(\tilde{x}_k, y) \right)_{k \in \mathbb{N}}$ eine Folge von in $\bar{J}$ beschränkten und integrierbaren Funktionen ist, welche gleichmäßig in J gegen $\frac{\partial f}{\partial x}(a, y)$ konvergiert. Deshalb ist diese Grenzfunktion nach Satz 5.7.4 auch in J beschränkt und integrierbar.

(III) Weil (5.2) auch für $x = \tilde{x}$ gilt, ergibt sich aus Teil (I):

$$\left| \frac{F(x) - F(a)}{x - a} - \int_J \frac{\partial f}{\partial x}(a, y)\, dy \right| \leq \int_J \left| \frac{\partial f}{\partial x}(\tilde{x}, y) - \frac{\partial f}{\partial x}(a, y) \right| dy < \varepsilon$$

für alle $x \in U$, $|x - a| < \delta$. Also existiert die Ableitung $F'(a)$ und es gilt

$$F'(a) = \int_J \frac{\partial f}{\partial x}(a, y)\, dy.$$

(IV) Die Stetigkeit von $F'(x)$ für $x \in U$ folgt aus Satz 5.8.1, weil der Integrand des Parameterintegrals $\int_J \frac{\partial f}{\partial x}(x, y)dy$ für jedes feste $x \in U$ beschränkt und integrierbar über J und gleichgradig stetig in U ist. $\qquad \square$

5.9 Sukzessive Integration

Wir wollen jetzt höherdimensionale Integrale auflösen, das heißt auf niederdimensionale Integrale zurückführen. Den folgenden Satz nennen wir den „**Satz von Fubini**", eigentlich wird der entsprechende Satz im Rahmen der Lebesgueschen Theorie so genannt.

5.9.1 „Satz von Fubini". *Sei f eine stetige Funktion in einem (kompakten, nicht-ausgearteten n-dimensionalen) Intervall $I = [a_1, b_1] \times \cdots \times [a_n, b_n] \subset \mathbb{R}^n$, $a_i < b_i$ für $i = 1, \ldots, n$. Dann gilt die Auflösungsformel*

$$\int_I f(x)\, dx = \int_{a_n}^{b_n} \left(\cdots \left(\int_{a_1}^{b_1} f(x_1, \ldots, x_n)\, dx_1 \right) \cdots \right) dx_n.$$

Dieser Satz ergibt sich unmittelbar aus der folgenden Iterationsformel, wo wir Funktionen $f = f(x, y)$ betrachten, die in einem $n + m$-dimensionalen Intervall $I \times J$ erklärt sind, dabei ist $x = (x_1, \ldots, x_n) \in I \subset \mathbb{R}^n$, $y = (y_1, \ldots, y_m) \in J \subset \mathbb{R}^m$. Sind $\pi_I = \left\{ I_\alpha \mid \alpha \in \mathbb{N}_p^n \right\}$ und $\pi_J = \left\{ J_\beta \mid \beta \in \mathbb{N}_q^m \right\}$ Partitionen von I und J, so entspricht diesen die Partition $\pi = \pi_I \times \pi_J = \left\{ I_\alpha \times J_\beta \mid \alpha \in \mathbb{N}_p^n, \ \beta \in \mathbb{N}_q^m \right\}$ von $I \times J$.

5.9.2 Iterationsformel. *Die Funktion* $f : I \times J \to \mathbb{R}$ *sei beschränkt und Riemann-integrierbar. Dann sind die Funktionen* $s, S : I \to \mathbb{R}$,

$$s(x) := \underline{\int}_J f(x, y) \, dy, \quad S(x) := \overline{\int}_J f(x, y) \, dy,$$

in I *Riemann-integrierbar und es gilt*

$$\int_{I \times J} f(x, y) \, dx dy = \int_I s(x) \, dx = \int_I S(x) \, dx.$$

Beweis. (I) Wegen der Beschränktheit von f in $I \times J$ existieren die Integrale $s(x)$ und $S(x)$ für alle $x \in I$. Es seien $\pi_I = \left\{ I_\alpha \mid \alpha \in \mathbb{N}_p^n \right\}$ und $\pi_J = \left\{ J_\beta \mid \beta \in \mathbb{N}_q^n \right\}$ Partitionen von I und J, ferner seien $\xi = (\xi_\alpha)_{\alpha \in \mathbb{N}_p^n}$, $\xi_\alpha \in I_\alpha$, Zwischenstellen und sei

$$m_{\alpha\beta} = \inf_{\substack{x \in I_\alpha \\ y \in J_\beta}} f(x, y), \quad M_{\alpha\beta} = \sup_{\substack{x \in I_\alpha \\ y \in J_\beta}} f(x, y)$$

für alle $\alpha \in \mathbb{N}_p^n$, $\beta \in \mathbb{N}_q^m$. Dann ist

$$m_{\alpha\beta} \leq \inf_{y \in J_\beta} f(\xi_\alpha, y) \leq \sup_{y \in J_\beta} f(\xi_\alpha, y) \leq M_{\alpha\beta},$$

also

$$\sum_\beta m_{\alpha\beta} |J_\beta| \leq \sum_\beta \inf_{y \in J_\beta} f(\xi_\alpha, y) |J_\beta| \leq \underline{\int}_J f(\xi_\alpha, y) dy = s(\xi_\alpha),$$

$$\sum_\beta M_{\alpha\beta} |J_\beta| \geq \sum_\beta \sup_{y \in J_\beta} f(\xi_\alpha, y) |J_\beta| \geq \overline{\int}_J f(\xi_\alpha, y) dy = S(\xi_\alpha).$$

Wegen $s(x) \leq S(x)$ für alle $x \in I$ gilt somit

$$\sum_\beta m_{\alpha\beta} |J_\beta| \leq s(\xi_\alpha) \leq S(\xi_\alpha) \leq \sum_\beta M_{\alpha\beta} |J_\beta|$$

für alle $\alpha \in \mathbb{N}_p^n$.

Wir betrachten nun die Partition $\pi := \pi_I \times \pi_J = \left\{ I_\alpha \times I_\beta \mid \alpha \in \mathbb{N}_p^n, \beta \in \mathbb{N}_q^m \right\}$ von $I \times J$. Nach Multiplikation mit $|I_\alpha|$ und Summierung über α ergibt sich dann

$$s(\pi, f) = \sum_{\alpha, \beta} m_{\alpha\beta} |I_\alpha| |J_\beta|$$

$$\leq \sum_\alpha s(\xi_\alpha) |I_\alpha|$$

$$\leq \sum_\alpha S(\xi_\alpha) |I_\alpha|$$

$$\leq \sum_{\alpha, \beta} M_{\alpha, \beta} |I_\alpha| |J_\beta|$$

$$= S(\pi, f),$$

das heißt, es gilt

$$s(\pi, f) \le \sigma(\pi_I, s, \xi) \le \sigma(\pi_I, S, \xi) \le S(\pi, f). \tag{5.3}$$

(II) Es seien $(\pi_I^{(k)})_{k \in \mathbb{N}}$ und $(\pi_J^{(k)})_{k \in \mathbb{N}}$ ausgezeichnete Partitionsfolgen von I und J. Dann ist $(\pi^{(k)})_{k \in \mathbb{N}}$, $\pi^{(k)} = \pi_I^{(k)} \times \pi_J^{(k)}$, eine ausgezeichnete Partitionsfolge von $I \times J$. Durch Grenzübergang erhält man wegen der Integrierbarkeit von f über $I \times J$

$$s(\pi^{(k)}, f) \to \int_{I \times J} f(x, y) \, dx dy,$$
$$S(\pi^{(k)}, f) \to \int_{I \times J} f(x, y) \, dx dy$$

für $k \to \infty$. Der Ungleichung (5.3) kann man entnehmen, dass

$$\sigma(\pi_I^{(k)}, s, \xi) \to \int_{I \times J} f(x, y) \, dx dy,$$
$$\sigma(\pi_I^{(k)}, S, \xi) \to \int_{I \times J} f(x, y) \, dx dy$$

für $k \to \infty$. Also sind die Funktionen $s, S : I \to \mathbb{R}$ über I Riemann-integrierbar und es gilt

$$\int_{I \times J} f(x, y) \, dx dy = \int_I s(x) \, dx = \int_I S(x) \, dx. \qquad \square$$

Weil der Graph einer stetigen Funktion wegen Satz 5.4.3 eine Jordansche Nullmenge ist, ergibt sich aus der Iterationsformel 5.9.2 sofort:

5.9.3 Cavalierisches Prinzip. *Sei $I \subset \mathbb{R}^n$ ein (kompaktes, nicht-ausgeartetes n-dimensionales) Intervall und seien g, h stetige Funktionen in I. Sei*

$$J := \bigcup_{x \in I} J_x,$$
$$J_x := \{ (x, y) \mid y \in \mathbb{R}, \ g(x) \le y \le h(x) \} \ \textit{für } x \in I.$$

*Dann ist J ein **vertikal einfacher** Jordanbereich und für jede stetige Funktion $f \in C^0(J)$ gilt die Formel*

$$\iint_J f(x, y) \, dx dy = \int_a^b \left(\int_{g(x)}^{h(x)} f(x, y) \, dy \right) dx.$$

*Eine ähnliche Formel gilt, wenn J **horizontal einfach** ist.*

Aus dem „Satz von Fubini" ergibt sich der folgende Spezialfall des **Gaußschen Integralsatzes**:

5.9.4 Partielle Integration im $\mathbb{R}^n$. *Seien* $f \in C^k(\mathbb{R}^n)$ *und* $g \in C_c^k(\mathbb{R}^n)$, $k \in \mathbb{N}$, *das heißt, es gibt ein* $r > 0$, *so dass* $\{\, x \in \mathbb{R}^n \mid g(x) \neq 0 \,\} \subset I_r(0) = \{\, x \in \mathbb{R}^n \mid |x_i| \leq r,\ i = 1, \ldots, n \,\}$. *Dann gilt die* **partielle Integrationsformel**

$$\int_{\mathbb{R}^n} D^\alpha f(x) g(x)\, dx = (-1)^{|\alpha|} \int_{\mathbb{R}^n} f(x) D^\alpha g(x)\, dx.$$

Beweis. Durch sukzessive Integration und partielle Integration bezüglich x_1 folgt, dass

$$\int_{\mathbb{R}^n} \frac{\partial f}{\partial x_1}(x) g(x)\, dx = \int_{-r}^{r} \cdots \int_{-r}^{r} \frac{\partial f}{\partial x_1}(x_1, \cdots, x_n) g(x_1, \ldots, x_n)\, dx_1 \cdots dx_n$$

$$= -\int_{-r}^{r} \cdots \int_{-r}^{r} f(x_1, \ldots, x_n) \frac{\partial g}{\partial x_1}(x_1, \ldots, x_n)\, dx_1 \cdots dx_n$$

$$= -\int_{\mathbb{R}^n} f(x) \frac{\partial g}{\partial x_1}(x)\, dx,$$

weil $g(-r, x_2, \ldots, x_n) = 0 = g(r, x_2, \ldots, x_n)$ gilt. Ähnlich werden alle anderen Ableitungen „herübergewälzt". $\qquad\square$

Literaturverzeichnis

Im Folgenden sind hauptsächlich Lehrbücher aufgelistet, welche den Lehrstoff der Analysis von Funktionen und Abbildungen mehrerer Variablen des zweiten Semesters behandeln. Hervorzuheben sind die Bände [7], [10] und [12]. Die Bände [8] und [14] sind hilfreich in den Übungen und bei der Prüfungsvorbereitung. Der Klassiker [4] ist auch heute noch empfehlenswert. [13] ist die deutsche Übersetzung des in Amerika als „Baby-Rudin" bekannten Lehrbuchs, welches dort den Standard schlechthin definiert.

[1] Amann, H. und Escher, J.: Analysis II. 2. Auflage, Basel: Birkhäuser 2006

[2] Appell, J.: Analysis in Beispielen und Gegenbeispielen. Dordrecht-Heidelberg-London-New York: Springer-Verlag 2009

[3] Barner, M. und Flohr, F.: Analysis II. 5. Auflage, Berlin-New York: Walter de Gruyter 2000

[4] Courant, R.: Vorlesungen über Differential- und Integralrechnung, Zweiter Band: Funktionen mehrerer Veränderlicher. 4. Auflage, Berlin-Heidelberg-New York: Springer-Verlag 1972

[5] Courant, R. und John, F.: Introduction to Calculus and Analysis. Volume II. Berlin-Heidelberg-New York: Springer Verlag 1989

[6] Erwe, F.: Differential- und Integralrechnung, Erster Band: Differentialrechnung, Zweiter Band: Integralrechnung. Mannheim: Bibliographisches Institut 1971

[7] Forster, O.: Analysis 2. Differentialrechnung im $\mathbb{R}^n$, gewöhnliche Differentialgleichungen. 9. Auflage, Braunschweig/Wiesbaden: Vieweg + Teubner 2011

[8] Furlan, P.: Das gelbe Rechenbuch, Band 2. Dortmund: Verlag Martina Furlan 1996

[9] Heinz, E.: Differential- und Integralrechnung II. Vorlesungsausarbeitung. Mathematisches Institut der Universität Göttingen 1981

[10] Heuser, H.: Lehrbuch der Analysis, Teil 2. 14. Auflage, Stuttgart: Vieweg + Teubner 2008

[11] Hildebrandt, S.: Analysis 2. Berlin-Heidelberg-New York: Springer-Verlag 2003

[12] Königsberger, K.: Analysis 2. 5. Auflage, Berlin-Heidelberg-New York: Springer-Verlag 2004

[13] Rudin, W.: Analysis. 4. Auflage, München-Wien: Oldenbourg Verlag 2009

[14] Timmann, S.: Repetitorium der Analysis, Teil 2. 2. Auflage, Springe: Binomi 2006

[15] Tutschke, W.: Grundlagen der reellen Analysis, Band I: Differentialrechnung, Band II: Integralrechnung. Braunschweig: Friedr. Vieweg + Sohn 1971/72

[16] Walter, W.: Analysis 2. 5. Auflage, Berlin-Heidelberg-New York: Springer-Verlag 2002

Abbildungsverzeichnis

Schlagwortverzeichnis